全国通信专业
技术人员职业水平考试用书

通信专业实务

初级

◎ 工业和信息化部教育与考试中心　组编
◎ 胡怡红　主编
◎ 姬艳丽　副主编

人民邮电出版社
北京

图书在版编目（CIP）数据

通信专业实务：初级 / 工业和信息化部教育与考试中心组编. -- 北京：人民邮电出版社，2018.8
全国通信专业技术人员职业水平考试用书
ISBN 978-7-115-48632-5

Ⅰ．①通… Ⅱ．①工… Ⅲ．①通信技术－水平考试－自学参考资料 Ⅳ．①TN91

中国版本图书馆CIP数据核字(2018)第123926号

内 容 提 要

本书依据《全国通信专业技术人员职业水平考试大纲》要求编写，内容共 10 章，分别是现代通信网概述、传输网、接入网、互联网、固定通信网、移动通信系统、交换与网管、电信支撑网、通信动力与环境、通信业务等。本书内容满足通信企业对通信专业技术人员初级职业水平的实际要求，也力求反映现代通信技术、业务的新发展。

本书既可作为全国通信专业技术人员职业水平考试的教材，也可作为高等院校在校学生的学习辅导书，还可供通信行业专业技术人员参考。

- ◆ 组　　编　工业和信息化部教育与考试中心
  主　　编　胡怡红
  副 主 编　姬艳丽
  责任编辑　刘海溧
  责任印制　焦志炜
- ◆ 人民邮电出版社出版发行　北京市丰台区成寿寺路 11 号
  邮编　100164　电子邮件　315@ptpress.com.cn
  网址　http://www.ptpress.com.cn
  固安县铭成印刷有限公司印刷
- ◆ 开本：787×1092　1/16
  印张：16.5　　　　　　2018 年 8 月第 1 版
  字数：413 千字　　　　2025 年 6 月河北第 17 次印刷

定价：69.80 元（附小册子）

读者服务热线：(010)81055256　印装质量热线：(010)81055316
反盗版热线：(010)81055315

前言

本书主要是为"全国通信专业技术人员职业水平考试"（简称"职业水平考试"）应试者编写的，以《全国通信专业技术人员职业水平考试大纲》（简称《考试大纲》）为依据，结合通信行业的技术、业务发展和人才需求的变化，在广泛征集通信企业与相关管理部门对岗位人员工作范畴与岗位职责要求的基础上，经过多次集体讨论和审议，最终定稿。

当前，信息通信网络和技术快速发展，通信业务的种类和应用需求也在不断更新，这对信息通信行业的从业人员提出了知识和理念持续更新的要求。因此，本书针对初级职业水平人员编写了关于信息通信领域各专业的知识和技术内容，力求全面、准确、恰当地反映通信专业技术人员初级职业水平关于实务能力的考核要求。

本书以现代通信网为主要线索，介绍了一些成熟、实用和有一定发展前景的通信网络与技术，以及通信业务等内容。全书共 10 章：第 1 章为现代通信网概述，介绍了通信网的定义、分类与结构，以及通信网的质量要求；第 2 章为传输网，对各类现行传输网的特点、工作原理与应用进行了论述讲解，主要有 SDH 传输网、MSTP 传输网、DWDM 传输网、光传送网、自动交换光网络，以及微波、卫星通信系统；第 3 章为接入网，以接入网的定义和标准为基础，分别对有线接入网和无线接入网进行了介绍讲解；第 4 章为互联网，从计算机网络基础开始，对互联网、计算机网络编程以及互联网应用技术进行了讲述；第 5 章为固定通信网，介绍了固定电话网、分组交换网和数字数据网这几种传统通信网络，及其在现代通信网演进和发展过程中的重要地位；第 6 章为移动通信系统，在介绍移动通信基本概念的基础上，分别讲述了第二代、第三代移动通信系统，以及 LTE 系统；第 7 章为交换与网管，讲述了交换技术的基本概念和原理，介绍了几种目前应用的交换技术，并对网络管理进行了概要说明；第 8 章为电信支撑网，分别介绍了 3 个通信支撑网络——信令网、同步网和电信管理网；第 9 章为通信动力与环境，讲述了通信动力与环境、通信电源系统和通信环境与安全等内容；第 10 章为通信业务，先介绍了通信行业及企业对通信业务的认知，再对通信业务进行了分类介绍。

读者可登录人邮教育社区（www.ryjiaoyu.com），搜索本书书名，下载缩略语表，以辅助学习。

本书由胡怡红任主编，姬艳丽任副主编。第 1 章由姬艳丽编写，第 2 章、第 3 章由毛京丽、张勍编写，第 4 章由王晓军、范春梅编写，第 5 章由胡怡红、毛京丽编写，第 6 章由张勍、张玉艳、于翠波编写，第 7 章由于斌编写，第 8 章由胡怡红、毛京丽、于斌编写，

第 9 章由杨丽华、贾继伟编写，第 10 章由刘莹、姚力、李海燕、翟瑞瑞编写。

本书在编写过程中得到了北京市通信管理局、湖北省通信管理局、广东省通信管理局、新疆维吾尔自治区通信管理局、中国联合网络通信集团有限公司山西省分公司、中国联合网络通信集团有限公司北京市分公司、中国移动通信集团北京有限公司、中国移动通信集团公司政企客户分公司、中国电信集团有限公司、中国电信股份有限公司北京分公司、中国电信股份有限公司浙江分公司、中国电信湖北公司武汉分公司、中国电信江苏公司南京分公司、中国铁塔股份有限公司、烽火通信科技股份有限公司、中国联通学院、江苏省邮电规划设计院有限责任公司、中国电信股份有限公司北京规划设计院、中讯邮电咨询设计院有限公司、湖北省信产通信服务有限公司、湖北电信培训中心、中关村软件园、北京启明星辰信息安全技术有限公司的大力支持和帮助，在此深表感谢。

由于水平所限，书中不当之处恳请读者批评指正。

编者

2018 年 5 月

目 录

第1章 现代通信网概述 ……………… 1
1.1 通信网的定义 …………………… 1
1.1.1 通信系统 ……………………… 1
1.1.2 通信网的定义 ………………… 2
1.1.3 通信网的构成 ………………… 3
1.2 通信网的分类 …………………… 6
1.3 通信网的结构 …………………… 6
1.3.1 通信网的拓扑结构 …………… 6
1.3.2 通信网的体系结构 …………… 8
1.4 通信网的质量要求 ……………… 9

第2章 传输网 …………………………… 11
2.1 传输网概述 ……………………… 11
2.1.1 传输网的基本概念 …………… 11
2.1.2 传输网的分类 ………………… 12
2.1.3 传输技术的发展历程及
发展趋势 ……………………… 13
2.2 SDH传输网 ……………………… 16
2.2.1 SDH的基本概念 ……………… 16
2.2.2 SDH的基本网络单元 ………… 17
2.2.3 SDH的帧结构 ………………… 19
2.2.4 SDH的复用映射结构 ………… 20
2.2.5 SDH传输网的拓扑结构 ……… 22
2.2.6 SDH传输网的网络保护 ……… 23
2.2.7 SDH传输网的应用 …………… 26
2.3 MSTP传输网 …………………… 27
2.3.1 MSTP的基本概念 …………… 27
2.3.2 MSTP的级联技术 …………… 29
2.3.3 以太网业务的封装协议 ……… 30
2.3.4 以太网业务在MSTP中的
实现 …………………………… 30
2.3.5 MSTP传输网的应用 ………… 31
2.4 DWDM传输网 …………………… 32
2.4.1 DWDM的基本概念 …………… 32
2.4.2 DWDM系统的工作波长 ……… 34

2.4.3 DWDM系统的组成 …………… 35
2.4.4 DWDM传输网的关键设备 …… 37
2.4.5 DWDM传输网的组网方式及
应用 …………………………… 39
2.5 光传送网 ………………………… 41
2.5.1 OTN的基本概念 ……………… 41
2.5.2 OTN的分层模型 ……………… 42
2.5.3 OTN的接口信息结构 ………… 44
2.5.4 OTN的帧结构 ………………… 45
2.5.5 OTN的关键设备 ……………… 46
2.5.6 OTN的保护方式 ……………… 48
2.5.7 OTN的应用及发展趋势 ……… 49
2.6 自动交换光网络 ………………… 50
2.6.1 ASON的概念与特点 ………… 50
2.6.2 ASON的体系结构 …………… 51
2.6.3 ASON的分层网络结构 ……… 54
2.7 微波通信系统 …………………… 55
2.7.1 无线电通信的基本概念 ……… 55
2.7.2 微波中继通信 ………………… 56
2.7.3 微波传送网 …………………… 57
2.8 卫星通信系统 …………………… 57
2.8.1 卫星通信频段的划分 ………… 58
2.8.2 卫星通信的特点 ……………… 58
2.8.3 卫星通信系统的组成 ………… 58
2.8.4 甚小天线地球站 ……………… 61

第3章 接入网 …………………………… 62
3.1 接入网概述 ……………………… 62
3.1.1 接入网的定义与接口 ………… 62
3.1.2 接入网的功能结构 …………… 63
3.1.3 接入网的分类 ………………… 64
3.1.4 接入网的发展趋势 …………… 65
3.2 有线接入网 ……………………… 66
3.2.1 HFC接入网 …………………… 66
3.2.2 光纤接入网 …………………… 70

3.2.3　FTTx+LAN 接入网……80
3.3　无线接入网……82
　　3.3.1　无线接入网的基本概念……82
　　3.3.2　无线局域网……83
　　3.3.3　其他无线接入技术……89

第 4 章　互联网
4.1　计算机网络基础……94
　　4.1.1　计算机网络的基本概念……94
　　4.1.2　局域网的基本原理……96
　　4.1.3　局域网协议与应用……98
4.2　Internet……100
　　4.2.1　TCP/IP……101
　　4.2.2　TCP/IP 应用……106
　　4.2.3　网络操作系统的功能……112
　　4.2.4　网络安全的概念……116
4.3　计算机软件编程基础……118
　　4.3.1　数据库系统的基本概念……118
　　4.3.2　程序设计语言的基本概念……122
　　4.3.3　软件工程的基本概念……124
4.4　互联网应用技术……126
　　4.4.1　云计算技术……126
　　4.4.2　大数据技术……129
　　4.4.3　物联网技术……130

第 5 章　固定通信网
5.1　固定电话网……133
　　5.1.1　固定电话网的特点……133
　　5.1.2　电路交换……133
　　5.1.3　固定电话网的组成……134
5.2　分组交换网……136
　　5.2.1　分组交换的基本概念……136
　　5.2.2　分组交换网协议及性能特点……138
　　5.2.3　中国公用分组交换网……140
5.3　数字数据网……142
　　5.3.1　DDN 的概念及特点……142
　　5.3.2　DDN 的组成及网络结构……143
　　5.3.3　中国公用数字数据网……144

第 6 章　移动通信系统
6.1　移动通信概述……146
　　6.1.1　移动通信的特点……146
　　6.1.2　移动通信的主要技术及演进……146
6.2　第二代移动通信系统……149
　　6.2.1　GSM……149
　　6.2.2　GPRS……154
6.3　第三代移动通信系统……156
　　6.3.1　WCDMA 系统……156
　　6.3.2　cdma2000 系统……161
　　6.3.3　TD-SCDMA 系统……164
6.4　LTE 系统……167
　　6.4.1　LTE 系统结构……167
　　6.4.2　LTE 空中接口……170
　　6.4.3　LTE 系统的基本工作过程……174

第 7 章　交换与网管
7.1　交换技术概述……177
　　7.1.1　交换技术的发展、基本概念和系统架构……177
　　7.1.2　电路交换与分组交换技术……178
　　7.1.3　程控交换原理……180
　　7.1.4　电话信令的概念……182
7.2　现代交换技术……183
　　7.2.1　软交换技术……184
　　7.2.2　IP 交换技术……189
　　7.2.3　IMS 技术……189
　　7.2.4　路由技术……190
7.3　网络管理……192
　　7.3.1　管理信息体系结构……192
　　7.3.2　OSI 网络管理模型……193
　　7.3.3　网络管理方式……197
　　7.3.4　SNMP 网络管理协议……198
　　7.3.5　电信管理网……200

第 8 章　电信支撑网
8.1　信令网……201
　　8.1.1　信令与信令网的基本概念……201
　　8.1.2　No.7 信令及信令网……203
　　8.1.3　我国的信令网……206
8.2　数字同步网……207
　　8.2.1　数字同步网的基本概念……207
　　8.2.2　网同步的方式……209

8.2.3 中国数字同步网 ………………210
8.3 电信管理网 ………………………212
　8.3.1 电信网络管理 …………………212
　8.3.2 电信管理网 ……………………214
　8.3.3 我国电信管理网的演进 ………215

第9章 通信动力与环境 …………218
9.1 通信动力与环境概述 ……………218
　9.1.1 动力与环境的组成 ……………218
　9.1.2 动力与环境的特点 ……………219
　9.1.3 动力与环境的地位与作用 ……219
　9.1.4 动力与环境的基本要求 ………220
9.2 通信电源系统 ……………………221
　9.2.1 通信电源的组成和结构 ………221
　9.2.2 交流供电系统 …………………222
　9.2.3 不间断电源系统 ………………225

9.3 通信环境与安全 …………………229
　9.3.1 机房空调系统 …………………229
　9.3.2 动力环境集中监控管理系统 …232
　9.3.3 通信电源的接地与防雷 ………235

第10章 通信业务 ………………239
10.1 通信行业及企业认知 ……………239
　10.1.1 通信行业 ………………………239
　10.1.2 通信企业 ………………………241
　10.1.3 通信终端 ………………………242
10.2 通信业务概述 ……………………244
　10.2.1 通信业务的定义及分类 ………244
　10.2.2 基础电信业务 …………………245
　10.2.3 增值电信业务 …………………249
　10.2.4 通信业务的发展趋势 …………251

参考文献 …………………………………254

第 1 章 现代通信网概述

随着社会的不断进步、经济的飞速发展，信息传输越来越重要，通信网与人们的生活更是密不可分。本章对现代通信网做概要的介绍，主要包括通信网的定义、分类、结构和质量要求等。

1.1 通信网的定义

1.1.1 通信系统

为了引出通信网的概念，首先简单介绍通信系统。

1. 通信系统的定义

通信（Communication）是人与人或人与自然之间通过某种行为或介质进行的信息交流与传递，从广义上指需要信息的双方或多方在不违背各自意愿的情况下无论采用何种方法、使用何种介质，将信息从某方准确、安全地传送到对方。而电信（Telecommunication）则是指利用电子技术在不同的地点之间传递信息的通信方式，即电信是通信的一种方式。为了便于描述，以下采用通信与电信等同的概念。

完成信息的传递和交换要通过一套设备实现，将一个用户的信息传递到另一个用户的全部功能实体就组成了一个通信系统，即通信系统就是用电信号（或光信号）传递信息的系统，也叫电信系统。

2. 通信系统的分类

通信系统可以从不同的角度来分类。

（1）按通信业务分类：可以分为电话、电报、传真、广播电视、数据通信系统等。

（2）按传输的信号形式分类：可以分为模拟通信系统和数字通信系统等。

3. 通信系统的组成

可以从众多不同的具体通信系统中抽象、概括出通信系统的一般模型，如图 1-1 所示，其基本组成包括信源、发送设备、信道、噪声源、接收设备及信宿几个部分。

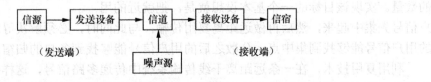

图 1-1 通信系统的一般模型

(1)信源。信源的作用是把待传输的消息转换成原始电信号。

(2)发送设备。发送设备的作用是将信源产生的原始电信号（基带信号）变换成适合于在信道中传输的信号，即将发送信号的特性和信道特性相匹配，使其具有抗信道干扰的能力，并且具有足够的功率以满足远距离传输的需要。

(3)信道。信道是一种物理介质，是信号传输的通道，可分为无线和有线两种形式。在无线信道中，信道是自由空间；在有线信道中，信道可以是电缆和光纤等。

(4)接收设备。接收设备的功能是将信号放大和反变换（如译码、解调等），其目的是从受到减损的接收信号中正确恢复出原始电信号。对于多路复用信号，接收设备中还包括解除多路复用，实现正确分路的功能。此外，它还要尽可能减小在传输过程中噪声与干扰所带来的影响。

(5)信宿。信宿是信息的接收者，其功能与信源相反，即把原始电信号还原成相应的消息。

(6)噪声源。噪声源是系统内各种干扰影响的等效结果。系统的噪声来自各个部分，从发出和接收信息的周边环境、各种设备的电子器件，到信道所受到的外部电磁场干扰，都会对信号形成噪声影响。为了分析问题方便，将系统内所存在的干扰均折合到信道中，用噪声源表示。

以上所述的通信系统只能实现两用户间的单向通信，要实现双向通信还需要另一个通信系统完成相反方向的信息传送工作。而要实现多用户间的通信，则需要将多个基本通信系统有机地组成一个整体，使它们能协同工作，即形成通信网。

1.1.2 通信网的定义

1. 通信网的形成

假设用户数量为 N，当 N 增加时，用户之间的电路数量按 $N\times(N-1)\approx N^2$ 增加，这些电路的最高可能的利用率按 $1/N\times(N-1)\approx 1/N^2$ 降低，如图 1-2 所示。

当 N 比较小，同时两点之间话务量比较大时，基本电信系统是一个比较好的方案，理论上存在的"N^2 问题"并不会形成工程问题。这就是基本电信系统之所以能够得到工程应用的原因。

当 N 比较大，同时两点之间话务量比较小时，"N^2 问题"就形成了工程问题。在实际工程应用中，电信用户数量必然增加，电信设施必然考虑建设成本和应用效率。这时"N^2 问题"就成了经济问题，而经济问题是通信网络建设必须考虑的基本问题。所以，必须解决基本电信系统的"N^2 问题"。

图 1-2 基本电信系统连接结构

在用户数量不变的前提下，应尽可能减少传输系统的数量。实现该目标的一个基本设想就是，把就近的用户信号先集中起来，然后再做远距离复用传输；与此同时，必须解决寻址问题使得集中之前的用户信号能够找到集中点，分散之后的用户信号能够找到各自的归宿。

利用复用技术，在一条远距离干线传输系统中传递多路信号，这样做减少了远程传输电路数量，提高了远程传输系统的利用效率。利用寻址技术直接实现了与近处用户之间的用户信号交换，同时实现了通过远程传输系统与远处用户之间的用户信号交换。复用技术和寻址技术的使用减少了连接用户的近程传输电路数量，提高了远程传输系统的利用效率。

采用复用技术和寻址技术，支持同样数量的用户之间通信，用户之间的电路数量明显减少了，各条干线的利用效率也明显增加了。即采用复用技术和寻址技术，解决了基本电信系统存在的"N^2问题"，同时，也把基本电信系统发展成为通信网络。概括来说，利用复用和寻址技术的方法，解决了基本通信系统的经济问题，出现了通信网络。通信网络可能是分级网络，也可能是分区网络，如图1-3所示。

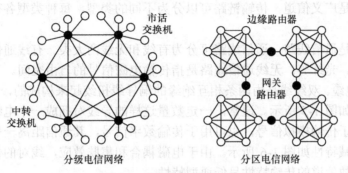

图1-3 通信网络的网络结构

2. 通信网的定义

综上所述，可以得出通信网的定义：通信网是由一定数量的节点（包括终端设备和交换设备）和连接节点的传输链路相互有机地组合在一起，以实现两个或多个规定点间信息传输的通信体系。

也就是说，通信网是由相互依存、相互制约的许多要素组成的有机整体，用以完成规定的功能。通信网的功能就是要适应用户呼叫的需要，以用户满意的程度传输网内任意两个或多个用户之间的信息。

1.1.3 通信网的构成

1. 通信网的构成要素

由通信网的定义可以看出：通信网在硬件设备方面的构成要素是终端设备、传输链路和交换设备，如图1-4所示。为了使全网协调、合理地工作，还要有各种规定（如信令方案）、各种协议、网络结构、路由方案、编号方案、资费制度与质量标准等，这些均属于软件。即一个完整的通信网除了包括硬件以外，还要有相应的软件。下面重点介绍构成通信网的硬件设备。

图1-4 通信网硬件设备的构成要素

（1）终端设备。终端设备是用户与通信网之间的接口设备，它包括图1-1中的信源、信宿与发送设备、接收设备的一部分。终端设备的功能有以下3个。

① 将待传送的信息和在传输链路上传送的信号进行相互转换。在发送端，将信源产生的

信息转换成适合于在传输链路上传送的信号；在接收端则完成相反的变换。

② 将信号与传输链路相匹配，由信号处理设备完成。

③ 信令的产生和识别，即用来产生和识别网内所需的信令，以完成一系列控制作用。

（2）传输链路。传输链路是信息的传输通道，是连接网络节点的介质。它一般包括图 1-1 中的信道与发送设备、接收设备的一部分。

信道有狭义信道和广义信道之分，狭义信道是单纯的传输介质（如一条电缆）；广义信道除了传输介质以外，还包括相应的发送和接收设备（或通信设备）。由此可见，我们这里所说的传输链路指的是广义信道。传输链路可以分为不同的类型，每种类型各有不同的实现方式和适用范围。

传输介质就是通信线路，通信线路可分为有线和无线两大类。有线通信线路主要包括双绞线、同轴电缆、光纤等；无线通信线路是指传输电磁信号的自由空间。

① 双绞线电缆。双绞线是由两条相互绝缘的铜导线扭绞起来构成的，一对线作为一条通信线路，其结构如图 1-5 所示。通常，一定数量这样的导线对捆成一个电缆，外边包上硬护套。双绞线可用于传输模拟信号，也可用于传输数字信号，其通信距离一般为几千米到几十千米，其传输衰减特性如图 1-6 所示。由于电磁耦合和集肤效应，线对的传输衰减随着频率的增加而增大，故信道的传输特性呈低通型特性。

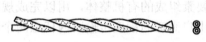

图 1-5 双绞线电缆的结构

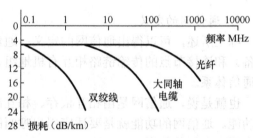

图 1-6 双绞线电缆的传输衰减特性

双绞线成本低廉且性能较好，所以在数据通信和计算机通信网中是一种普遍采用的传输介质。目前，在某些专门系统中，双绞线在短距离传输中的速率已达 100Mbit/s～155Mbit/s。

② 同轴电缆。同轴电缆也像双绞线一样由一对导体组成，但它们是按同轴的形式构成线对，其结构如图 1-7 所示。其中，最里层是内导体芯线，外包一层绝缘材料，外面再套一个空心的圆柱形外导体，最外层是起保护作用的塑料外皮。内导体和外导体构成一组线对。应用时，外导体是接地的，故同轴电缆具有很好的抗干扰性，并且比双绞线具有更好的频率特性。但是，同轴电缆与双绞线相比成本较高。

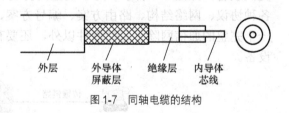

图 1-7 同轴电缆的结构

与双绞线信道的传输特性相同，同轴电缆信道的传输特性也是低通型特性，但它的低通频带要比双绞线的频带宽。

③ 光缆。光缆的结构和电缆的结构类似，主要由缆芯、加强构件和护层组成。光缆中负责传送信号的是光纤，若干根光纤按照一定的方式组成缆芯，光纤由纤芯和包层组成。纤芯

和包层的折射率不同，利用光的全反射使光能够在纤芯中传播。光纤通信是以光波为载频传输信号、以光缆为传输线路的通信方式。光波是一种频率在 10^{14}Hz 左右的电磁波，波长范围在近红外区内，一般采用的3个通信窗口波长分别为 0.85μm、1.31μm 和 1.55μm。

光纤通信近几年来飞速发展，它具有以下突出的优点。
- 传输频带宽，通信容量大。
- 损耗低，尤其是 1.55μm 附近，衰耗值可低至 0.2dB/km，中继距离可达 50km。
- 光纤是非金属材料，因此不受电磁干扰，无串音。
- 光纤还具有线径细、重量轻、资源丰富、成本低等优点。

④自由空间。自由空间又被称为理想介质空间，当无线电波在地球外部的大气层中传播时，可认为它是在自由空间中传播。在自由空间中传输的信号易受大气变化等自然环境的影响，包括大气折射引起的衰减、多径衰落、雨衰减等。若是卫星通信，那么还会存在线路长、时延大、衰耗较大等缺点。

（3）交换设备。交换设备是构成通信网的核心要素，它的基本功能是完成接入交换节点链路的汇集、转接接续和分配，实现一个呼叫终端（用户）和它所要求的另一个或多个用户终端之间的路由选择的连接。

2. 现代通信网的构成

一个完整的现代通信网，从性质上来讲，除了有传递各种用户信息的业务网，还需要有若干支撑网，以使网络更好地运行。现代通信网的构成示意图如图1-8所示。

（1）业务网。业务网也就是用户信息网，它是现代通信网的主体，是向用户提供诸如电话、电报、传真、数据、图像等各种电信业务的网络。

业务网按其功能又可分为用户接入网、交换网和传输网3个部分。

图1-8 现代通信网的构成示意图

近些年来，国际电信联盟—电信标准局（International Telecommunication Union-Telecommunication Standardization Sector，ITU-T）已正式采用了用户接入网的概念。这是一个适用于各种业务和技术、有严格规定并以高功能角度描述的网络概念。

用户接入网是电信业务网的组成部分，负责将电信业务透明地传送到用户，即用户通过接入网的传输，能灵活地接入到不同的电信业务节点上。

（2）支撑网。支撑网是使业务网正常运行，增强网络功能，提供全网服务质量以满足用户要求的网络。在各个支撑网中传送相应的控制、监测信号。支撑网包括信令网、同步网和管理网。

① 信令网。在采用公共信道信令系统之后，除原有的用户业务之外，还有一个寄生、并存的起支撑作用的专门传送信令的网络——信令网。信令网的功能是实现网络节点间（包括交换局、网络管理中心等）信令的传输和转接。

② 同步网。实现数字传输后，在数字交换局之间、数字交换局和传输设备之间均需要实现时钟信号的同步。同步网的功能就是实现这些设备之间的时钟信号同步。

③ 管理网。管理网是为提高全网质量和充分利用网络设备而设置的。网络管理是实时或近实时地监视通信网络（即业务网）的运行，必要时采取控制措施，以达到在任何情况下，最大限度地使用网络中一切可以利用的设备，使尽可能多的通信得以实现。

1.2 通信网的分类

通信网从不同的角度可以分为不同的种类。

1. 按业务种类分

若按业务种类分，通信网可分为电话通信网、电报通信网、传真通信网、广播电视通信网、数据通信网，以及多媒体通信网等。

- 电话通信网：传输电话业务的网络。
- 电报通信网：传输电报业务的网络。
- 传真通信网：传输传真业务的网络。
- 广播电视通信网：传输广播电视业务的网络。
- 数据通信网：以传输数据业务为主的通信网称为数据通信网，它是一个由分布在各地的数据终端设备、数据交换设备和数据传输链路所构成的网络，在网络协议（软件）的支持下实现数据终端间的数据传输和交换。
- 多媒体通信网：是传输多媒体业务（集语音、数据、图像于一体）的网络，它是多媒体技术、计算机技术、通信技术和网络技术等相互结合和发展的产物，具有集成性、交互性和同步性等特点。

2. 按所传输的信号形式分

若按所传输的信号形式分，通信网可分为数字网和模拟网。

- 数字网：网中传输和交换的是数字信号。
- 模拟网：网中传输和交换的是模拟信号。

3. 按服务范围分

若按服务范围分，不同的业务网又有不同的分类方式，如电话网等通信网可分为本地网、长途网和国际网；而传输数据业务的计算机通信网则可分为局域网、城域网和广域网。

4. 按运营方式分

若按运营方式分，通信网可分为公用通信网和专用通信网。

- 公用通信网：由国家相关部门组建的网络，网络内的传输和转接装置可供任何部门使用。
- 专用通信网：某个部门为本系统的特殊业务工作的需要而建造的网络，这种网络不向本系统以外的人提供服务，即不允许其他部门和单位使用。

5. 按所采用的传输介质分

若按所采用的传输介质分，通信网可分为有线通信网和无线通信网。

- 有线通信网：使用双绞线、同轴电缆和光纤等传输信号的通信网。
- 无线通信网：使用无线电波等在空间传输信号的通信网，又可分为移动通信网、卫星通信网等。

1.3 通信网的结构

1.3.1 通信网的拓扑结构

通信网的基本拓扑结构主要有网形、星形、复合型、总线型、树形和线形等。

1. 网形网

网形网的网内任何两个节点之间均有线路相连,如图 1-9(a)所示。

如果有 N 个节点,网形网则需要 $N(N-1)$ 条传输链路。显然,当节点数增加时,传输链路将迅速增大。这种网络结构的冗余度较大,稳定性较好,但线路利用率不高,经济性较差。

图 1-9(b)所示为网孔形网,它是网形网的一种变形,也叫不完全网状网。其大部分节点相互之间有线路直接相连,一小部分节点可能与其他节点之间没有线路直接相连。哪些节点之间不需直达线路,要视具体情况而定(一般是这些节点之间业务量相对少一些)。网孔形网与网形网(完全网状网)相比,可适当节省一些线路,即线路利用率有所提高,经济性有所改善,但稳定性会稍有降低。

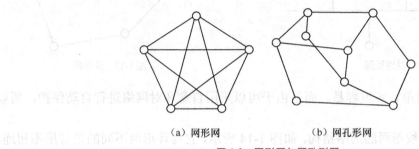

(a) 网形网　　　　(b) 网孔形网

图 1-9　网形网与网孔形网

2. 星形网

星形网也称为辐射网,它将一个节点作为辐射点,该点与其他节点均有线路相连,如图 1-10 所示。

具有 N 个节点的星形网至少需要 $N-1$ 条传输链路。星形网的辐射点就是转接交换中心,其余 $N-1$ 个节点间的相互通信都要经过转接交换中心的交换设备,因而该交换设备的交换能力和可靠性会影响网内的所有用户。由于星形网比网形网的传输链路少、线路利用率高,所以当交换设备的费用低于相关传输链路的费用时,星形网比网形网的经济性好,但稳定性较差(因为中心节点是全网可靠性的瓶颈,中心节点一旦出现故障会造成全网瘫痪)。

3. 复合型网

复合型网由网形网和星形网复合而成,如图 1-11 所示。

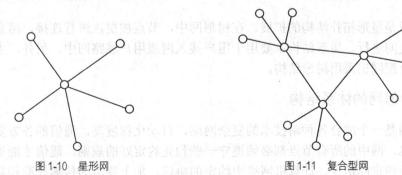

图 1-10　星形网　　　　图 1-11　复合型网

根据网中业务量的需要,以星形网为基础,在业务量较大的转接交换中心区间采用网形结构,可以使整个网络比较经济且稳定性较好。复合型网具有网形网和星形网的优点,是通信网中常采用的一种网络结构，但网络设计应以交换设备和传输链路的总费用最小为原则。

4. 总线型网

总线型网是所有节点都连接在一个公共传输通道——总线上，如图 1-12 所示。

这种网络结构需要的传输链路少，增减节点比较方便，但稳定性较差，网络范围也受到限制。

5. 环形网

环形网如图 1-13 所示。

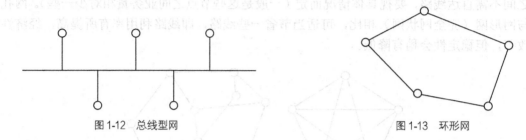

图 1-12　总线型网　　　　　　　　　　图 1-13　环形网

它的特点是结构简单、实现容易。而且由于可以采用自愈环对网络进行自动保护，所以其稳定性比较高。

另外，还有一种叫线形网的网络结构，如图 1-14 所示，它与环形网不同的是首尾不相连。线形网常用于同步数字体系（Synchronous Digital Hierarchy，SDH）传输网中。

6. 树形网

树形网如图 1-15 所示。

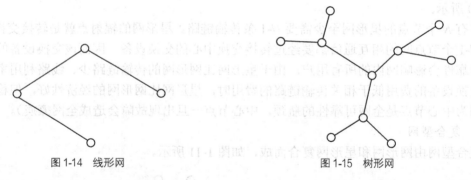

图 1-14　线形网　　　　　　　　　　图 1-15　树形网

它可以看成是星形拓扑结构的扩展。在树形网中，节点按层次进行连接，信息交换主要在上、下节点之间进行。树形结构主要用于用户接入网或用户线路网中，另外，主从网同步方式中的时钟分配网也采用树形结构。

1.3.2　通信网的体系结构

现代通信网是一个融合各种新技术的复杂网络，自动化程度高，通信的各方要做到有条不紊地交换信息，网中的所有节点都必须遵守一些预先约定好的规则，通信才能正常进行。例如，电话网中约定的信令、计算机网络中约定的协议，加上规范的传输标准和质量标准，才能形成一个高效、有条不紊的通信网。通信网的性能和效率，很大程度上也取决于这些约定好的规则。我们把通信网中为进行数据交换和传输而建立的规则称为通信协议。通信协议的标准化有助于推动通信网络化的发展,设备能互联互通,系统成为开放的、兼容性好的系统。下面仅介绍数据通信网的体系结构。

1. OSI 体系结构

通信协议采用分层结构。该结构将通信功能分为若干个层次,每一个层次完成一部分功能,各个层次相互配合共同完成通信的功能。每一层只和直接相邻的层互通,上一层的功能需要建立在下一层的基础上,上一层利用下一层提供的功能,向高一层提供本层所能完成的服务。通信功能上的分层导致了协议的分层,即把复杂的、实际的通信过程,包括路由寻址、比特流传输、比特同步、流量控制、差错控制、信息加密和对话过程管理等转化为各层协议,信息交换的双方必须有相同(或相应)的功能块才能完成给定的功能。

通信网的终端设备、传输设备和交换设备都由很多厂商提供,为了使网络能在多设备厂商供货的情况下实现良好的互通互联,国际标准化组织(International Standardization Organization,ISO)、因特网体系结构委员会(Internet Architecture Board,IAB)、因特网工程任务组(Internet Engineering Task Force,IETF)和国际电信联盟(International Telecommunications Union,ITU)的两个咨询委员会(CCITT 和 CCIR)在促进网络协议标准化方面做了许多工作。1977 年,ISO 提出了开放系统互联(Open Systems Interconnection,OSI)参考模型,要求系统的外部特性必须符合 OSI 的网络体系结构,而其内部功能不受限制。

OSI 协议参考模型分为 7 层,从低到高分别是物理层、数据链路层、网络层、传输层、会话层、表示层和应用层,每一层可以用不同的协议向上层提供服务,同时每一层使其下一层与更高层分隔开,并将此作为开发协议的标准框架。采用分层结构的开放系统互连大大降低了系统间信息传递的复杂性。通常把 1~3 层(物理层、数据链路层、网络层)称为低层或下 3 层,提供远距离通信的功能,解决数据信息及时正确传送的问题;而把 4~7 层(传输层、会话层、表示层、应用层)称为高层,它是终端需要执行的功能,为终端用户提供服务,因此,高 4 层提供的功能只与终端用户相关,与网络功能无关。

2. TCP/IP 体系结构

TCP/IP(Transmission Control Protocol/Internet Protocol,传输控制协议/网际协议)体系结构是指能够在多个不同网络间实现的协议簇。该协议簇是在美国国防高级研究计划局(Defense Advanced Research Projects Agency,DARPA)所资助的实验性 ARPARnet 分组交换网络、无线电分组网络和卫星分组网络上研究开发成功的。在实际应用中,网络部分瘫痪时仍要求必须保持较强的工作能力和灵活性。这种应用环境导致了一系列协议的出现,从而使不同类型的终端和网络间能够进行有效通信。实际上,Internet 已经成为全球计算机互联的主要体系结构,而 TCP/IP 是 Internet 的代名词,是将异种网络、不同设备互联起来,进行正常数据通信的格式和大家遵守的约定。其中,TCP 和 IP 是最重要的两个协议。

TCP/IP 采用分层体系结构,分别是网络接口层、网络层、传输层和应用层,可以简化系统的设计和实现,并能提高系统的可靠性和灵活性。

1.4 通信网的质量要求

通信网的主要问题是如何快速而准确地将消息传送到目的方。为了使通信网能快速、有效、可靠地传递信息,通常对通信网提出接通的任意性与快速性、信号传输的透明性与传输质量的一致性、网络的可靠性与经济合理性这 3 项要求。

1. 接通的任意性与快速性

接通的任意性与快速性，是指网络能够实现任意转接和快速接通。影响接通的任意性与快速性的主要因素包括以下几个方面。

① 通信网的拓扑结构不合理会增加转接次数，使阻塞率上升、时延增大。
② 通信网的网络资源不足会增加阻塞概率。
③ 通信网的可靠性降低，会造成传输链路或交换设备出现故障，甚至丧失其应有的功能。

2. 信号传输的透明性与传输质量的一致性

信号传输的透明性是指在规定的业务范围内对用户信息不加任何限制，都可以在网内传输；传输质量的一致性是指网内任何两个用户通信时，应具有相同或相仿的传输质量，而与用户之间的距离、环境和所处位置无关。传输质量主要包括接续质量和信息质量，其中接续质量表示通信接通的难易和使用的优劣程度，具体指标主要有呼损率、时延、设备故障率等，信息质量是信号经过网络传输后到达接续终端的优劣程度，受到终端、信道失真和噪声的限制，具体指标主要有数据通信的比特误码率、语音通信的响度当量等，不同的通信业务具有不同的质量标准。通信网的传输质量直接影响通信的效果。因此，要制定传输质量标准并进行合理分配，使网中的各部分均满足传输质量指标的要求。

3. 网络的高可靠性与经济合理性

通信网应具有较高的可靠性，因为我们任何时候都不希望网络发生故障或通信中断。因此，通信网中的交换设备、传输设备、组网结构都要采取多种措施确保其高可靠性；对于网络中的关键设备及模块，还制定了相关的可靠性指标，如平均系统中断时间、平均故障间隔时间（两个相邻故障间隔时间的平均值）等。通信网的组建还要考虑建设费用和日后的维护费用是否经济可行。因此，提高可靠性往往要影响其经济合理性，应根据实际需要在可靠性与经济性之间取得折中和平衡，处理好两者的关系。

以上是对通信网的基本要求。对于不同业务的通信网，上述各项指标的具体内容和含义将有所差别。电话通信网的服务质量表明用户对电话网提供的服务性能达到满意的程度，是各种服务性能的综合体现。电话网的性能要求主要包括接续质量、传输质量和稳定质量。其中，电话通信网的接续质量是指用户通话被接通的速度和难易程度，常用呼损率和接续时延表示；传输质量是用户接收到的语音信号的清楚逼真程度，常用响度、清晰度和逼真度来衡量；稳定质量是指当传输、交换等设备发生故障和话务异常时可以维持正常业务的程度。度量电话通信网的可靠性指标，包括失效率（设备或系统工作 t 时间后，单位时间内发生故障的概率）、可用度、平均故障间隔时间和平均修复时间等。

同时，通信网在组网结构、信令方式、编号计划、计费制度、网络管理模式方面都要适应未来新业务的引入和新技术的发展。传统的通信网是为支持单一业务而设计的，不能适应新业务和新技术的发展，而面向未来的下一代网络应能适应不断发展的通信技术和未知的新业务的应用。

第 2 章 传输网

传输网为业务网提供端到端的可靠、大容量的信息传送通道,是通信网络的重要组成部分,是通信行业迅速发展的基础,是"宽带中国"战略的基石。

本章首先概括地介绍传输网的定义与组成、传输网在通信网中的地位、传输网的分类、传输技术的发展历程及发展趋势,然后详细讲述 SDH 传输网、多业务传送平台(Multi-Service Transport Platform,MSTP)传输网、密集波分复用(Dense Wavelength Division Multiplexing,DWDM)传输网、光传送网(Optical Transport Network,OTN)和自动交换光网络(Automatic Switched Optical Network,ASON)的相关内容,最后分析微波通信系统和卫星通信系统的关键技术。

2.1 传输网概述

2.1.1 传输网的基本概念

1. 传输网的定义与组成

近年来,随着通信和计算机技术的结合,业务变得丰富多样,业务网逐步出现分离和多样化,而传输则越来越远离上层的用户业务,即传输网逐渐沉到了底层。

(1)传输网的定义

传输网是用作传送通道的网络,是一般架构在业务网(公共电话交换网、基础数据网、移动通信网、IP 网等)和支撑网之下用来提供信号传送和转换的网络,属于上述各种网络的基础网。

(2)传输网的组成

传输网由各种传输线路和传输设备组成。

① 传输线路(传输介质):完成信号的传递,可分为有线传输线路和无线传输线路两大类。有线传输线路主要包括双绞线、同轴电缆、光纤(光缆)等;无线传输线路是指传输电磁波的自由空间。

② 传输设备:完成信号的处理功能,实现信息的可靠发送、整合、收敛、转发等。不同的传输网,其传输设备类型及具体功能则有所区别。

2. 传输网在通信网中的地位

通信网按照构成及功能划分,大体上可分为业务网、传输网和支撑网。它们之间的关系如图 2-1 所示。

业务网是指面向公众提供电信业务的网络,主要包括公共电话交换网(Public Switched

Telephone Network，PSTN）、基础数据网（分组交换网、帧中继网、ATM 网和数字数据网）、移动通信网、IP 网等。传输网服务于网络所承载的各种业务。

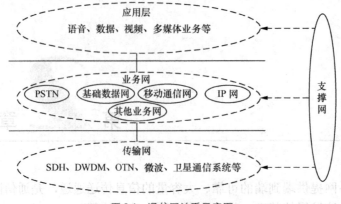

图 2-1　通信网关系示意图

支撑网是使业务网正常运行、增强网络功能、提供全网服务质量以满足用户要求的网络，包括 No.7 信令网、数字同步网和电信管理网。支撑网所有的功能需要建立在一个性能优越的传输网的基础之上才能实现。

由此可见，传输网是整个通信网络的基础，承载各种业务网，使不同节点和不同业务网之间能够互相连接在一起，最终构成一个连通各处的网络，为语音业务、宽带数据业务以及 IP 多媒体业务等提供通道和多种传送方式，满足用户对各种业务的需求。

可以说，没有传输网就无法构成通信网，传输网的稳定程度、质量优劣，直接影响到通信网的总体实力。

3. 对传输网的要求

业务网的不断演进对传输网提出了更新、更高的要求，具体如下。

① 多业务的运营必然要求传输网实现多业务的承载。
② 数据业务要求传输网能够提供自动配置、动态可调带宽，提高资源利用率。
③ 业务发展的不确定性要求传输网能够灵活扩展。
④ 面对多业务、多运营商的竞争环境，要求传输网提供更高的安全保障。

只有满足上述要求，传输网才能够快速响应业务网的需求。所以，传输网必须向具有自动交换能力（指交叉连接）、支持多业务多接口、可运营管理的方向发展，向高速化、大容量、长距离、IP 化、智能化、集约化方向发展。

2.1.2　传输网的分类

传输网可以从不同的角度分类。

1. 按所传输的信号形式分

若按所传输的信号形式分，传输网可分为模拟传输网和数字传输网。

- 模拟传输网：网中传输的是模拟信号。
- 数字传输网：网中传输的是数字信号。

2. 按所处的位置和作用分

若按所处的位置和作用分，传输网可分为长途（干线）传输网和本地传输网。

- 长途（干线）传输网：包括国际长途传输网、省际长途传输网、省内长途传输网。

- 本地传输网：涵盖城域传输网，一般分为核心层、汇聚层和接入层。

3. 按采用的传输介质分

若按采用的传输介质分，传输网可分为有线传输网和无线传输网。

（1）有线传输网

顾名思义，有线传输网是利用有线传输介质传输信号的网络，包括电缆传输网、光纤（光缆）传输网、国际海缆传输网。

其中，光纤传输网（简称光传输网）可提供大容量、长距离、高可靠的传输手段，是应用最广泛的有线传输网；而且在所有传输网中，光传输网种类最多、技术发展最快。

目前，已建设的光传输网主要有 SDH 传输网、MSTP 传输网、DWDM 传输网、OTN、ASON、分组传送网（Packet Transport Network，PTN）和 IP 化的无线接入网（IP Radio Access Network，IP RAN）等。

（2）无线传输网

无线传输是指信号通过自由空间信道以电磁波的形式传播。不同波段的无线电波的传播特性与传输容量是不同的，在电信传输网中，通常利用微波来实现长距离、大容量的传输。

无线传输网（习惯上称为无线通信系统）包括微波通信系统和卫星通信系统。

① 微波通信是利用微波频段（300MHz～300GHz）的电磁波来传输信息的通信。微波在空间沿直线视距范围传播，中继距离为 50km 左右，适于地形复杂的情况下使用。

② 卫星通信是在地球站之间利用人造卫星作为中继站的通信方式，是微波接力通信的一种特殊形式。它可以向地球上任何地方发送信息。

在有线传输技术不断发展的同时，无线传输技术以其灵活、方便的功能特点，广泛应用于通信网的各个领域，无线传输网是对有线传输网不可缺少的补充。

2.1.3 传输技术的发展历程及发展趋势

由于光传输网是目前应用最广泛的有线传输网，而无线传输技术中，卫星通信则更有发展前景。所以，下面重点介绍光传输技术和卫星通信的发展历程及发展趋势。

1. 光传输技术的发展历程及发展趋势

（1）光传输技术的发展历程

① 在通信网中利用高速大容量光纤传输技术和智能网络技术的新体制,最先产生的是美国的光同步传输网（Synchronous Optical Network，SONET）。这一概念最初由贝尔通信研究所提出，1988 年被 ITU-T 接受，并加以完善，重新命名为 SDH。SDH 技术的采用使通信网的发展进入了一个崭新的阶段。20 世纪 90 年代中期，SDH 成为光传输网的主力，其主要用于传输 TDM 业务。

② 随着 IP 网的发展，全球宽带业务迅速增长，为了扩大光纤通信的容量，美国 AT&T 实验室提出了波分复用（Wavelength Division Multiplexing，WDM）技术（光波分复用系统的发起者和奠基人是中国工程院外籍院士历鼎毅先生），使光传输技术产生了历史性变革。20 世纪 90 年代末，我国开始建设 DWDM 传输网。

③ 随着 IP 网应用的普及，对多业务（特别是数据业务）需求的呼声越来越高，为了能够承载 IP、以太网等业务，我国于 2002 年提出了基于 SDH 的 MSTP 技术，2005 年 MSTP 设备开始规模应用。MSTP 显著提升了光通信网络的多业务承载能力，光传输网进入了以 TDM 业务为主、同时支持多种分组业务传送的发展阶段。

④ 随着全业务运营时代的到来，网络业务对传送带宽的需求剧增，迫切需要一种能提供大颗粒业务传送和交叉调度的新型光网络。ITU-T 于 1998 年提出了基于大颗粒业务带宽进行组网、调度和传送的新型技术——OTN 的概念，2008 年以后 OTN 标准已经完善，我国开始大规模建设 OTN。

OTN 继承了 SDH 和 DWDM 技术的主要优势，采用大带宽颗粒调度，具有丰富的开销，提供类似 SDH 的 OAM 能力和更多的新型功能，满足目前及今后高带宽、高质量业务传送等需求，是传送网的主流可选技术。

⑤ 伴随着网络智能化需求的日益增加，传输技术也在从以往静态配置和应用的基础上逐步向动态发展，ITU-T 在 2000 年 3 月正式提出了 ASON 的概念。ASON 在光传送网络中引入了智能的控制平面，是光通信技术发展史上的又一次重大突破。从 2005 年开始，基于 SDH 的 ASON 技术逐渐在我国干线传送网和城域传送核心层得到一定规模的应用，2010 年基于 OTN 的 ASON 逐渐兴起，极大地提升了光通信网络组网的智能性、可靠性和灵活性。

⑥ 随着移动互联网技术与应用的不断发展，通信业务加速 IP 化、宽带化、综合化，PTN 和 IP RAN 技术应运而生。PTN/IP RAN 凭借丰富的业务承载能力、强大的带宽扩展能力、完备的服务质量保障能力，成为本地传输网的一种选择。

中国三大通信运营商分别采用分组传送技术构建本地传输网，以满足移动网络基站的分组数据业务及集团客户业务等的承载需求。中国移动选择 PTN 技术，而中国电信选择 IP RAN 技术，中国联通则大规模建设 IP RAN，同时部分引入 PTN。

• PTN：我国从 2005 年开始启动研究 PTN 技术，中国移动和中国联通于 2010 年以后规模建设 PTN。PTN 是针对分组业务流量的突发性和统计复用传送的要求而设计的，以分组业务为核心并支持多业务提供，具有适合各种粗细颗粒业务、端到端的组网能力，提供了更加适合于 IP 业务特性的"柔性"传输管道；同时秉承了光传输网络的传统优势，包括高可用性和可靠性、高效的带宽管理机制和流量工程、可扩展、较高的安全性等。PTN 侧重二层业务，整个网络构成若干庞大、综合的二层数据传输通道，升级后可支持完整的三层功能。

• IP RAN：早在 2000 年初，诺基亚公司就提出了 IP RAN 的概念，但由于当时 3G 标准尚未成熟，移动数据业务还不十分普及，所以 IP RAN 一直停留在概念阶段。随着 3G 网络向 LTE 的演进，移动网络全 IP 的发展趋势日益凸显，中国电信和中国联通于 2013 年开始规模建设 IP RAN。与 PTN 相比，IP RAN 更侧重于三层路由功能，整个网络是一个由路由器构成的基于 IP 数据报的三层转发体系。IP RAN 采用 IP/MPLS 技术，支持动态路由，具有很好的开放性，能够更有效地实现多业务承载（既可提供二层 VPN 业务，也可提供三层 VPN 业务），而且可快速、灵活地调整业务路由，降低网络配置的复杂度。

(2) 光传输技术的发展趋势

未来光传输技术的发展不仅需要提升传输容量、增加传输距离，而且更需要满足业务的动态特性、资源利用率和网络架构等多方面的需求，其新的发展方向主要如下。

① 频谱灵活的光网络技术

灵活栅格技术在光网络中的应用，可使得基于密集波分复用的光网络不再拘泥于传统的 50GHz 波长间隔等，未来的光网络将是频谱灵活的光网络，能实现光频谱资源的按需灵活分配。

② 软件定义光网络

软件定义网络（Software Defined Network，SDN）的架构基础是控制平面和数据平面分离，通过一个外部软件控制器对网络集中控制，该控制器能够通过标准的接口与底层网络通信。SDN 技术还能够通过开放的应用程序编程接口（Application Programming Interface，API）

向各种业务应用提供软件定义的网络服务，很好地适应了未来业务灵活、开放、可编程的需求。

随着光网络容量的快速提升，光网络的未来发展将不再仅局限于传输容量的拓展，而更趋向于提供灵活、高效和按需分配的底层传输平台。在光传输网中引入 SDN 技术，可较为显著地提升资源的利用率和业务提供能力。

③ 全光网络技术

未来的高速传输网将是全光网络。全光网络是以光节点代替电节点，节点之间也是全光化，即信息始终以光的形式进行传输与处理。全光网络具有良好的透明性、开放性、兼容性以及可靠性，并且能够提供巨大的带宽，网络结构简单，组网非常灵活。

2. 卫星通信技术的发展历程及发展趋势

（1）卫星通信技术的发展历程

卫星通信的构想是英国科学家阿瑟·克拉克提出的。20 世纪 60 年代，由美国率先完成卫星通信早期的试验，成功发射了第一代"国际通信卫星"，其承载一般通信和商务通信业务。后来由苏联发射的通信卫星，可以提供传真、电视、广播和电话通信业务。

20 世纪 70 年代，卫星通信开始应用于一些国家内部的通信领域，并研发了海事卫星通信系统。20 世纪 80 年代，甚小天线地球站卫星通信系统的问世，象征着卫星通信进入了极速飞跃阶段。20 世纪 90 年代，中、低轨道移动卫星通信进一步推进了卫星信息化发展的脚步。

到了 21 世纪，卫星通信在理论研究和再应用领域均取得了显著的成果（如 GPS 的出现）。

（2）我国卫星通信技术的应用情况

我国对于通信卫星的研究与使用始于 20 世纪 70 年代。1972 年，我国租用了国际第四代卫星（IS-IV），引进国外设备，在北京和上海建立了 4 座大型地球站，首次开展了商业性的国际卫星通信业务。

1984 年 4 月，我国成功发射了第一颗试验通信卫星"STW-1"；1986 年，发射第二颗试验通信卫星"STW-2"；1988 年 3 月和 7 月，又相继发射了"东二甲"和"东二甲-2"两颗实用通信卫星；1990 年 2 月，发射了第 5 颗卫星；同年春，又将"亚洲一号"卫星送入了预定轨道；1997 年 5 月，我国成功发射了第三代通信卫星"东方红三号"卫星，用于电视、电话等传输业务。

进入 21 世纪以来，我国卫星通信技术取得了较大的进步，具体体现在以下几个方面。

① 空间段的建立初具规模，保证了卫星固定通信业务的资源稳定性，目前我国可利用的卫星资源众多。

② 满足各种业务要求的卫星通信网基本建成，可以对地面通信网起到完美的补充作用，而且能提供通信的应急备份。

③ 大规模功能齐全的卫星电视广播传输网已经建成，使我国广播电视覆盖率大大增加。

④ 在卫星通信应用市场上取得了快速的进步。我国卫星通信的应用主要包括应急通信应用、卫星电视广播应用、卫星宽带通信应用、传统的卫星固定通信应用及卫星移动通信应用。

（3）卫星通信技术的发展趋势

在目前的通信卫星中，已采用许多代表当今世界通信卫星的先进技术，如高能太阳电池和蓄电池、大天线和多点波束、卫星星载处理器以及射频功率动态按需分配等技术，这些技术的进步，对卫星通信的发展产生了深刻的影响。卫星通信技术的发展趋势主要如下。

① 通信卫星向大、小两极发展

现代卫星通信技术的发展趋势之一就是卫星星体本身正在向大型化和微型化两个方向发展。大型化指的是将通信卫星的体积建造得比以前更大，这样能够提高卫星的灵敏度和处理能力。而微型化指的是利用多颗小型的通信卫星共同组成卫星通信网络，以此来代替过去的单颗大型通信卫星，既可以使卫星的发射更加方便，同时也可以有效地降低成本。

② 卫星通信向卫星移动通信方向演进

卫星移动通信指的是利用通信卫星实现移动用户与固定用户或移动用户与移动用户之间通信的一种技术。卫星移动通信依靠卫星通信的特点，在移动载体上集成了卫星通信系统或者卫星通信终端，从而实现载体在移动中的不间断通信。

相对于地面移动通信系统，卫星移动通信具有覆盖范围广、通信费用与距离无关、不受地理条件限制等优点，能够实现对海洋、山区和高原等地区近乎无缝的覆盖，可满足各类用户对移动通信覆盖性的需求。

③ 卫星通信与互联网技术相结合

卫星通信与互联网技术相结合产生了卫星互联网技术。将通信卫星作为互联网中进行数据上下交换的链路，能够使地面用户随时随地进行互联网的连接。

④ 卫星通信宽带化

随着卫星通信技术的不断发展，用户数量逐渐增加，为了满足用户对带宽的需求，卫星通信技术已向 Ka、Q 等波段发展，一些国家的卫星系统已拓展至 EHF 频段。这样能够有效地提高频段的容量，缓解频谱拥挤的状况。

⑤ 卫星光通信

卫星光通信就是用激光进行卫星间通信，使其通信容量大为增加，而卫星通信设备的体积和重量却大大减小，同时也增加了卫星通信的保密性。

以上概括地介绍了传输网的基本情况，本章 2.2~2.6 节主要介绍 SDH 传输网、MSTP 传输网、DWDM 传输网、OTN 和 ASON；2.7 节和 2.8 节将介绍微波通信系统和卫星通信系统。

2.2　SDH 传输网

20 世纪 80 年代，为了克服 PDH 的弱点，产生了利用高速大容量光纤传输技术和智能网络技术的新传输体制——SDH；90 年代中期，SDH 成为光传输网的主力。

虽然随着光纤通信技术的发展和业务需求的增长，后来逐步建设了更具优势的各种光传输网络，如 MSTP 传输网、DWDM 传输网、OTN 以及 ASON 等，但是设施完善、遍布各地的 SDH 传输网还会持续应用一段时间，而且 SDH 传输网的相关内容是各种光网络的基础，所以本节内容至关重要。

2.2.1　SDH 的基本概念

1. SDH 传输网的概念

SDH 传输网由一些 SDH 的基本网络单元（Net Element，NE）组成，是在光纤上进行同步信息传输、复用、分插和交叉连接的网络。

SDH 传输网的概念中包含以下几个要点。

① SDH 网有全世界统一的网络节点接口（Network to Network Interface，NNI），从而简化了信号的互通以及信号的传输、复用、交叉连接等过程。

② SDH 网有一套标准化的信息结构等级，称为同步传递模块，并具有一种块状帧结构，允许安排丰富的开销比特用于网络的运行、管理和维护（Operation Administration and

Maintenance，OAM）。

③ SDH 网有一套特殊的复用映射结构，允许现存准同步数字体系（Plesiochronous Digital Hierarchy，PDH）、同步数字体系和 B-ISDN 的信号都能纳入其帧结构中传输，即具有兼容性和广泛的适应性。

④ SDH 网大量采用软件进行网络配置和控制，增加新功能和新特性非常方便，适合将来不断发展的需要。

⑤ SDH 将标准的光接口综合进各种不同的网络单元，使光接口成为开放型的接口，可以在光路上实现横向兼容，各厂商产品都可在光路上互通。

⑥ SDH 网的基本网络单元（简称网元）有终端复用器（Terminal Multiplexer，TM）、分插复用器（Add-Drop Multiplexer，ADM）、再生中继器（REGenerative repeater，REG）和数字交叉连接（Digital Cross Connect，DXC）设备等。

2. SDH 的优缺点

（1）SDH 的优点

SDH 与 PDH 相比，其优点主要体现在以下几个方面。

① 有全世界统一的数字信号速率和帧结构标准。SDH 把两大准同步数字体系（3 个地区性标准）在 STM-1 等级上获得统一，第一次实现了数字传输体制上的世界性标准。

② 采用同步复用方式和灵活的复用映射结构，净负荷与网络是同步的。

③ SDH 帧结构中安排了丰富的开销比特，因而使得网络的 OAM 能力大大加强。

④ SDH 网具有标准的光接口。

⑤ SDH 与现有的 PDH 网络完全兼容。SDH 可兼容 PDH 的各种速率，同时还能方便地容纳各种新业务信号。

⑥ SDH 以字节为单位复用，其信号结构的设计考虑了网络传输和交换的最佳性。

（2）SDH 的缺点

SDH 的主要缺点如下。

① 频带利用率不如传统的 PDH 系统。

② 大规模使用软件控制和将业务量集中在少数几个高速链路和交叉节点上，这些关键部位如果出现问题，可能导致网络的重大故障，甚至造成全网瘫痪。

尽管 SDH 有这些不足，但它比传统的 PDH 有着明显的优越性，所以最终取代了 PDH。

3. SDH 的速率体系

SDH 最基本的模块信号（即同步传递模块）是 STM-1，其速率为 155.520Mbit/s。更高等级的 STM-N 信号是将基本模块信号 STM-1 同步复用、按字节间插的结果（这是产生 STM-N 信号的方法之一）。其中 N 是正整数，目前国际标准化 N 的取值是 1、4、16、64、256。

ITU-T G.707 标准规范的 SDH 速率体系如表 2-1 所示。

表 2-1　　　　　　　　　　　　　SDH 速率体系

等级	STM-1	STM-4	STM-16	STM-64	STM-256
速率（Mbit/s）	155.520	622.080	2488.320	9953.280	39813.12

2.2.2　SDH 的基本网络单元

1. 终端复用器

TM 如图 2-2 所示（图中速率以 STM-1 等级为例）。

TM 位于 SDH 传输网的终端（网络末端），主要任务是将低速支路信号纳入 STM-N 帧结构，并经电/光转换成为 STM-N 光线路信号，其逆过程正好相反。TM 的具体功能如下。

① 在发送端能将各 PDH 支路信号等复用进 STM-N 帧结构，在接收端进行分接。

② 在发送端将若干个 STM-N 信号复用为一个 STM-M（M>N）信号（如将 4 个 STM-1 复用成一个 STM-4），在接收端将一个 STM-M 信号分成若干个 STM-N（M>N）信号。

③ TM 还具备电/光（光/电）转换功能。

2. 分插复用器

ADM 如图 2-3 所示（图中速率以 STM-1 等级为例）。

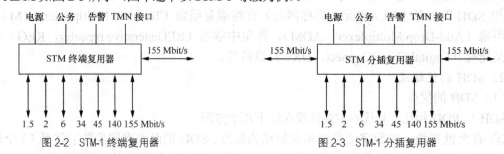

图 2-2　STM-1 终端复用器　　　　　图 2-3　STM-1 分插复用器

ADM 位于 SDH 传输网的沿途，它将同步复用和数字交叉连接功能综合于一体，具有灵活地分插任意支路信号的能力。ADM 的具体功能如下。

① 具有支路—群路（即上/下支路）能力。ADM 上下的支路，既可以是 PDH 支路信号，也可以是较低等级的 STM-N 信号。ADM 同 TM 一样也具有光/电（电/光）转换功能。

② 具有群路—群路（即直通）的连接能力。

③ 具有数字交叉连接功能，即将 DXC 功能融于 ADM 中。

3. 再生中继器

REG 如图 2-4（a）所示。

REG 的作用是将光纤长距离传输后受到较大衰减及色散畸变的光脉冲信号转换成电信号后进行放大整形、再定时，再生为规划的电脉冲信号，再调制光源变换为光脉冲信号送入光纤继续传输，以延长传输距离。

4. 数字交叉连接设备

DXC 设备的作用是实现支路之间的交叉连接。SDH 网络中的 DXC 设备也称为同步数字交叉连接（SDXC）设备，如图 2-4（b）所示。它是一种具有一个或多个 PDH 或 SDH 信号端口并至少可以对任何端口速率（和/或其子速率信号）与其他端口速率（和/或其子速率信号）进行可控连接和再连接的设备。

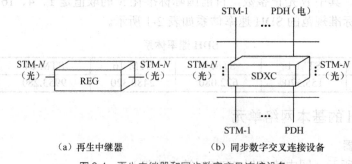

（a）再生中继器　　　　　（b）同步数字交叉连接设备

图 2-4　再生中继器和同步数字交叉连接设备

从功能上看，SDXC 设备是一种兼有复用、配线、保护/恢复、监控和网管的多功能传输设备，可以为网络提供迅速有效的连接和网络保护/恢复功能，并能经济有效地提供各种业务。

以上介绍了 SDH 网的几种基本网络单元，它们在 SDH 传输网中的使用（连接）方法之一如图 2-5 所示。

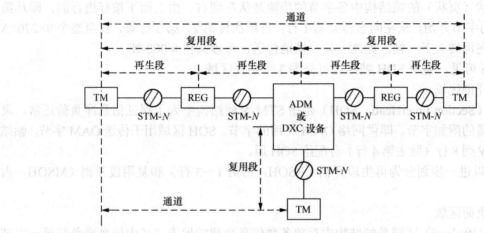

图 2-5 基本网络单元在 SDH 网中的应用

图 2-5 中顺便标出了实际系统组成中的通道、复用段和再生段。
- 通道：TM 之间称为通道。
- 复用段：TM 与 ADM（或 DXC 设备）之间称为复用段，两个 ADM/DXC 设备之间也称为复用段。
- 再生段：REG 与 TM 之间、REG 与 ADM/DXC 设备之间、两个 REG 之间均称为再生段。

2.2.3 SDH 的帧结构

SDH 的帧结构必须适应同步数字复用、交叉连接等功能，同时也希望支路信号在一帧中均匀分布、有规律，以便接入和取出。ITU-T 最终采纳了一种以字节为单位的矩形块状（或称页状）帧结构，如图 2-6 所示。

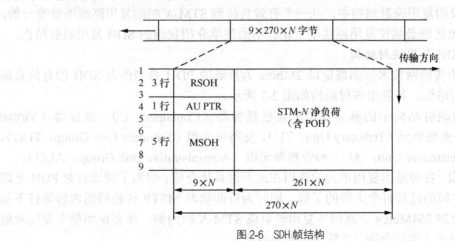

图 2-6 SDH 帧结构

STM-N 帧由 270×N 列 9 行组成，帧长度为 270×N×9B 或 270×N×9×8bit，帧周期为 125μs（即一帧的时间）。

对于 STM-1 而言，帧长度为 270×9=2 430B，相当于 19 440bit，帧周期为 125μs，由此可算出其比特速率为 270×9×8/（125×10^{-6}）=155.520Mbit/s。

这种块状（页状）的帧结构中各字节的传输是从左到右、由上而下按行进行的，即从第 1 行最左边的字节开始，从左向右传完第 1 行，再依次传第 2、第 3 行等，直至整个 9×270×N 字节都传送完再转入下一帧，如此一帧一帧地传送，每秒共传 8 000 帧。

由图 2-6 可见，整个 SDH 帧结构可分为 3 个主要区域。

（1）段开销区域

段开销（Section OverHead，SOH）是指 STM-N 帧结构中为了保证信息净负荷正常、灵活传送所必需的附加字节，即供网络 OAM 使用的字节。SOH 区域用于传送 OAM 字节，帧结构的左边 9×N 列 8 行（除去第 4 行）分配给 SOH 用。

SOH 可以进一步划分为再生段开销（RSOH，占第 1～3 行）和复用段开销（MSOH，占第 5～9 行）。

（2）净负荷区域

净负荷（Payload）区域是帧结构中存放各种信息负载的地方（其中信息净负荷第一字节在此区域中的位置不固定）。图 2-6 中横向第 10×N～270×N 列、纵向第 1 行到第 9 行的 2 349×N 字节都属此区域。其中含有少量的通道开销（Path OverHead，POH）字节，用于监视、管理和控制通道性能，其余负载业务信息。

（3）管理单元指针区域

管理单元指针（Administration Unit PoinTeR，AU PTR）用来指示信息净负荷的第一个字节在 STM-N 帧中的准确位置，以便在接收端能正确地分解。在图 2-6 帧结构中第 4 行左边的 9×N 列分配给管理单元指针用。

2.2.4 SDH 的复用映射结构

ITU-T G.709 建议的 SDH 的一般复用映射结构（简称复用结构）是由一些基本复用单元组成的、有若干中间复用步骤的复用结构。具体地说，SDH 复用结构规定将 PDH 支路信号纳入（复用进）STM-N 帧的过程。

在 G.709 建议的复用映射结构中，从一个有效负荷到 STM-N 帧的复用路线不是唯一的，对于一个国家或地区则必须使复用路线唯一化。下面简单介绍我国的 SDH 复用映射结构。

1. 我国的 SDH 复用映射结构

我国的光同步传输网技术体制规定以 2Mbit/s 为基础的 PDH 系列作为 SDH 的有效负荷并选用 AU-4 复用路线，其复用映射结构如图 2-7 所示。

SDH 的复用映射结构中的基本复用单元包括容器（Container，C）、虚容器（Virtual Container，VC）、支路单元（Tributary Unit，TU）、支路单元组（Tributary Unit Group，TUG）、管理单元（Administrative Unit，AU）和管理单元组（Administrative Unit Group，AUG）。

由于篇幅所限，各种基本复用单元的作用在此不做具体介绍。但为了使读者对 PDH 支路信号纳入 STM-N 帧的过程有个大概的了解，同时为后面学习 MSTP 传输网的内容等打下基础，所以下面以 139.264Mbit/s 支路信号复用映射成 STM-N 帧为例，简要说明整个复用映射过程，如图 2-8 所示（请结合图 2-7 学习下面的内容）。

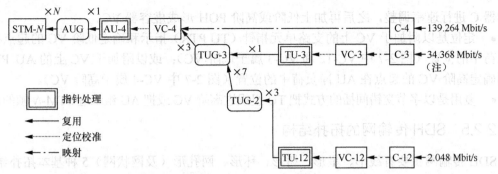

图 2-7 我国的复用映射结构

① 将标称速率为 139.264Mbit/s 的支路信号（实际上各支路信号的速率可能有些偏差）装进容器 C-4 中进行速率调整，C-4 有 9 行 260 列，如图 2-8（a）所示；C-4 加上 9 个字节的高阶 POH 后，便构成了虚容器 VC-4，如图 2-8（b）所示，以上过程称为映射。

② VC-4 加上管理单元指针 AU-4 PTR（占 9 个字节）构成了管理单元 AU-4，如图 2-8（c）所示。VC-4 首字节在 AU-4 中的位置不固定，管理单元指针 AU-4 PTR 用于指示和确定 VC-4 的起点在 AU-4 净负荷中的位置，这个过程称为定位。

③ 单个 AU-4 直接置入管理单元组 AUG，如图 2-8（c）所示，再由 N 个 AUG 进行字节间插，并加上段开销（RSOH 和 MSOH）便构成了 STM-N 信号，如图 2-8（d）所示，以上过程称为复用。

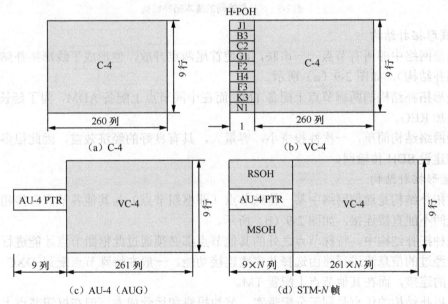

图 2-8 139.264Mbit/s 支路信号复用映射过程

2. 支路信号复用进 STM-N 帧的步骤

综上所述，各种业务信号纳入（复用进）STM-N 帧的过程都要经历映射、定位（需要指针调整）和复用 3 个步骤。

● 映射是使各支路信号适配进虚容器的过程。即各种速率的 PDH 信号先分别装入相应的容器 C 进行速率调整，之后再加上低阶或高阶 POH 形成虚容器 VC。

- 定位是以附加于 VC 上的支路单元指针（TU PTR）指示和确定低阶 VC 的起点在 TU 净负荷中的位置（图 2-7 中 VC-12 和 VC-3 属于低阶 VC）；或以附加于 VC 上的 AU PTR 指示和确定高阶 VC 的起点在 AU 净负荷中的位置（图 2-7 中 VC-4 属于高阶 VC）。
- 复用是以字节交错间插的方式把 TU 组织进高阶 VC 或把 AU 组织进 STM-N 帧的过程。

2.2.5 SDH 传输网的拓扑结构

SDH 传输网主要有线形、星形、树形、环形、网孔形（及网状网）5 种基本拓扑结构，如图 2-9 所示。

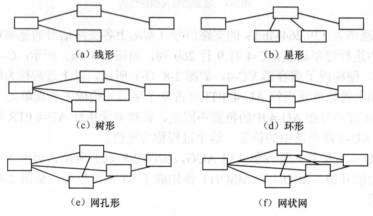

图 2-9　SDH 传输网的基本拓扑结构

1. 线形拓扑结构

将通信网络中的所有节点一一串联，而使首尾两点开放，便形成了线形拓扑结构（也称为链形拓扑结构），如图 2-9（a）所示。

在线形拓扑结构的两端节点上配备 TM，而在中间节点上配备 ADM，为了延长距离，节点间可以加 REG。

这种网络结构简单，一次性投资小，容量大，具有良好的经济效益，因此很多地区采用此种结构建设 SDH 传输网。

2. 星形拓扑结构

星形拓扑结构是通信网络中某一特殊节点（即枢纽节点）与其他各节点直接相连，而其他各节点间不能直接连接，如图 2-9（b）所示。

在这种拓扑结构中，特殊节点之外的其他节点都必须通过此枢纽节点才能进行通信，特殊节点为经过的信息流进行路由选择并完成连接功能。一般在特殊节点配置 DXC 设备以提供多方向的连接，而在其他节点上配置 TM。

星形拓扑结构的优点是利于分配带宽，节约投资和运营成本。但在枢纽节点上业务过分集中，存在着枢纽节点的安全保障问题和潜在瓶颈问题，系统的可靠性不高。因此星形拓扑结构仅在初期的 SDH 传输网建设中采用，目前多使用在业务集中的接入网中。

3. 树形拓扑结构

树形拓扑结构可以看成是线形拓扑和星形拓扑的结合，即将通信网络的末端节点连接到几个特殊节点，如图 2-9（c）所示。

通常在这种网络结构中，连接 3 个以上方向的节点应配置 DXC 设备，其他节点可配置 TM 或 ADM。

树形拓扑结构可用于广播式业务，但它不利于提供双向通信业务，同时还存在瓶颈问题和光功率限制问题。这种网络结构一般在长途网中使用。

4. 环形拓扑结构

环形拓扑结构实际上就是将线形拓扑的首尾节点之间再相互连接，构成一个封闭环路的网络结构，如图 2-9（d）所示。

一般在环形拓扑结构的各节点上配置 ADM，也可以选用 DXC 设备。但 DXC 设备成本较高，故通常使用在线路交汇处。

环形拓扑结构的一次性投资要比线形拓扑结构大，但其结构简单，而且在系统出现故障时，具有自愈功能，生存性强，因而环形拓扑结构在实际中得到了广泛应用。

5. 网孔形及网状网拓扑结构

当涉及通信的许多节点直接互相连接时就形成了网孔形拓扑结构，如图 2-9（e）所示；若所有的节点都彼此连接则称为理想的网孔形拓扑（即网状网），如图 2-9（f）所示。

网孔形及网状网拓扑结构的节点配置为 DXC 设备，可为任意两节点间提供两条以上的路由。这样，一旦网络出现某种故障，则可通过 DXC 设备的交叉连接功能，对受故障影响的业务进行迂回处理，以保证通信的正常进行。

由此可见，网孔形及网状网拓扑结构的可靠性高，但由于目前 DXC 设备价格昂贵，如果网络中采用此设备进行高度互连，还会使光缆线路的投资成本增大，因而这种网络结构一般在业务量大且密度相对集中时采用。

综上所述，几种拓扑结构各有其优缺点。在具体选择时，应综合考虑网络的生存性、网络配置的容易性，网络结构是否适于新业务的引进等多种实际因素和具体情况。一般来说，省际长途传输网适于采用网孔形或网状网结构；省内长途传输网采用网孔形或网状网结构，也可以采用环形网结构；本地传输网的网络结构则以环形为主，辅之以网孔形和链形。

2.2.6 SDH 传输网的网络保护

SDH 传输网的一个突出优势是具有自愈功能，利用其可以进行网络保护。所谓自愈就是无须人为干预，网络就能在极短时间内从失效故障中自动恢复所携带的业务，使用户感觉不到网络出过故障。其基本原理是使网络具备备用（替代）路由，并重新确立通信的能力。

SDH 传输网目前主要采用的网络保护方式有线路保护倒换、环形网保护和子网连接保护等，下面分别加以介绍。

1. 线路保护倒换

线路保护倒换一般用于链形网，可以采用以下两种保护方式。

（1）1+1 保护方式

1+1 保护方式采用并发优收，即主用光纤（工作段）和备用光纤（保护段）在发送端永久地连在一起（桥接），信号同时发往主用光纤和备用光纤，在接收端择优选择接收性能良好的信号（一般接收主用光纤信号）；当主用光纤出故障时，再改为接收备用光纤的信号。

（2）1:n 保护方式

所谓 1:n 保护方式是 1 根备用光纤（保护段）由 n 根主用光纤（工作段）共用，正常情况下，信号只发往工作段，保护段空闲，当其中任意一个工作段出现故障时，信号均可倒换至保护段（一般 n 的取值范围为 1～14）。

1：1 保护方式是 1：n 保护方式的一个特例。1 根主用光纤（工作段）配备 1 根备用光纤（保护段），正常情况下，信号只发往主用光纤，备用光纤空闲；当主用光纤出现故障时，信号可倒换至备用光纤。

2. 环形网保护

采用环形网实现自愈的方式称为自愈环。环形网的节点一般采用 ADM，利用 ADM 的分插能力和智能构成的自愈环是 SDH 的特色之一。

（1）SDH 自愈环的分类

自愈环的分类方法（也称为结构种类）有以下 3 种。

① 按环中每个节点插入支路的信号在环中流动的方向来分，可以将自愈环分为单向环和双向环。单向环是指所有业务信号按同一方向在环中传输；双向环是指入环的支路信号按一个方向传输，而由该支路信号分路节点返回的支路信号按相反的方向传输。

② 按保护倒换的层次来分，可以将自愈环分为通道保护环和复用段保护环。前者业务量的保护是以通道为基础的，它是利用通道告警指示信号（Alarm Indication Signal，AIS）决定是否应进行倒换；后者业务量的保护是以复用段为基础的，当复用段出故障时，复用段的业务信号都转向保护环。

③ 按环中每一对节点间所用光纤的最小数量来分，可以将自愈环分为二纤环和四纤环。

综合考虑，SDH 自愈环分为 5 种：二纤单向通道保护环、二纤双向通道保护环、二纤单向复用段保护环、二纤双向复用段保护环和四纤双向复用段保护环。

（2）几种典型的自愈环

SDH 自愈环中应用较广泛的是二纤单向通道保护环和二纤双向复用段保护环，下面重点分析这两种自愈环。

① 二纤单向通道保护环

二纤单向通道保护环如图 2-10（a）所示。

二纤单向通道保护环由两根光纤实现，其中一根用于传输业务信号，称为 S1 光纤（主用光纤），另一根用于保护，称为 P1 光纤（备用光纤）。它采用 1+1 保护方式，即利用 S1 光纤和 P1 光纤同时携带业务信号并分别沿两个方向传输，但接收端只择优选择其中的一路信号。

例如，节点 A 至节点 C 进行通信（AC），将业务信号同时馈入 S1 光纤和 P1 光纤，S1 光纤沿顺时针将信号传送到节点 C，而 P1 光纤则沿逆时针将信号也传送到节点 C。接收端分路节点 C 同时收到两个方向来的支路信号，按照分路通道信号的优劣决定选哪一路作为分路信号。正常情况下，以 S1 光纤送来的信号为主信号，因此节点 C 接收来自 S1 光纤的信号。节点 C 至节点 A 的通信（CA）同理。

当 BC 节点间光缆被切断时，两根光纤同时被切断，如图 2-10（b）所示。

在节点 C，由于 S1 光纤传输的信号 AC 丢失，则按通道选优准则，倒换开关由 S1 光纤转至 P1 光纤，改为接收 P1 光纤的信号，使通信得以维持。一旦排除故障，开关再返回原来位置，而节点 C 至节点 A 的信号（CA）仍经主用光纤到达，不受影响。

② 二纤双向复用段保护环

二纤双向复用段保护环是在四纤双向复用段保护环的基础上改进得来的。节点 A 至节点 C 的主用光纤 S1 是顺时针传输业务信号，备用光纤 P1 是逆时针传输信号；节点 C 至节点 A 的主用光纤 S2 是逆时针传输业务信号，备用光纤 P2 是顺时针传输信号。

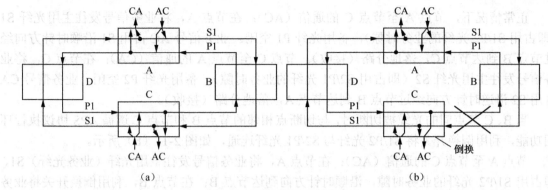

图 2-10 二纤单向通道保护环

二纤双向复用段保护环采用了时隙交换（Time Slot Interchange，TSI）技术，使 S1 光纤和 P2 光纤上的信号都置于一根光纤（称为 S1/P2 光纤）上，利用 S1/P2 光纤的一半时隙（如时隙 1 到时隙 M）传输 S1 光纤的业务信号，另一半时隙（时隙 $M+1$ 到时隙 N，其中 $M \leq N/2$）传输 P2 光纤的保护信号。同样，S2 光纤和 P1 光纤上的信号也利用时隙交换技术置于一根光纤（称 S2/P1 光纤）上。由此，四纤环可以简化为二纤环。二纤双向复用段保护环如图 2-11（a）所示。

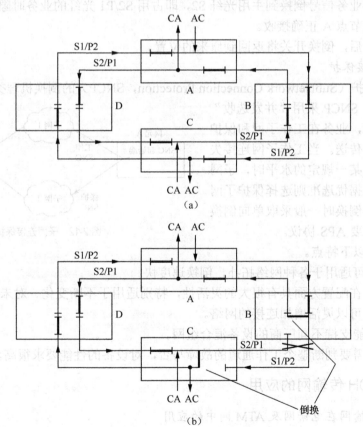

图 2-11 二纤双向复用段保护环

二纤双向复用段保护环采用 1∶1 保护方式，所有节点在支路信号分插功能前的每一个高速线路上都有一个保护倒换开关。

正常情况下，节点 A 至节点 C 的通信（AC）：在节点 A，将业务信号发往主用光纤 S1（即占用 S1/P2 光纤的业务时隙），备用光纤 P1 空闲。业务信号 AC 占用 S1 沿顺时针方向经过节点 B 到达节点 C，落地分路（接收）。节点 C 至节点 A 的通信（CA）：在节点 C，将业务信号发往主用光纤 S2（即占用 S2/P1 光纤的业务时隙），备用光纤 P2 空闲。业务信号 CA 占用 S2 沿逆时针方向经过节点 B 到达节点 A，落地分路（接收）。

当 B、C 节点间的光缆被切断时，与切断点相邻的节点 B 和节点 C 遵循 APS 协议执行环回功能，利用倒换开关将 S1/P2 光纤与 S2/P1 光纤连通，如图 2-11（b）所示。

节点 A 至节点 C 的通信（AC）：在节点 A，将业务信号发往主用光纤（业务光纤）S1，即占用 S1/P2 光纤的业务时隙，沿顺时针方向到达节点 B；在节点 B，利用倒换开关将业务信号倒换到备用光纤 P1，即占用 S2/P1 光纤的保护时隙，沿逆时针方向经过节点 A、D 到达节点 C；在节点 C，利用倒换开关将业务信号倒换到主用光纤 S1，即占用 S1/P2 光纤的业务时隙，达到正确接收的目的。

节点 C 至节点 A 的通信（CA）：在节点 C，将业务信号发往主用光纤（业务光纤）S2，即占用 S2/P1 光纤的业务时隙，然后利用倒换开关将业务信号倒换到备用光纤（保护光纤）P2，即占用 S1/P2 光纤的保护时隙，沿顺时针方向经过节点 D 和 A 到达节点 B；在节点 B，利用倒换开关将业务信号倒换到主用光纤 S2，即占用 S2/P1 光纤的业务时隙，沿逆时针方向到达节点 A，被节点 A 正确接收。

当故障排除后，倒换开关将返回到原来的位置。

3. 子网连接保护

子网连接保护（SubNetwork Connection Protection，SNCP）的倒换机理类似于通道倒换，如图 2-12 所示。SNCP 采用"并发选收"的保护倒换规则，业务在工作子网和保护子网连接上同时传送。当工作子网连接失效或性能劣化到某一规定的水平时，子网连接的接收端依据优选准则选择保护子网连接上的信号。倒换时一般采取单向倒换方式，因而不需要 APS 协议。

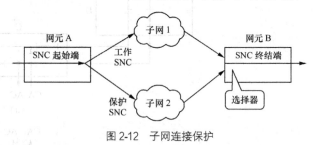

图 2-12 子网连接保护

SNCP 具有以下特点。

（1）SNCP 可适用于各种网络拓扑，倒换速度快。

（2）SNCP 在配置方面具有很大的灵活性，特别适用于不断变化、对未来传输需求不能预测、根据需要可以灵活增加连接的网络。

（3）SNCP 能支持不同厂商的设备混合组网。

（4）SNCP 需要判断整个工作通道的故障与否，对设备的性能要求很高。

2.2.7 SDH 传输网的应用

1. SDH 传输网在电话网及 ATM 网中的应用

早期电话网交换机之间的传输手段采用的是 PDH 系统。由于 SDH 的优势，从 20 世纪 90 年代中期开始，许多城市（地区）电话网交换机之间的传输网基本上都采用 SDH 传输网，这是 SDH 传输网最早、最广泛的应用。

另外，ATM 网交换机之间信元的主要传输方式之一是基于 SDH，即将 ATM 信元映射进

SDH 帧结构中,利用 SDH 网进行传输。

2. SDH 技术在光纤接入网中的应用

光纤接入网根据传输设施中是否采用有源器件,分为有源光网络(Active Optical Network,AON)和无源光网络(Passive Optical Network,PON)。有源光网络的传输设施中采用有源器件,它属于点到多点光通信系统,通常用于电信接入网,其传输体制有 PDH 和 SDH,目前一般采用 SDH,网络结构通常为环形。

3. SDH 传输网在宽带 IP 网络中的应用

宽带 IP 网络路由器之间传输 IP 数据报的方式称为骨干传输技术,目前常用的有 IP over SDH/MSTP、IP over DWDM/OTN 等。其中,IP over SDH 主要应用于宽带 IP 城域网的接入层和汇聚层。

IP over SDH 是 IP 技术与 SDH 技术的结合,在 IP 网路由器之间采用 SDH 网传输 IP 数据报。具体地说,IP over SDH 是将 IP 数据报通过点到点协议(Point to Point Protocol,PPP)映射到 SDH 帧结构中,然后在 SDH 网中传输。SDH 网为 IP 数据报提供点到点的链路连接,而 IP 数据报的寻址由路由器来完成。

2.3 MSTP 传输网

SDH 传输网主要用于传输 TDM 业务,然而随着 IP 网的迅猛发展,对多业务需求(特别是数据业务)的呼声越来越高,为了能够承载 IP、以太网等业务,基于 SDH 的多业务传送平台(Multi-Service Transport Platform,MSTP)应运而生。

2.3.1 MSTP 的基本概念

1. MSTP 的概念

MSTP 是指基于 SDH,同时实现 TDM、ATM、以太网等业务接入、处理和传送,提供统一网管的多业务传送平台。它将 SDH 的高可靠性、ATM 严格的 QoS 和统计时分复用以及 IP 网络的带宽共享等特征集于一身,可以针对不同 QoS 业务提供最佳的传送方式。

以 SDH 为基础的 MSTP 方案的出发点是充分利用大家所熟悉和信任的 SDH 技术,特别是其保护恢复能力,加以改造以适应多业务应用。具体实现方法为:在传统的 SDH 传输平台上集成二层以太网、ATM 等处理能力,将 SDH 对实时业务的有效承载能力和网络二层(如以太网、ATM、弹性分组环等)乃至三层技术所具有的数据业务处理能力有机结合起来,以增强传送节点对多类型业务的综合承载能力。

2. MSTP 的功能模型

MSTP 的功能模型如图 2-13 所示。

MSTP 的功能模型包含了 MSTP 全部的功能模块。实际网络中,根据需要对若干功能模块进行组合,可以配置成与 SDH 的任何一种网元作用类似的 MSTP 设备。

(1)MSTP 的接口类型

基于 SDH 技术的 MSTP 所能提供的接口类型如下。

① 电接口类型

电接口类型包括 PDH 的 2Mbit/s、34Mbit/s、140Mbit/s 等速率类型;155Mbit/s 的 STM-1 电接口;ATM 电接口;10/100Mbit/s 以太网电接口等。

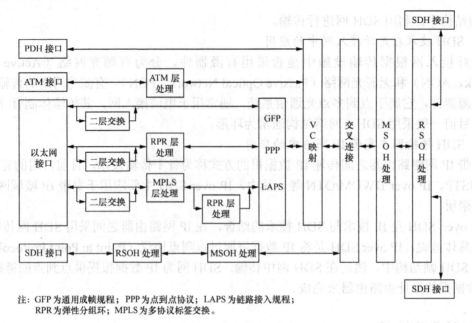

图 2-13　MSTP 的功能模型

② 光接口类型

光接口类型主要有 STM-N 速率光接口、吉比特以太网光接口等。

（2）MSTP 支持的业务

基于 SDH 的 MSTP 设备具有标准的 SDH 功能、ATM 处理功能、IP/以太网处理功能等，支持的业务有以下几种。

① TDM 业务

MSTP 节点应能够满足 SDH 网元的基本功能，可实现 SDH 与 PDH 信号（TDM 业务）的映射、复用，同时又能够满足级联的业务要求，并提供级联条件下的 VC 通道的交叉处理能力。

② ATM 业务

MSTP 设备中具有 ATM 的用户接口，增加了 ATM 层处理模块，以提供 ATM 业务。

③ 以太网业务

MSTP 设备中存在两种以太网业务的适配方式，即透传方式和采用二层交换功能的以太网业务适配方式（详见后述）。

（3）内嵌 MPLS 和 RPR 技术的 MSTP

① 内嵌 MPLS 技术的 MSTP

多协议标签交换（Multi-Protocol Label Switching，MPLS）是一种在开放的通信网上利用标签引导数据高效传输的新技术，它吸收了 ATM 高速交换的优点，并引入面向连接的控制技术，在网络边缘处首先实现第三层路由功能，而在 MPLS 核心网中则采用第二层交换，是一种将标签交换转发和网络层路由技术集于一身的路由与交换技术平台。

在 MSTP 中应用 MPLS 技术（MSTP 的功能模型中内嵌 MPLS 处理模块）是为了在提高 MSTP 承载以太网业务的灵活性和带宽使用效率的同时，更有效地保证各类业务所需的 QoS，并进一步扩展 MSTP 的联网能力和适用范围。

② 内嵌 RPR 技术的 MSTP

弹性分组环（Resilient Packet Ring，RPR）技术是一种基于分组交换的光纤传输技术（或者说基于以太网和 SDH 技术的分组交换机制),它采用环形组网方式,能够传送数据、语音、图像等多媒体业务,并能提供 QoS 分类、环网保护等功能。

在 MSTP 中应用 RPR 技术(MSTP 的功能模型中内嵌 RPR 处理模块)的主要目的在于提高承载以太网业务的性能。

3. MSTP 的特点

MSTP 具有以下几个特点。

(1) 继承了 SDH 技术的诸多优点

MSTP 继承了 SDH 技术良好的网络保护倒换性能、对 TDM 业务较好的支持能力等。

(2) 支持多种物理接口

由于 MSTP 设备负责多种业务的接入、汇聚和传输,所以 MSTP 必须支持多种物理接口。

(3) 支持多种协议

MSTP 对多种业务的支持要求其必须具有对多种协议的支持能力。

(4) 提供集成的数字交叉连接功能

MSTP 可以在网络边缘完成大部分数字交叉连接功能,从而节省传输带宽以及省去网络核心层中昂贵的数字交叉连接设备端口。

(5) 具有动态带宽分配和链路高效建立能力

在 MSTP 中可根据业务和用户的即时带宽需求,利用级联技术进行带宽分配和链路配置、维护与管理。

(6) 能提供综合网络管理功能

MSTP 提供对不同协议层的综合管理,便于网络的维护和管理。

2.3.2 MSTP 的级联技术

MSTP 为了有效承载数据业务,如以太网 10Mbit/s、100Mbit/s 和 1 000Mbit/s(简称 GE)速率的宽带数据业务,需要采用虚容器(Virtual Container,VC)级联的方式。ITU-T G.707 标准对 VC 级联进行了详细规范。

1. 级联的概念

级联是将多个(X 个)VC 组合起来,形成一个容量更大的组合容器的过程。在一定的机制下,组合容器(容量为单个 VC 容量的 X 倍的新容器)可以作为仍然保持比特序列完整性的单个容器使用,以满足大容量数据业务传输的要求。

2. 级联的分类

级联可以分为连续级联(也称为相邻级联)和虚级联,其概念及表示如表 2-2 所示。

表 2-2 连续级联和虚级联

分类	概念	表示
连续级联(相邻级联)	将同一 STM-N 帧中相邻的 VC 级联,并作为一个整体在相同的路径上进行传送	VC-n-Xc
虚级联	将多个独立的不一定相邻的 VC(可能位于不同的 STM-N 帧)级联,不同的 VC 可以像未级联一样分别沿不同路径传输,最后在接收端重新组合成为连续的带宽	VC-n-Xv

其中,n 表示参与级联的 VC 的级别;X 表示参与级联的 VC 的数目;c 表示连续级联;v 表示虚级联。

2.3.3 以太网业务的封装协议

由图 2-13 可见，以太网数据帧需要首先经过 PPP/LAPS/GFP 封装后，才能映射进虚容器（VC），再经过一些相应的变换，最后复用成 STM-N 信号。

MSTP 中将以太网数据帧封装映射到 SDH 帧时经常使用 3 种协议：第 1 种是 IP over SDH 使用的 PPP；第 2 种是武汉邮电科学研究院代表中国向 ITU-T 提出的 SDH 上的链路接入规程（Link Access Procedure-SDH，LAPS）；第 3 种是朗讯和北电提出的通用成帧规程（Generic Framing Procedure，GFP）。

其中，GFP 具有简单、效率高、可靠性高等明显优势，所以应用范围最广泛。下面简单介绍 GFP 的作用和映射模式。

1. GFP 的作用

GFP 是一种先进的数据信号适配、映射技术，可以透明地将上层的各种数据信号封装为可以在 SDH 传输网/OTN 中有效传输的信号。它不但可以在字节同步的链路中传送可变长度的数据包，而且可以传送固定长度的数据块。GFP 具有较高的数据封装效率，可满足多业务传输的要求，因此 GFP 适用于高速传输链路。

2. GFP 的映射模式

GFP 可映射多种数据类型，即可以将多种数据帧（如以太网 MAC 帧、PPP 帧等）映射进 GFP 帧。GFP 定义了两种映射模式：帧映射和透明映射。

（1）帧映射

帧映射模式没有固定的帧长，通常接收到完整的一帧后才进行封装处理，适合处理长度可变的 PPP 帧或以太网 MAC 帧。在这种模式下，需要对整个帧进行缓冲来确定帧长度，因而会使延时时间增加，但这种方式实现起来较为简单。

（2）透明映射

透明映射模式有固定的帧长度或固定的比特率，可及时处理接收到的业务流量，而不用等待整个帧都收到，适合处理实时业务。

透明映射和帧映射的 GFP 帧结构完全相同，所不同的是帧映射的 GFP 帧净荷区长度可变，最小为 4 字节，最大为 65 535 字节；而透明映射的 GFP 帧为固定长度。

2.3.4 以太网业务在 MSTP 中的实现

基于 SDH 的 MSTP 技术的提出，主要就是为了传输以太网业务，下面介绍以太网业务在 MSTP 中实现的两种方式。

1. 支持以太网透传的 MSTP

以太网的透传功能是将来自以太网接口的以太网数据帧不经过二层交换功能模块，直接进行协议封装和速率适配后映射到 SDH 的 VC 中，然后通过 SDH 网进行点到点传送。

在这种承载方式中，MSTP 节点并没有解析以太网数据帧（MAC 帧）的内容，即没有读取 MAC 地址以进行交换。以太网透传方式功能模型如图 2-14 所示。

图 2-14 以太网透传方式功能模型

图 2-14 中信号的处理及变换过程（由左至右）简单叙述如下。
- 以太网接口输出的以太网数据帧（MAC 帧）首先经过 GFP 封装成 GFP 帧（封装协议一般采用 GFP）。
- VC 映射模块将 GFP 帧映射成 VC（以 VC-4 为例）。
- 若干个 VC-4 经过交叉连接后（输出还是各 VC-4），各 VC-4 加上 AU PTR 构成 AU-4、AUG，N 个 AUG 进行字节间插（图中省略了完成此功能的模块），然后送入开销处理功能模块。
- 在开销处理功能模块中加上复用段开销（MSOH）和再生段开销（RSOH）便构成了 STM-N 信号，送往 STM-N 接口。

透传功能特别是采用 GFP 封装的透传能够满足一般情况下的以太网传送功能，处理起来简单、透明。但由于透传功能缺乏对以太网的二层处理能力，存在对以太网的数据没有二层的业务保护功能、汇聚节点的数目受到限制、组网灵活性不足等问题。

2. 支持以太网二层交换的 MSTP

以太网二层交换机工作在 OSI 参考模型的数据链路层，具有桥接功能，根据 MAC 地址转发数据。其特点是交换速度快，但控制功能弱，没有路由选择功能。

基于二层交换功能的 MSTP 是指在一个或多个用户侧的以太网物理接口与多个独立的网络侧的 VC 通道之间，实现基于以太网链路层的数据帧交换，即经过以太网二层交换。基于二层交换的 MSTP 功能模型如图 2-15 所示。

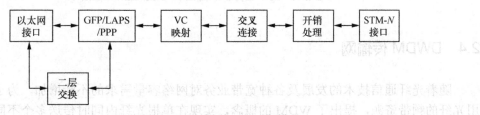

图 2-15 基于二层交换的 MSTP 功能模型

MSTP 融合以太网二层交换功能，可以有效地对多个以太网用户的接入进行本地汇聚，从而提高网络的带宽利用率和用户的接入能力。

2.3.5 MSTP 传输网的应用

MSTP 吸收了以太网、ATM、MPLS、RPR 等技术的优点，在 SDH 技术的基础上，对业务接口进行了丰富，并且在其业务接口板中增加了以太网、ATM、MPLS、RPR 等处理功能，使之能够基于 SDH 网络支持多种数据业务的传送，所以 MSTP 在 IP 网中获得了广泛的应用。

基于 SDH 的 MSTP 主要应用于宽带 IP 城域网的各个层面，承载多种业务，但特别适合于承载以 TDM 业务为主的混合型业务流。

当 MSTP 设备用于实现宽带 IP 城域网的接入功能时（即应用在接入层），一般采用线形和环形拓扑结构；当其应用在宽带 IP 城域网的核心层和汇聚层时，通常采用多环互连的形式。MSTP 在宽带 IP 城域网中的组网应用如图 2-16 所示。

目前，MSTP 主要应用在宽带 IP 城域网的汇聚层和接入层。

MSTP 应用在宽带 IP 城域网的汇聚层时，完成多种类型的业务从接入层到核心层的汇聚和收敛；MSTP 应用在宽带 IP 城域网的接入层时，负责将不同类型的城域网用户所需的各类业务接入到城域网中。

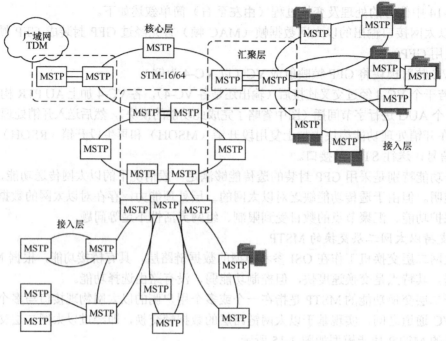

图 2-16　MSTP 在宽带 IP 城域网中的组网应用示意图

2.4　DWDM 传输网

随着光纤通信技术的发展及各种宽带业务对网络容量需求的不断增加，为了更充分地利用光纤的频带资源，提出了 WDM 的概念，实现在单根光纤内同时传送多个不同波长的光信号。波分复用技术是未来光网络的基石。

2.4.1　DWDM 的基本概念

1. WDM 的概念及原理

WDM 是利用一根光纤可以同时传输多个不同波长的光载波的特点，把光纤可能应用的波长范围划分为若干个波段，每个波段作为一个独立的信道传输一种预定波长。即 WDM 是在单根光纤内同时传送多个不同波长的光载波，使得光纤通信系统的容量得以倍增的一种技术。

波分复用系统原理示意图如图 2-17 所示。

各部分的作用如下。

① 光源：将各支路信号（电信号）调制到不同波长的光载波上，完成电/光转换。

② 波分复用器（合波器）：将不同波长的光信号合在一起。

③ 光纤放大器：对多个波长的光信号进行放大，提升衰减的光信号，延长光纤传输距离。

④ 波分解复用器（分波器）：分开各波长的光信号。

⑤ 光检测器：对不同波长的光载波信号进行解调，还原为各支路信号（电信号）。

需要说明的是，波分复用系统早期使用 1 310/1 550nm 的 2 波长系统，后来随着 1 550nm 窗口掺铒光纤放大器（Erbium Doped Fiber Amplifier，EDFA）的商用化（EDFA 能够对 1 550nm 波长窗口的光信号进行放大，详情后述），波分复用系统开始采用 1 550nm 窗口传送多路光载波信号。

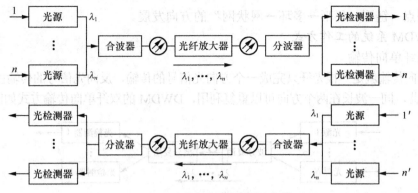

图 2-17 波分复用系统原理示意图

2. DWDM 的概念

WDM 系统根据复用的波长间隔的大小，可分为稀疏波分复用（Coarse Wavelength Division Multiplexing，CWDM）和 DWDM。

- CWDM 系统的波长间隔为几十纳米（一般为 20nm）。
- DWDM 系统在 1 550nm 窗口附近波长间隔只有 0.8nm～2nm，甚至小于 0.8nm（目前一般为 0.2nm～1.2nm）。

DWDM 系统在同一根光纤中传输的光载波路数更多，通信容量成倍地得到提高，但其信道间隔小（WDM 系统中，每个波长对应占一个逻辑信道），在实现上所存在的技术难点也比一般的波分复用大些。

3. DWDM 技术的优点

（1）光波分复用器结构简单、体积小、可靠性高

目前使用的光波分复用器是一个无源纤维光学器件，由于不含电源，因而器件具有结构简单、体积小、可靠、易于和光纤耦合等特点。

（2）充分利用光纤带宽资源，超大容量传输

在一些实用的光传输网如 SDH 网中，仅传输一个波长的光信号，其只占据了光纤频谱带宽中极窄的一部分，远远没能充分利用光纤的传输带宽。而 DWDM 技术使单纤传输容量增加几倍至几十倍，充分地利用了光纤带宽资源。

（3）提供透明的传送信道，具有多业务接入能力

波分复用信道的各波长相互独立，并对数据格式透明（与信号速率及电调制方式无关），可同时承载多种格式的业务信号，如 SDH、ATM、IP 等。而且将来升级扩容、引入新业务极其方便，在 DWDM 系统中只要增加一个附加波长就可以引入任意所需的新业务形式，是一种理想的网络扩容手段。

（4）利用 EDFA 实现超长距离传输

EDFA 具有高增益、宽带宽、低噪声等优点，其增益曲线比较平坦的部分几乎覆盖了整个 DWDM 系统的工作波长范围，因此利用一个 EDFA 即可实现对 DWDM 系统的波分复用信号进行放大，以实现系统的超长距离传输，可节省大量中继设备、降低成本。

（5）可更灵活地进行组网，适应未来光网络建设的要求

由于使用 DWDM 技术，可以在不改变光缆设施的条件下，调整光网络的结构，因而组网设计中极具灵活性和自由度，便于对网络功能和应用范围进行扩展。DWDM 光网络结构将

沿着"点到点→链形→环形→多环→网状网"的方向发展。

4. DWDM 系统的工作方式

（1）双纤单向传输

双纤单向传输就是一根光纤只完成一个方向光信号的传输，反向光信号的传输由另一根光纤来完成。因此，同一波长在两个方向可以重复利用，DWDM 的双纤单向传输方式如图 2-18 所示。

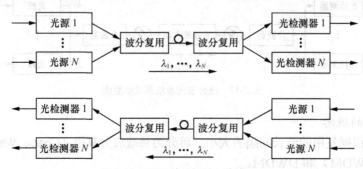

图 2-18 DWDM 的双纤单向传输方式

双纤单向传输方式的优点是在同一根光纤上所有光信道的光波传输方向一致，对于同一个终端设备，收、发波长可以占用一个相同的波长；但缺点是需要两根光纤实现双向传输，光纤资源利用率较低。

目前实用的 DWDM 系统一般采用双纤单向传输方式。

（2）单纤双向传输

单纤双向传输是在一根光纤中实现两个方向光信号的同时传输，两个方向的光信号应安排在不同的波长上，如图 2-19 所示。

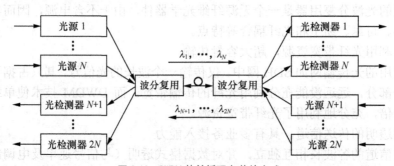

图 2-19 DWDM 的单纤双向传输方式

单纤双向传输方式的优点是允许单根光纤携带全双工信道，通常可以比单向传输节约一半光纤器件。但是该系统需要采用特殊的措施，以防止双向信道波长的干扰。

2.4.2 DWDM 系统的工作波长

ITU-T G.692 建议 DWDM 系统以 193.1THz（对应的波长为 1 552.52nm）为绝对参考频率（即标称中心频率的绝对参考点），不同波长的频率间隔应为 100GHz 整数倍（波长间隔约为 0.8nm 的整数倍）或 50GHz 的整数倍（波长间隔约为 0.4nm 的整数倍），频率范围为 192.1～196.1THz，即工作波长范围为 1 528.77～1 560.61nm（约 1 530～1 561nm）。

DWDM 系统中所采用的信道间隔（波长间隔）越小，光纤的通信容量就越大，系统的利用率也越高。

为了保证不同 DWDM 系统之间的横向兼容性，必须对各个信道的中心频率进行标准化。对于使用 G.652 和 G.655 光纤的 DWDM 系统，G.692 标准给出了 1 550nm 窗口附近的标准中心波长和中心频率的建议值，表 2-3 列出了其中一部分。

表 2-3　　　　　　　G.692 标准中心波长和标准中心频率（部分）

序号	标准中心频率（THz） 50GHz 间隔	标准中频率（THz） 100GHz 间隔	标准中心波长（nm）
1	196.10	196.10	1 528.77
2	196.05	—	1 529.16
3	196.00	196.00	1 529.55
4	195.95	—	1 529.94
5	195.90	195.90	1 530.33
6	195.85	—	1 530.72
7	195.80	195.80	1 531.12
8	195.75	—	1 531.51
9	195.70	195.70	1 531.90
10	195.65	—	1 532.29
11	195.60	195.60	1 532.68
12	195.55	—	1 533.07
13	195.50	195.50	1 533.47
14	195.45	—	1 533.86
15	195.40	195.40	1 534.25
16	195.35	—	1 534.64
17	195.30	195.30	1 535.04
18	195.25	—	1 535.43
19	195.20	195.20	1 535.82
20	195.15		1 536.22
……	……	……	……

2.4.3　DWDM 系统的组成

1. 典型的 DWDM 系统

典型的 DWDM 系统（单向）的组成如图 2-20 所示。

DWDM 系统由发送/接收光复用终端单元（即光发射机/光接收机）和中继线路放大单元组成。

• 发送光复用终端单元（光发射机）主要包括光源、光转发器（光波长转换器 Optical Transport Unit，OTU）、合波器（光波分复用器）和光后置放大器（Optical Booster Amplifier，OBA）等。

• 中继线路放大单元包括光线路放大器（Optical Line Amplifier，OLA）（光中继放大器）、光纤线路和光监控信道（Optical Supervising Channel，OSC）接收/发送器等。

• 接收光复用终端单元（光接收机）主要包括光前置放大器（Optical Preamplifier Amplifier，OPA）、分波器（光波分解复用器）、光转发器和光检测器等。

下面分别介绍 DWDM 系统中 OTU、光波分复用器/解复用器、光放大器以及 OSC 的相应内容。

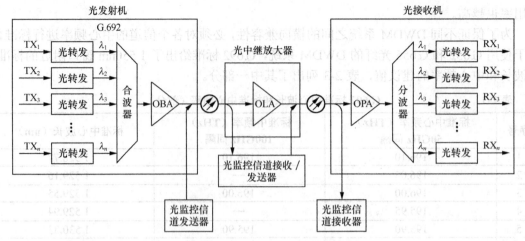

图 2-20 DWDM 系统的组成示意图

2. 光波长转换器

DWDM 系统主要承载的业务信号是 SDH 信号。SDH 与 DWDM 是客户层与服务层的关系，SDH 用于承载业务，DWDM 系统为 SDH 提供传输通道。所以在实际应用中，常常将 SDH 系统接入 DWDM 系统。

OTU 的基本功能是完成 G.957 标准到 G.692 标准的波长转换的功能，使得 SDH 系统能够接入 DWDM 系统，如图 2-21 所示。

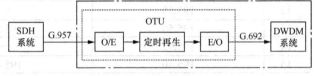

图 2-21 OTU 的功能示意图

另外，OTU 还可以根据需要增加定时再生的功能。没有定时再生电路的 OTU 只是完成波长的转换，一般用在 DWDM 网络边缘以便 SDH 系统的接入。

3. 波分复用器件

DWDM 系统的核心部件是光波分复用器（合波器）和光波分解复用器（分波器），统称为波分复用器件，其特性的好坏在很大程度上决定了整个系统的性能。

光波分复用器（合波器）的作用是将不同波长的光载波信号汇合在一起，用一根光纤传输；光波分解复用器（分波器）的作用是对各种波长的光载波信号进行分离。分波合波器件双向互逆。

4. 光放大器

（1）光放大器的作用

光放大器的作用是提升衰减的光信号、延长光纤的传输距离，它不需要光/电/光转换过程，可以对单个或多个波长的光信号直接放大；而且光放大器支持任何比特率和信号格式，即光放大器对任何比特率以及信号格式都是透明的。

光放大器有若干种，现在实用的 DWDM 系统都采用 EDFA。

（2）EDFA 的简单原理

铒（Er）是一种稀土元素，在制造光纤的过程中，向其中掺入一定量的三价铒离子，便形成了掺铒光纤。向在掺铒光纤中传输的光信号中注入泵浦光，使之吸收泵浦信号能量，可实现信号光在掺铒光纤的传输过程中不断被放大的功能。当具有 1 550nm 波长的光信号通过这段掺铒光纤时，可被放大。

通常，EDFA 所使用的泵浦光源的发光波长为 980nm 或 1 480nm，其泵浦效率高于其他波长。

(3) EDFA 的应用

根据光放大器在系统中的位置和作用，可以有 OBA、OLA 和 OPA 3 种应用方式，如图 2-20 所示。

① OBA 将光放大器接在光发送机（光发射机）中的合波器后，用于对合波后的光信号进行放大，以提高光发送机的发送功率，增加传输距离，这种放大器也称为功率放大器。

② OLA 将光线路放大器（即光中继放大器）代替光电光混合中继器，用于补偿线路的传输损耗，适用于多信道光波系统，可以节约大量的设备投资。

③ OPA 将光放大器接在光接收机中的分波器前，用于对光信号放大，以提高接收机的灵敏度和信噪比。

5. 光监控信道

(1) DWDM 系统光监控信道的作用

EDFA 用于 OBA 或 OPA 时，发送/接收光复用终端单元自身用的 OSC 模块就可用于对 DWDM 系统进行监控。而对于用作 OLA 的 EDFA 的监控管理，就必须采用单独的光信道来传输监控管理信息（即增加一个新的波长来传输监控管理信息），这个额外的监控信道就是 OSC。

(2) DWDM 系统的监控方式

DWDM 系统的监控方式有两种：带内波长监控和带外波长监控，一般采用带外波长监控。

所谓带外波长监控就是 ITU-T 建议采用一个特定波长（用 λ_s 表示）作为光监控信道，传送监控管理信息，此波长位于 EDFA 增益带宽之外，所以称为带外波长监控技术。λ_s 可选 1 310nm、1 480nm 及 1 510nm，优选 1 510nm。

带外监控信号不能通过 EDFA，必须在 EDFA 前取出，在 EDFA 之后插入，具体为在光发射机中利用耦合器将光监控信道发送器输出的光监控信号（波长为 λ_s 的光信号）插入到多波道业务信号（主信道）之中；为了能获得相应的监控管理信息，在线路中的 EDFA 前取出波长为 λ_s 的监控信号，送入光监控信道接收器，在 EDFA 后再插入波长为 λ_s 的监控信号，直至接收端；在接收端所接收的各波长信号中分离出监控信号（λ_s），送入光监控信道接收器进行监控。

显然，在 DWDM 系统的整个传送过程中，OSC 没有参与放大，但在每一个站点，都被终结和再生了。

2.4.4 DWDM 传输网的关键设备

DWDM 传输网的关键设备主要包括光终端复用器（Optical Terminal Mutiplexer，OTM）、光分插复用器（Optical Add-Drop Multiplexer，OADM）和光交叉连接（Optical Cross Connection，OXC）设备。其中，OADM 和 OXC 设备属于 DWDM 传输网的节点设备。

1. 光终端复用器

OTM 包含复用/解复用模块、光波长转换模块、光放大模块、OSC 模块及其他辅助处理模块。OTM 在 DWDM 系统中作为线路终端传送单元，其主要功能如下。

(1) 波分复用/解复用

OTM 在发送端完成光波分复用器（合波器）的功能；在接收端完成光波分解复用器（分波器）的功能。

(2) 光波长转换

在发送端将 G.957 标准的波长转换成符合 G.692 规定的接口波长标准，接收端完成相反的变换。

(3) 光信号放大

在发送端对合波后的光信号进行放大（光后置放大），提高光信号的发送功率，以延长传输距离；在接收端对接收到的光信号进行放大（光前置放大），以提高接收机的灵敏度和信噪比。

(4) 光监控信道的插入和取出

在发送端光后置放大之后，将波长为 λ_s 的光监控信道插入到主信道之中；在接收端光前置放大之前，取出（分离出）光监控信道。

2. 光分插复用器

OADM 的功能类似于 SDH 传输网中的 ADM，只是它可以直接以光波信号为操作对象，利用光波分复用技术在光域上实现波长信道的上下。

OADM 可以从多波长信道中有选择地下路某一波长的光信号，同时上路包含了新信息的该波长的光信号，而不影响其他波长信道的传输。OADM 对于实现灵活的 DWDM 组网和业务上下具有至关重要的作用。

OADM 一般设置为链形网的中间节点及环形网的节点，其主要功能如下。

(1) 波长上下

波长上下是指要求给定波长的光信号从对应端口输出或插入，并且每次操作不应造成直通波长质量的劣化，直通波长介入的衰减要低。

(2) 波长转换

若要使与 DWDM 标准波长相同以及不同的波长信号都能通过 DWDM 网络进行传输，则要求 OADM 具有波长转换能力。OADM 的波长转换功能既包括标准波长的转换（建立环路保护时，需将主用波长中所传输的信号转换到备用波长中），还包括将外来的非标准波长信号转换成标准波长，使之能够利用相应波长的信道实现信息的传输。

(3) 业务保护

OADM 可以提供复用段和通道保护倒换功能，支持各种自愈环。

(4) 光中继放大和功率平衡

OADM 可通过光放大单元来补偿光线路衰减和 OADM 插入损耗所带来的光功率损耗；功率平衡是在合成多波信号前对各个信道进行功率上的调节。

(5) 管理功能

OADM 具有对每个上、下的波长进行监控等的功能。

3. 光交叉连接设备

OXC 设备的功能类似于 SDH 传输网中的 DXC 设备，只不过是以光波信号为操作对象在光域上实现交叉连接的，无须进行光/电、电/光转换和电信号处理。

OXC 设备具有以下主要功能。

① 路由和交叉连接功能：将来自不同链路的相同波长或不同波长的信号进行交叉连接。

② 连接和带宽管理功能：能够响应各种带宽请求，寻找合适的波长信道，为传送的业务量建立连接。

③ 上、下路功能：在节点处完成波长的上、下路。

④ 保护和恢复功能：可提供对链路和节点失效的保护和恢复能力。

⑤ 波长转换功能：OXC 设备可根据需要进行波长转换。

⑥ 波长汇聚功能：可以将不同速率或者相同速率的、去往相同方向的低速波长信号进行

汇聚，形成一个更高速率的波长信号在网络中传输。

⑦ 管理功能：光交叉连接设备具有对进、出节点的每个波长进行监控的功能等。

2.4.5 DWDM 传输网的组网方式及应用

1. DWDM 传输网的组网方式

DWDM 传输网的组网方式（指组网结构）包括点到点组网、链形组网、环形组网和网状网组网。

（1）点到点组网

点到点组网是最普遍、最简单的一种方式，它不需要 OADM，只由 OTM 和 OLA 组成，如图 2-22 所示。

点到点组网的特点是结构简单、成本低、增加光纤带宽利用率，但缺乏灵活性。

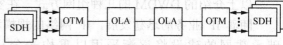

图 2-22 DWDM 点到点组网

（2）链形组网

链形组网是在 OTM 之间设置 OADM，如图 2-23 所示。

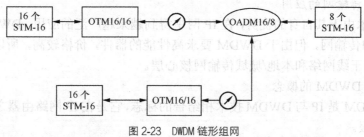

图 2-23 DWDM 链形组网

链形组网的特点与点到点组网类似，其结构简单、成本较低，另外可以实现灵活的波长上下业务，而且便于采用线路保护的方式进行业务保护，但若主备用光纤同缆复用，则当光缆完全中断时，此种保护功能失效。

（3）环形组网

环形组网如图 2-24 所示，其节点一般设置为 OADM。

环形组网的特点是一次性投资要比链形网络大，但其结构也简单，而且在系统出现故障时，可采用基于波长的自愈环，实现快速保护。

在实际 DWDM 组网中，可根据情况采用多环相交的结构，如图 2-25 所示。

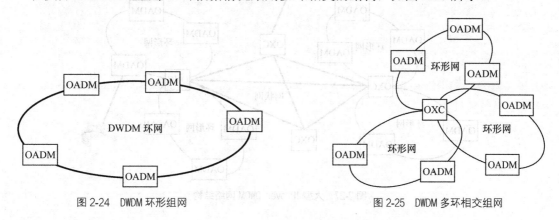

图 2-24 DWDM 环形组网　　　　图 2-25 DWDM 多环相交组网

多环相交组网结构的优点是在几个环的相交节点可使用 OXC 设备，能更为灵活地配置网络，但成本比节点均设置为 OADM 的环形网大。

（4）网状网组网

网状网组网如图 2-26 所示，每个节点上均需设置一个 OXC 设备。

网状网组网的特点是可靠性高、生存性强（利用 OXC 设备通过重选路由实现）；但由于 OXC 设备价格昂贵，投资成本较大，所以这种拓扑结构适合在业务量大且密度相对集中的地区采用。

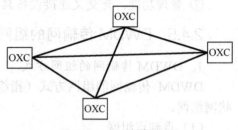

图 2-26 DWDM 网状网组网

以上介绍的 DWDM 的几种组网方式，在实际应用中，应综合考虑各种因素酌情选择。

随着 IP 业务的迅猛发展，IP 网络的规模和容量随之迅速增大，为了满足业务需求，基础承载网的建设将逐渐采用以重构光分插复用器（Reconfigurable Optical Add-Drop Multiplexer，ROADM）（详见 2.5.5 节）为标志的光层灵活组网技术，使 DWDM 传输网从简单的点到点过渡到环网和多环相交的组网结构，最终实现网状网组网。

2. DWDM 传输网的应用

DWDM 技术由于其自身的优势，在 IP 网中得到越来越广泛的应用。DWDM 网络可作为 IP 路由器之间的传输网，但由于 DWDM 要求高性能的器件，价格较高，所以一般用于 IP 骨干网，包括省级干线网络和本地/城域传输网核心层。

（1）IP over DWDM 的概念

IP over DWDM 是 IP 与 DWDM 技术相结合的标志，它是在 IP 网路由器之间采用 DWDM 网传输 IP 数据报。

在 IP over DWDM 网络中，路由器通过 OADM、OXC 设备等直接连至 DWDM 光纤，由这些设备控制波长接入、交叉连接、选路和保护等。

（2）IP over DWDM 的网络结构

IP over DWDM 的网络结构一般有两种情况：小型 IP over DWDM 的网络结构是路由器之间由 OADM 组成环形网，适用于业务量较少或密度相对分散的地区；大型 IP over DWDM 网络结构如图 2-27 所示。

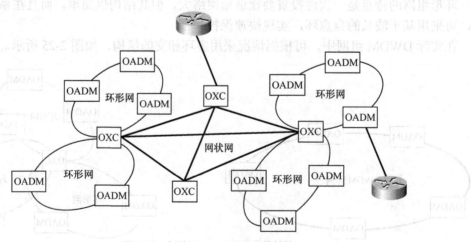

图 2-27 大型 IP over DWDM 网络结构

图 2-27 中路由器之间是由 OXC 设备和 OADM 构成的大型 DWDM 光网络，其核心部分采用网状网结构，边缘部分采用若干个环形结构（通过 OXC 设备与核心部分网络相连），此种网络结构适用于业务量较大且密度相对集中的地区。

2.5 光传送网

当今，通信网络已经进入全业务运营时代，对传送带宽的需求越来越大，因此，需要一种能提供大颗粒业务传送和交叉调度的新型光网络。OTN 继承并拓展了已有传送网络的众多优势特征，是目前面向宽带客户数据业务驱动的全新、最佳传送技术之一，代表着光网络未来的发展趋势。

2.5.1 OTN 的基本概念

1. OTN 的产生背景

传统的 SDH 传输网，由于受电信号处理速率的限制，传输带宽不超过 40Gbit/s，与早期的 DWDM 网络结合后，信道传输带宽得到扩展，但早期的 DWDM 网络只能提供点对点的光传输，组网和对光信号传输的维护监测能力不足。

为克服 SDH 传输网以及早期 DWDM 网络的缺陷，以满足宽带业务需求，ITU-T 于 1998 年提出了基于大颗粒业务带宽进行组网、调度和传送的新型技术——OTN 的概念。

2. OTN 的概念

所谓 OTN，从功能上看，就是在光域内实现业务信号的传送、复用、路由选择和监控，并保证其性能指标和生存性。它的出发点是子网内全光透明，而在子网边界采用 O/E 和 E/O 技术。OTN 可以支持多种上层业务或协议，如 SDH、ATM、以太网、IP 等，是适应各种通信网络演进的理想基础传送网络。

从技术本质上而言，OTN 技术是对已有的 SDH 和 DWDM 技术的传统优势进行了更为有效的继承和组合，既可以像 DWDM 网络那样提供超大容量的带宽，又可以像 SDH 传输网那样可运营、可管理；并考虑了大颗粒传送和端到端维护等新的需求，将业务信号的处理和传送分别在电域和光域内完成；而且扩展了与业务传送需求相适应的组网功能。

从设备类型上来看，OTN 设备相当于将 SDH 和 DWDM 传输网设备融合为一种设备，同时拓展了原有设备类型的优势功能。OTN 的关键设备包括光终端复用器、电交叉连接设备、光交叉连接设备（具体采用 ROADM）、光电混合交叉连接设备（详见后述）。

OTN 设计的初衷是希望将 SDH 作为净负荷完全封装到 OTN 中；DWDM 相当于 OTN 的一个子集。

3. OTN 的特点

OTN 技术已成为当今最热门的传输技术之一，其主要特点如下。

（1）可提供多种客户信号的封装和透明传输

基于 G.709 标准的 OTN 帧结构可以支持多种客户信号的映射和透明传输，如 SDH、ATM、以太网业务等。

（2）大颗粒的带宽复用和交叉调度能力

- 基于电层的交叉调度：OTN 可实现电层的基于单个 ODUk 颗粒的交叉连接（k=1，2，3，对应的客户信号速率分别为 2.5Gbit/s、10Gbit/s、40Gbit/s；ODUk 的概念详见后述）。
- 基于光层的波长交叉调度：光层的带宽颗粒是波长，即 OTN 可实现基于单个波长的交叉连接。在光层上是利用 ROADM 来实现波长业务的调度,基于子波长和波长多层面调度,从而实现更精细的带宽管理,提高调度效率及网络带宽利用率。

(3) 提供强大的保护恢复能力

OTN 在电层和光层可支持不同的保护恢复技术。

- 在电层支持基于 ODUk 的 SNCP 和环网保护等。
- 在光层支持基于波长的线性保护和环网保护等。

(4) 强大的开销和维护管理能力

OTN 定义了丰富的开销字节,大大增强了数据监视能力,可提供 6 层嵌套串联连接监视(Tandem Connection Monitor,TCM)功能,以便实现端到端和多个分段的同时性能监视。

(5) 增强了组网能力

OTN 的帧结构、ODUk 交叉和多粒度 ROADM 的引入,大大增强了光传送网的组网能力。

2.5.2 OTN 的分层模型

1. 光通道、光复用段和光传输段的概念

为了帮助读者理解 OTN 的分层模型,在此首先介绍光通道(Optical Channel,OCh)、光复用段(Optical Multiplex Section,OMS)、光传输段(Optical Transport Section,OTS)的概念。

这里只考虑一个光域子网(即不加再生器)的情况,光通道、光复用段、光传输段的简单理解如图 2-28 所示。

图 2-28(a)是点到点组网时光通道、光复用段、光传输段的示意图,若考虑中间设置 ROADM 或 OADM(即链形组网),则光通道、光复用段、光传输段的示意图如图 2-28(b)所示。

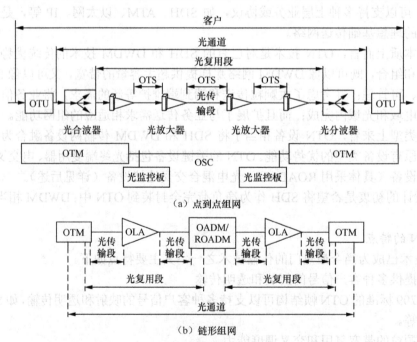

图 2-28 光通道、光复用段、光传输段示意图

由图 2-28 可见以下概念。

- 光通道:收发两端 OTU 之间(不包括 OTU)称为光通道。

- 光复用段：对于点到点组网，发端 OTM 中的合波器输出点与收端 OTM 中的分波器输入点之间称为光复用段，如图 2-28（a）所示；对于链形组网，发端 OTM 中的合波器与 ROADM/OADM 之间、ROADM/OADM 与收端 OTM 中的分波器之间称为光复用段，如图 2-28（b）所示。
- 光传输段：OTM 与 OLA 之间、OLA 与 ROADM/OADM 之间、两个相邻 OLA 之间均称为光传输段。

2. OTN 的分层模型

OTN 的分层模型是将其功能逻辑上分层，G.872 建议的 OTN 的分层模型（也称为分层结构）如图 2-29 所示。

客户层产生各种客户信号。OTN 分层结构包括光通道层、光复用段层、光传输段层和物理介质层。

光通道层又进一步分为光信道净荷单元（Optical channel Payload Unit，OPU）层、光信道数据单元（Optical channel Data Unit，ODU）层、光信道传送单元（Optical channel Transport Unit，OTU）层（3 个电域子层）和光信道（OCh）层（光域子层）。（注意：这里的 OTU 代表光信道传送单元，请不要与光波长转换器（OTU）混淆，要根据上下文加以区分。）

图 2-29　G.872 建议的 OTN 的分层模型

OTN 分层模型的各层功能如下。

（1）光通道层

光通道层负责进行路由选择和波长分配，从而可灵活地安排光通道连接、光通道开销处理以及监控功能等；当网络出现故障时，能够按照系统所提供的保护功能重新建立路由或完成保护倒换操作。各子层的具体功能如下。

- 光信道净荷单元层：用于客户信号的适配。
- 光信道数据单元层：用于支持光通道的维护和运行（TCM 管理、自动保护倒换等）。
- 光信道传送单元层：用于支持一个或多个光通道连接的传送运行功能。
- 光信道层：完成电/光（电/光）变换，负责光通道的故障管理和维护等。

（2）光复用段层

光复用段层主要负责为两个相邻波长复用器之间的多波长信号提供连接功能，包括波分复用（解复用）、光复用段开销处理和光复用段监控功能。光复用段开销处理功能是用来保证多波长复用段所传输信息的完整性的功能，而光复用段监控功能则是对光复用段进行操作、维护和管理的保障。

（3）光传输段层

光传输段层为各种不同类型的光传输介质（如 G.652、G.655 光纤等）上所携带的光信号提供传输功能，包括光传输段开销处理功能和光传输段监控功能。光传输段开销处理功能用来保证光传输段所传输信息的完整性，而光传输段监控功能则是对光传输段进行操作、管理和维护的重要保障。

（4）物理介质层

物理介质层完成与各种光纤物理介质传送有关的功能。

2.5.3 OTN 的接口信息结构

1. OTN 的分域

OTN 从水平方向可分为不同的管理域，其中单个管理域可以由单个设备商的 OTN 设备组成，也可由运营商的某个光网络或光域子网组成，如图 2-30 所示。

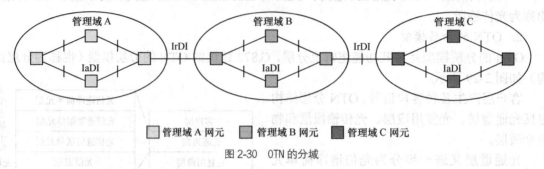

图 2-30 OTN 的分域

不同管理域之间的物理连接称为域间接口（Inter-Domain Interface，IrDI），域内的物理连接称为域内接口（Intra-Domain Interface，IaDI）。

2. OTN 的接口信息结构种类

用于支持 OTN 接口（OTN 设备与光传输线路之间的接口）的信息结构被称为光传送模块 OTM-n，分为两种结构：完整功能 OTM 接口信息结构 OTM-$n.m$ 和简化功能 OTM 接口信息结构（OTM-$nr.m$ 和 OTM-$0.m$）。

OTN 的接口信息结构如表 2-4 所示。

表 2-4　　　　　　　　　　　OTN 的接口信息结构

种类	作用	符号含义
完整功能 OTM 接口：OTM-$n.m$	用于同一管理域内各节点之间的域内中继连接接口 IaDI（自身的波分设备之间互连），无法和其他厂商波分设备互通	n：接口支持的波长数（如 $n=40$，$n=80$），n 为 0 表示 1 个波长。 m：接口支持的比特率或比特率集合。 r：简化功能。 OTM-$0.m$ 不需要标记 r（1 个波长的情况只能是简化功能）
简化功能 OTM 接口：OTM-$nr.m$ 和 OTM-$0.m$	用于不同管理域间各节点之间的域间中继连接接口 IrDI，即用于和其他厂商的波分设备互连	

3. OTN 分层模型中各层的信息结构

OTN 分层模型中各层的信息结构如图 2-31 所示。

客户层产生各种客户信号（如 IP/MPLS、ATM、以太网、SDH 信号），下面分别介绍对应于完整功能 OTM 接口和简化功能 OTM 接口 OTN 分层模型中各层的信息结构。

（1）完整功能 OTM 接口

对应于完整功能 OTM 接口，OTN 分层模型中各层的信息结构如下。

- 光信道净荷单元层的信息结构：光信道

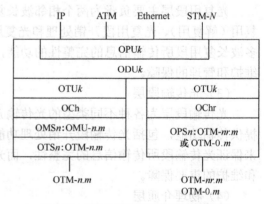

图 2-31 OTN 分层模型中各层的信息结构

（通道）净荷单元 OPUk（电信号）。
- 光信道数据单元层的信息结构：光信道（通道）数据单元 ODUk（电信号）。
- 光信道传送单元层的信息结构：完全标准化的光信道（通道）传送单元 OTUk（电信号）。
- 光信道层的信息结构——光信道（通道）单元 OCh（光信号）。
- 光复用段层的信息结构——光复用段单元 OMU-$n.m$（光信号），可以简单理解为 OMU-$n.m$ 包含 n 个 OCh（实际变换过程及关系较为复杂）。
- 光传输段层的信息结构——光传输段单元 OTM-$n.m$（光信号，即完整功能 OTM 接口信息结构）。

其中：$k=1$，对应的客户信号速率为 2.5Gbit/s；$k=2$，对应的客户信号速率为 10Gbit/s；$k=3$，对应的客户信号速率为 40Gbit/s。

（2）简化功能 OTM 接口

对应于简化功能 OTM 接口，OTN 分层模型中各层的信息结构如下。
- 光信道净荷单元层的信息结构——光信道（通道）净荷单元 OPUk（电信号）。
- 光信道数据单元层的信息结构——光信道（通道）数据单元 ODUk（电信号）。
- 光信道传送单元层的信息结构——完全标准化的光信道（通道）传送单元 OTUk（电信号）。
- 光信道层的信息结构——光信道（通道）单元 OChr（光信号）。
- 光物理段层的信息结构——简化功能 OTM 接口的光物理段（Optical Physical Section，OPS）层对应着完整功能 OTM 接口的光复用段层和光传输段层，其信息结构为 OTM-$nr.m$ 或 OTM-0.m。（光信号，即简化功能 OTM 接口信息结构。）

2.5.4 OTN 的帧结构

早期的波分设备没有统一的帧格式，客户信号直接在波长上传输。导致波分设备必须能检测客户信号和线路信号的质量，这就要求在客户节点和线路节点都要识别所有类型客户信号的帧格式，并执行相应的性能检测，最终导致性能检测需要花很高的成本；而且客户信号直接传输时无法执行业务汇聚，极大地浪费光纤的带宽。

OTN 统一的帧格式有了波分设备专用开销，从而能利用这些开销提高波分设备的维护管理能力。

从狭义的角度说，OTN 帧就是光通道传送单元 OTUk 帧，OTUk 帧是 OTN 信号在电层的帧格式，光传送模块 OTM-n 可以理解为 n 个 OTUk 同时传送。

OTUk（$k=1$，2，3）帧为基于字节的 4 行 4 080 列的块状结构，如图 2-32 所示。

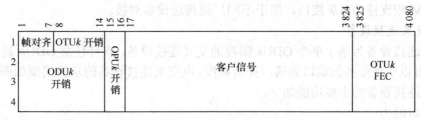

图 2-32 OTUk 帧结构

- 第 15 到第 3 824 列为 OPUk，其中第 15 和第 16 列为 OPUk 开销区域，第 17 到第 3 824 列为 OPUk 净荷区域。客户信号位于 OPUk 净荷区域，即客户信号占 4 行 3 808 列，OPUk 占 4 行 3 810 列。
- ODUk 约占 4 行 3 824 列，由 ODUk 开销和 OPUk 组成，其中左下角第 2～4 行的第 1～14

列为 ODUk 开销区域。(实际上,第 1 行的第 1～14 列不属于 ODUk,为帧对齐和 OTUk 开销区域)。

● 第 1 行的第 8～14 列为 OTUk 开销区域,帧的右侧第 3 825～4 080 共 256 列为 FEC 区域,再加上 ODUk 构成 OTUk。

● 帧定位(帧对齐)开销区域位于帧头的第 1 行、第 1～7 列。

OTU1/2/3 所对应的客户信号速率分别为 2.5G/10G/40Gbit/s。值得强调的是,各级别的 OTUk 的帧结构相同,但帧周期不同,级别越高,则帧频率和速率也就越高(帧周期越短)。

另外需要说明的是,ODUk 帧是 OTUk 帧的一部分,是电层处理时用到的帧格式,如电层交叉连接是在 ODUk 上实现的。

2.5.5 OTN 的关键设备

OTN 的关键设备主要包括:具有 OTN 接口的光终端复用器、电交叉连接设备、光交叉连接设备和光电混合交叉连接设备。

1. 光终端复用器

具有 OTN 接口的光终端复用器(Optical Terminal Multiplexer,OTM)指支持电层(ODUk)和光层(OCh)复用的 DWDM 设备,其功能模型如图 2-33 所示。

图 2-33 中各功能模块的简单功能如下。

① 接口适配处理模块完成 OTN 分层模型中 OPU 子层和 ODU 子层功能,线路接口处理模块完成 OTU 子层和 OCh 子层功能。接口适配处理和线路接口处理模块合在一起称为光通道处理模块,完成光通道层功能。

② 光复用段处理模块完成光复用段层功能。

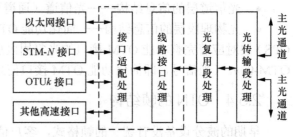

图 2-33 光终端复用器(OTM)的功能模型

③ 光传输段处理模块完成光传输段层功能。

归纳起来,OTM 的主要作用是,将各种客户信号通过接口适配处理、线路接口处理、光复用段处理和光传输段处理,形成完整功能接口的信息结构 OTM-$n.m$(或完成相反的变换)。对 OTM 的基本要求如下。

① 电层(ODUk)复用和光层(OCh)复用均应符合相应的标准。

② OTM 应支持 SDH 和以太网等客户侧接口。

③ OTM 应支持 OTUk 接口,用于不同厂商传送设备对接。

2. 电交叉连接设备

电交叉连接设备为基于单个 ODUk 颗粒的交叉连接设备,支持任意 ODUk 到任意波长的交叉连接,可以实现业务的端口到端口灵活调度。电交叉连接设备的功能模型如图 2-34 所示。

电交叉连接设备的主要功能如下。

(1)接口能力

电交叉连接设备可以为 SDH、ATM、以太网等多种业务网络提供传输接口,并能提供标准的 OTN IrDI,以连接其他 OTN 设备。

(2)交叉能力

电交叉连接设备提供 ODUk 调度能力,支持一个或多个级别的 ODUk 电路调度,实现基于 ODUk 颗粒的交叉连接。

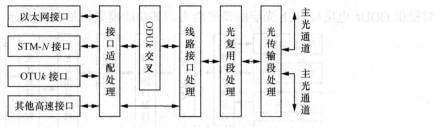

图 2-34 电交叉连接设备的功能模型

（3）保护能力

电交叉连接设备提供 ODUk 通道的保护恢复能力。

（4）管理能力

电交叉连接设备提供端到端的 ODUk 通道的配置和性能/告警监视功能。

（5）智能功能

电交叉连接设备支持 GMPLS（通用多协议标签交换）控制平面，实现 ODUk 通道的自动建立、自动发现和恢复等智能功能。

3. 光交叉连接设备

OTN 的光交叉连接设备具体采用的是 ROADM，为基于单个波长的交叉连接（支持 OCh 的光交叉），支持任意波长到任意端口的指配，配合可调谐光波长转换器，实现光网络波长自由上下。光交叉连接设备的功能模型如图 2-35 所示。

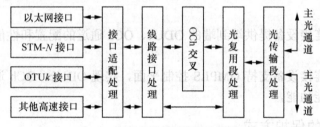

图 2-35 光交叉连接设备的功能模型

光交叉连接设备的主要功能如下。

（1）接口能力

光交叉连接设备可以为 SDH、ATM、以太网等多种业务网络提供传输接口，并能提供标准的 OTN IrDI（域间接口），以连接其他 OTN 设备。

（2）交叉能力

光交叉连接设备提供 OCh 调度能力，支持多方向的波长任意重构，支持任意方向的波长上下。

（3）保护能力

光交叉连接设备提供 OCh 通道的保护恢复能力。

（4）管理能力

光交叉连接设备提供端到端 OCh 通道的配置和性能/告警监视功能。

（5）智能功能

光交叉连接设备支持 GMPLS 控制平面，实现 OCh 通道的自动建立、自动发现和恢复等智能功能。

4. 光电混合交叉连接设备

光电混合交叉连接设备是支持 ODUk 的电交叉连接与支持 OCh 的光交叉连接设备，可同时提供 ODUk 电层与 OCh 光层的调度能力。其功能模型如图 2-36 所示。

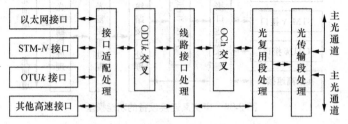

图 2-36 光电混合交叉连接设备的功能模型

光电混合交叉连接设备的主要功能如下。

（1）接口能力

光电混合交叉连接设备可以为 SDH、ATM、以太网等多种业务网络提供传输接口，并能提供标准的 OTN IrDI（域间接口），以连接其他 OTN 设备。

（2）交叉能力

光电混合交叉连接设备提供 OCh 调度能力，具备 ROADM 功能，支持多方向的波长任意重构，支持任意方向的波长上下；提供 ODUk 调度能力，支持一个或者多个级别的 ODUk 电路调度。

（3）保护能力

光电混合交叉连接设备提供 ODUk、OCh 通道的保护恢复协调能力，在进行保护和恢复时不发生冲突。

（4）管理能力

光电混合交叉连接设备提供端到端的 ODUk、OCh 通道的配置和性能/告警监视功能。

（5）智能功能

光电混合交叉连接设备支持 GMPLS 控制平面，实现 ODUk、OCh 通道的自动建立、自动发现和恢复等智能功能。

2.5.6 OTN 的保护方式

OTN 提供的组网和保护功能是保证高层业务 QoS 的关键措施之一。其保护方式分为线性保护、子网连接保护和环网保护等。

1. 线性保护

线性保护具体包括：光线路保护（Optical Line Protection，OLP）、光复用段保护（Optical Multiplex Section Protection，OMSP）和光通道保护（Optical Channel Protection，OCP）3 种。这 3 种线路保护方式之间的区别在于保护的范围不同，其保护倒换原理与 SDH 传输网的线路保护方式相同。

2. 子网连接保护

子网连接保护是一种专用的点倒点的保护机制，可用在任何一种物理拓扑结构（环形、网状和混合结构等）的网络中，可以对部分或全部网络节点实行保护。子网连接保护主要采用基于 ODUk 的 1+1 保护方式，其保护倒换原理同样与 SDH 传输网的子网连接保护原理一样。

3. 环网保护

环网保护包括光层保护和电层保护两种（其保护原理与 SDH 的环网保护类似）。

- 光层保护：主要采用光波长（OCh）共享环保护（1：1 保护）。
- 电层保护：采用 ODUk 共享环保护（1：1 保护）。

由于篇幅所限，在此对各种保护的原理不再做具体介绍。

2.5.7 OTN 的应用及发展趋势

1. OTN 的应用

OTN 的组网结构与 DWDM 传输网的组网结构相同，主要有点到点、链形、环形和网状网组网，应用得比较多的是环形和网状网结构。

目前，随着网络及业务的 IP 化、新业务的开展及宽带用户的迅速增加，IP 业务通过 POS 或者以太网接口直接上载到现有的 DWDM 网络，将面临组网、保护和维护管理等方面的缺陷。DWDM 网络需要逐渐升级过渡到 OTN，而基于 OTN 技术的组网则应逐渐占据传送网主导地位。IP over OTN 的承载模式可实现 SNCP、类似 SDH 的环网保护、Mesh 网保护等多种网络保护方式，其保护能力与 SDH 相当，而且设备的复杂度及成本也大大降低。

对于干线传送网（省内干线和省际干线）和本地/城域传送网核心层而言，客户业务的特点主要为分布型，客户信号的带宽粒度较大，基于 ODUk 和波长调度的需求明显，OTN 技术特点应用的优势比较适宜发挥。因此，目前 OTN 技术的应用主要侧重于干线网络（省际干线和省内干线）和本地/城域传送网核心层，其组网方案一般采用网状网与环形相结合或复杂环形结构。

需要强调的是，随着 OTN 标准的不断成熟，支持的业务种类越来越丰富，对带宽的要求越来越高，以 80×100Gbit/s DWDM 为主的骨干传输技术（100Gbit/s OTN）快速发展，并已在干线网络和本地/城域传送网核心层规模建设。100Gbit/s OTN 的全面使用可实现大管道的精细运营，确保网络的安全可靠，并进行多业务的高效承载。

2. OTN 的发展趋势

近年来，宽带数据业务、IPTV、视频业务的迅速发展对骨干传送网提出了新的要求。光传送网应该能够提供海量带宽以适应大容量、大颗粒业务，同时必须具备高生存性、高可靠性，而且可以进行快速、灵活的业务调度和完善、便捷的网络维护管理。

光传送网的发展趋势包括高速大容量长距传输、大容量 OTN 光电交叉、融合的多业务传送、智能化网络管理和控制等。

（1）高速大容量长距离传输

目前，互联网用户数、应用种类、带宽需求等都呈现出爆炸式的增长，特别是由于移动互联网、物联网和云计算等新型宽带应用的强力驱动，迫切需要光传送网具有更高的容量。

网络运营商在规模部署 100Gbit/s OTN 的同时，引入灵活的 ODUflex 颗粒，以适应客户业务的宽带需求。在超 100Gbit/s 高速率光网络时代，业界将主要关注单波长 400Gbit/s 和 1Tbit/s 两种速率的设备应用。

（2）大容量 OTN 光电交叉

OTN 目前最大交叉容量可达 25Tbit/s，为进一步满足大颗粒电路的调度和保护需求，下一步将开发交叉容量达 50Tbit/s 左右的大容量 OTN 设备。

（3）融合的多业务传送

为实现高质量的多业务承载，需要开发融合多种技术的多业务传送设备，发展 POTN 技术。POTN 技术实质上是 OTN 与以太网、PTN 等多种技术的融合，它不仅具有 ODU 等大颗粒的交换能力，同时也具有分组的处理能力等。

（4）智能化网络管理和控制

在 OTN 中采用 ASON/GMPLS 控制平面，即构成基于 OTN 的 ASON。基于 OTN 的智能光网络可通过控制平面自动实现连接配置管理，从而使光传送网能够动态分配和灵活控制带宽资源、快速生成业务、提供 Mesh 网的保护与恢复、提供网络动态扩展扩容能力、提供多种服务等级。

后期将引入 PCE（路径计算单元）技术，完善 ASON 功能，并逐步向软件定义网络演进。

2.6 自动交换光网络

在通信业务需求不断提高的背景下，光传送网的智能化将会给网络的运营、管理和维护等方面带来一系列的变革，使光网络获得前所未有的灵活性和可升级能力，同时具有更完善的保护和恢复功能，从而进一步提高通信质量、降低网络运维费用。具备标准化智能的 ASON 代表了下一代光网络的发展方向。

2.6.1 ASON 的概念与特点

1. ASON 的概念

ITU-T 在 2000 年 3 月正式提出了 ASON 的概念。

所谓 ASON，是指在 ASON 信令网控制下完成光传送网内光网络连接的自动建立、交换（指交叉连接）的新型网络。ASON 在光传送网络中引入了控制平面，以实现网络资源的实时按需分配，具有动态连接的能力，实现光通道的流量管理和控制，而且有利于及时提供各种新的增值业务。ASON 可以支持各种业务类型，能够为客户提供更快、更灵活的组网方式。

传统的光网络只包括传送平面和管理平面，ASON 最突出的特征是在传送网中引入了独立的智能控制平面，控制平面通过信令的交互完成对传送平面的控制。ASON 是融交换和传送为一体的、具备标准化智能的新一代光传送网。

ASON 的控制平面既适用于 OTN，也适用于 SDH 传输网，是作为传送网统一的控制平面。ASON 以 OTN 为基础发展而来，其概念和思想可以应用于不同的传送网技术。ASON 与 SDH 网、OTN 的关系如图 2-37 所示。

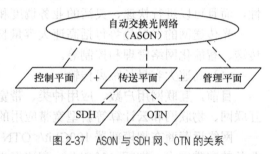

图 2-37 ASON 与 SDH 网、OTN 的关系

2. ASON 的特点

与现有的光传输网相比，ASON 具有以下特点。

（1）在光层实现动态业务分配，能根据业务需要提供带宽，是面向业务的网络。可实现实时的流量工程控制，可根据用户的需要实时、动态地调整网络的逻辑拓扑结构以避免拥塞现象，从而实现网络资源的优化配置。

（2）实现了控制平面与传送平面的分离，使所传送的客户信号的速率和采用的协议彼此独立，这样可支持多种客户层信号，适应多种业务类型。

（3）能实现路由重构，具有端到端的网络监控和保护恢复能力，保证其生存性。

（4）具有分布式处理能力。使网元具有智能化的特性，实现分布式管理，而且结构透明，与所采用的技术无关，有利于网络的逐步演进。

（5）可为用户提供新的业务类型，如按需带宽业务、光虚拟专用网（Optical Virtual Private Network，OVPN）等。

（6）能对所传输的业务进行优先级管理、路由选择和链路管理等。

2.6.2　ASON 的体系结构

ASON 的体系结构主要体现在具有 ASON 特色的 3 个平面、3 个接口以及所支持的 3 种连接类型，如图 2-38 所示（图中主要显示了 ASON 的 3 个平面及它们之间的接口）。

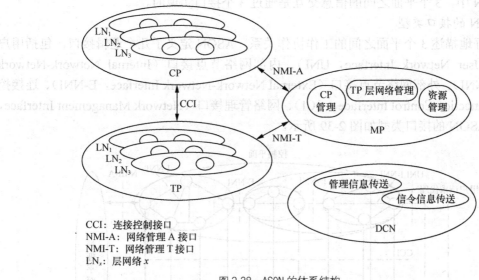

CCI：连接控制接口
NMI-A：网络管理 A 接口
NMI-T：网络管理 T 接口
LN_x：层网络 x

图 2-38　ASON 的体系结构

1. ASON 的 3 个平面

ASON 包括 3 个平面：传送平面（Transmission Plane，TP）、控制平面（Control Plane，CP）和管理平面（Mangement Plane，MP）。

（1）传送平面

传送平面由一系列传送实体（光节点和链路）构成，是业务传送的通道，主要完成连接/拆线、路由与交叉连接、传送等功能，为用户提供从一个端点到另一个端点的双向或单向信息传送，同时，还要传送一些控制和网络管理信息。

基于 OTN 基础上的 ASON 的光节点（网元）主要包括 OADM、OXC 设备和 ROADM 等。

传送平面的功能是在控制平面和管理平面的作用之下完成的，控制平面和管理平面都能对传送平面的资源进行操作，这些操作动作是通过传送平面与控制平面、管理平面之间的接口实现的。

（2）控制平面

控制平面是 ASON 的核心平面，由分布于各个 ASON 节点设备中的控制网元组成，而控制网元又主要由路由选择、信令转发以及资源管理等功能模块构成，各个控制网元相互联系共同构成信令网络，用来传送控制信令信息。

控制平面负责完成网络连接的动态建立以及网络资源的动态分配，其控制功能包括：呼叫控制、呼叫许可控制、连接管理、连接控制、连接许可控制、选路功能等。

（3）管理平面

管理平面完成控制平面、传送平面和整个系统的维护功能，它负责所有平面之间的协调和配合，能够进行配置和管理端到端连接，其主要功能是建立、确认和监视光通道，并在需要时对其进行保护和恢复。

ASON 的控制平面并不是要代替管理平面，它与管理平面相辅相成。控制平面的核心是实现对业务呼叫和连接的有效实时配置和控制，而管理平面则提供性能监测和管理。

图 2-38 中的数据通信网（Data Communication Network，DCN）是用于传送控制平面与管理平面中的路由、信令以及管理信息的网络。

在 ASON 中，3 个平面之间的信息交互是通过 3 个接口实现的。

2. ASON 的接口类型

为了更好地描述 3 个平面之间的工作协作关系，ASON 定义了几个逻辑接口，包括用户网络接口（User Network Interface，UNI）、内部网络节点接口（Internal Network-Network Interface，I-NNI）、外部网络节点接口（External Network-Network Interface，E-NNI）、连接控制接口（Connection Control Interface，CCI）、网络管理接口（Network Management Interface，NMI）等，ASON 的接口类型如图 2-39 所示。

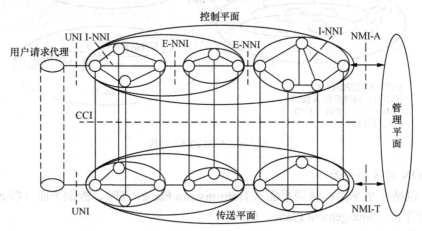

图 2-39 ASON 的接口类型

（1）ASON 3 个平面之间的接口

ASON 最主要的接口是 3 个平面之间的交互接口，它们分别为 CCI、网络管理 A 接口（NMI-A）和网络管理 T 接口（NMI-T）。

① 连接控制接口

在 ASON 体系结构中，控制平面和传送平面之间的接口称为 CCI。通过 CCI 可传送连接控制信息，建立传送平面网元之间的连接。

② 网络管理 A 接口

在 ASON 体系结构中，管理平面和控制平面之间的接口称为 NMI-A。管理平面通过 NMI-A 对控制平面进行管理，主要是对路由、信令和链路管理功能模块进行监视和管理。

③ 网络管理 T 接口

在 ASON 体系结构中，管理平面和传送平面之间的接口称为 NMI-T。管理平面通过 NMI-T 实现对传送网络资源基本的配置管理、性能管理（日常维护过程中的性能监测）和故障管理等。

（2）ASON 的其他接口

① UNI

UNI 是用户设备与 ASON 之间的接口，用户设备通过该接口动态地请求获取、撤销、修改具有一定特性的光带宽连接资源。

② NNI

NNI 包括 I-NNI 与 E-NNI。

I-NNI 是指 ASON 中同一管理域中的内部双向信令节点接口，它负责提供连接建立与控制功能。

E-NNI 是 ASON 中不同管理域之间的外部节点接口，E-NNI 上交互的信息包含网络可达性、网络地址概要、认证信息和策略功能信息等，而不是完整的网络拓扑/路由信息。

3. ASON 的连接类型

根据不同的连接需求以及连接请求对象的不同，ASON 定义了 3 种连接类型：永久连接、交换连接和软永久连接。

（1）永久连接

① 永久连接的概念

永久连接由用户（连接端点）通过 UNI 直接向管理平面提出请求，由管理平面根据连接请求以及网络可用资源情况预先计算并确定永久连接的路径，然后通过 NMI-T 向网元发送交叉连接命令进行统一配置，最终通过传送平面完成连接建立。永久连接的建立过程如图 2-40 所示。

② 永久连接的特点

永久连接建立后的服务时间相对较长，不是频繁地更改连接状态，而且没有控制平面的参与，是静态的。

（2）交换连接

① 交换连接的概念

交换连接是由通信的终端系统（或连接端点）向控制平面发起请求命令，然后再由控制平面通过信令和协议控制传送平面建立端到端的连接。交换连接方式由控制平面内信令元件间的动态交换信令信息，是一种实时的连接建立过程。交换连接的建立过程如图 2-41 所示。

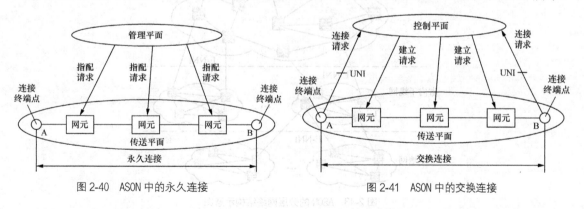

图 2-40 ASON 中的永久连接　　　　　　图 2-41 ASON 中的交换连接

② 交换连接的特点

ASON 的 3 种连接类型中最为灵活的是交换连接，它满足快速、动态的要求，符合流量工程的标准，体现了 ASON 自动交换的本质特点。

（3）软永久连接

① 软永久连接的概念

软永久连接介于上述两种连接方式之间，由管理平面和控制平面共同完成。在网络的边缘提供永久连接，该连接由管理平面来实现；在网络内部提供交换连接，该连接由管理平面向控制平面发起请求，然后由控制平面来实现。软永久连接的建立过程如图 2-42 所示。

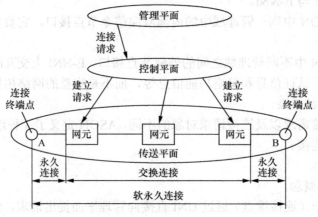

图 2-42　ASON 中的软永久连接

② 软永久连接的特点

软永久连接的特点介于永久连接和交换连接之间。

2.6.3　ASON 的分层网络结构

网络分层结构主要涉及省际、省内、本地光传送网的组织结构和网络扁平化。针对电信运营商光传送网现有的 3 层网络结构和未来网络扁平化的发展趋势，目前 ASON 可采用 3 层组网的模式，即和现有运营商的网络分层保持一致。ASON 的分层网络结构示意图如图 2-43 所示。

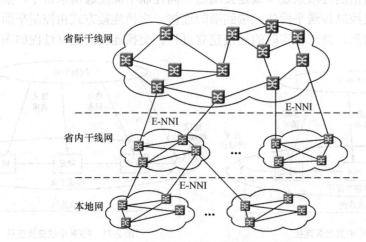

图 2-43　ASON 的分层网络结构示意图

ASON 分为 3 个网络层面，即 ASON 省际干线网、省内干线网和本地网。各层网络独立组织控制域，网络之间通过 E-NNI 互联，以实现跨层的端到端调度。

ASON 省际干线网除了包括现有的省会节点外，还可以将国际出口节点、省内网的第二出口点、业务需求较大的部分沿海发达城市的节点纳入，进行统一的调度管理。其网络结构为网状网和复杂环形。

ASON 省内干线网覆盖各省内的主干节点，一般采用网状网和单控制域结构，为省内主要城市间提供传输电路，连接各本地 ASON。

本地/城域光传送网建设 ASON，应根据城市或地区的规模及业务发展的情况。现阶段 ASON 主要应用在特大型或者大型城市的本地/城域核心层，以网状网结构为主，初期也可采用环形网结构。

2.7 微波通信系统

由微波发信机、收信机、天馈线系统、多路复用设备及用户终端设备等组成的通信系统，称之为微波通信系统。

2.7.1 无线电通信的基本概念

无线电通信是一种利用空间作为信道，以电磁波的形式传播信息的通信方式。根据电磁波传播的特性，无线电波又分为超长波、长波、中波、短波、超短波、微波等若干波段。

电波在空间传播时会产生各种传播模式，无线电通信中主要的电波传播模式有地表波、天波和空间波 3 种，如图 2-44 所示。

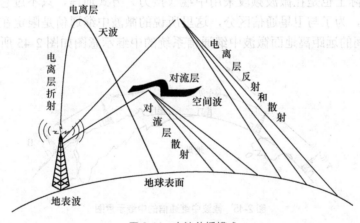

图 2-44 电波传播模式

地表波是指沿地球表面传播的电波传播模式。长波、中波一般采用这种传播方式。天线直接架设在地面。

天波是利用电离层的折射、反射和散射作用进行的电波传播模式。短波通信采用的正是这种电波传播模式。

空间波是指在大气对流层中进行传播的电波传播模式。在电波的传播过程中，会出现反射、折射和散射等现象。长途微波传输和移动通信中均采用这种视距通信方式。

卫星通信链路和长途微波视距传播链路的电波传播可近似为自由空间传播。

天线是一种变换器，它把传输线上传播的导行波变换成在无界介质（通常是自由空间）中传播的电磁波，或者进行相反的变换。天线是电波在这两种传播介质中传播的接口，是通信路径中重要的一部分。在无线电设备中，天线是用来发射或接收电磁波的部件。

在发端，发射天线的任务是将沿着传输线传输的电磁能转换成在空间传播的电磁波。天线的任务就是将这些电磁能量辐射到空间中去。

在收端,空间传播的电磁波引起天线中的导线产生电流,能量就从这些电磁波中转移到与接收天线相连接的传输线中,并被送进接收机。

天线是无源器件,因此,发射天线所辐射的功率不可能比发射机进入天线的功率更大。实际上,由于损耗的存在,前者总是比后者要小。

天线是互易的(具有可逆性),即同一天线既可用来作为发射天线,也可用来作为接收天线。同一天线作为发射或接收的基本特性参数是相同的。

2.7.2 微波中继通信

微波通信是在第二次世界大战后开始使用的一种无线电通信技术。它是使用波长 1mm~1m 的电磁波进行的通信,频率范围为 300MHz~300GHz,可细分为特高频/分米波频段、超高频/厘米波频段和极高频/毫米波频段。当收发两点间直线距离内无障碍,不需要通过固体传输介质,就可以使用微波传送信号。因其视距传输(Line of Sight,LOS)特性,当微波通信用于地面上远距离长途通信时,需要采用中继(接力)传输方式,我们称其为微波中继(接力)通信。数字微波中继通信与卫星通信、光纤通信一起被视为当今三大传输手段。

微波中继通信是利用微波作为载波并采用中继(接力)方式在地面上进行的无线电通信。由于卫星通信实际上也是在微波频段采用中继(接力)方式通信,只不过它的中继站设在卫星上而已,所以,为了与卫星通信区分,这里所说的微波中继通信是限定在地面上的。

A、B 两地间的远距离地面微波中继通信系统的中继示意图如图 2-45 所示。

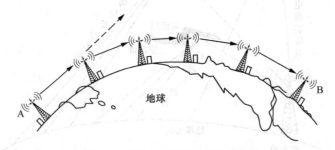

图 2-45 微波中继通信的中继示意图

对于地面上的远距离微波通信,采用中继方式的直接原因有以下两个。

一是微波传播具有视距传播特性,即电磁波沿直线传播,而地球表面是个曲面,因此若在两地间直接通信,因天线架高有限,当通信距离超过一定数值时,电磁波传播将受到地面的阻挡。为了延长通信距离,需要在通信两地之间设立若干中继站,进行电磁波转接。

二是微波传播有损耗,在远距离通信时有必要采用中继方式对信号逐段接收、放大和发送。

目前,世界上许多国家都把微波中继通信作为其通信网的主要传输手段之一。微波中继通信主要用来传送长途电话信号、宽频带信号(如电视信号)、数据信号、移动通信系统基站与移动核心网设备之间的信号等,还可用于通向孤岛等特殊地形的通信线路,以及内河船舶电话系统等移动通信的入网线路。微波中继通信在军事上可构成专向通信,或用于野战通信网的干线通信和支线通信。

微波中继通信有以下特点。

(1)通信频段的频带宽。微波频段占用的频带约 300GHz,占用的频带越宽,可容纳同时工作的无线电设备越多，通信容量也越大。一套微波通信设备可以容纳几千甚至上万条话路同时工作，或传输电视图像信号等宽频带信号。

（2）受外界干扰的影响小。工业干扰、天电干扰及太阳黑子的活动对微波频段通信的影响小（当通信频率高于 100MHz 时，这些干扰对通信的影响极小），但它们严重影响短波以下频段的通信。因此，微波中继通信较稳定和可靠。

（3）通信的灵活性较大。微波中继通信采用中继方式，可以实现地面上的远距离通信，并且可以跨越沼泽、江河、湖泊和高山等特殊地理环境。在遭遇地震、洪水、战争等灾祸时，通信的建立、撤收和转移都较容易，这些方面比电缆通信具有更大的灵活性。

（4）天线增益高、方向性强。当天线面积给定时，天线增益与工作波长的平方成反比。由于通信的工作波长短，因而容易制成高增益天线，降低发信机的输出功率。另外，微波电磁波具有直线传播特性，可以利用微波天线把电磁波聚集成很窄的波束，使微波天线具有很强的方向性，减少通信中的相互干扰。

（5）投资少、建设快。在通信容量和质量基本相同的条件下，按话路千米计算，微波中继通信线路的建设费用不到同轴电缆通信线路的一半，还可以节省大量有色金属，建设周期也比后者短。

2.7.3 微波传送网

微波传输作为传统的长途通信技术，其核心是微波中继通信系统。随着移动通信的快速升级，当前的微波设备逐步转变为移动回传的主力，由此构成的面向未来的微波传送网应该具备可演进、大带宽、易运维的特点。

微波传送网的频谱资源如图 2-46 所示。其中 SubLink 占 5/6GHz，是非授权（License-Free）频段，支持非视距（Non Line of Sight，N-LOS）或近视距（near Line of Sight，n-LOS）回传；License 频段在 13GHz～38GHz，这是常规授权频段，其频谱资源匮乏，对该频段的部署策略应以中短距回传为主，这种场景主要解决频谱利用率提升的问题，当该频段应用于长距回传时，主要目的是提升总带宽；V-Band 在 57GHz～64GHz，属于非授权频段，可以用于海量小基站超短距回传，具有低资本性支出（Capital Expenditure，CAPEX）和运营成本（Operating Expenses，OPEX）的优势；E-Band 在 71GHz～76GHz/81GHz～86GHz，具有超大带宽，适于短距大容量汇聚。

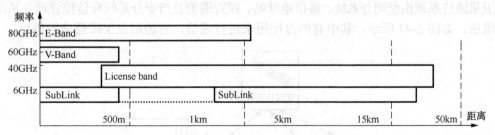

图 2-46 微波频谱与传输距离的关系

2.8 卫星通信系统

卫星通信是地球站之间利用通信卫星转发信号的无线电通信。目前全世界有超过 200 多个国家和地区应用地球静止轨道上的通信卫星,提供 80%的洲际通信和 100%的国际电视转播,以及开通部分国内或区域的通信和电视广播业务。

2.8.1 卫星通信频段的划分

卫星通信中,工作频段的选择直接影响整个卫星通信系统的通信容量、质量、可靠性、设备的复杂程度和成本的高低,并且还将影响到与其他通信系统的协调。

目前,大部分国际通信卫星尤其是商业卫星使用 4GHz/6GHz 频段,上行为 5.925GHz～6.425GHz,下行为 3.7GHz～4.2GHz,转发器带宽可达 500MHz。国内区域性通信卫星多数也用该频段。许多国家的政府和军事卫星用 7GHz/8GHz,上行为 7.9GHz～8.4GHz,下行为 7.25GHz～7.75GHz,这样与民用卫星通信系统在频率上分开,避免互相干扰。

由于 4GHz/6GHz 通信卫星的拥挤,以及与地面网的干扰问题,目前已开发与使用了 11GHz/14GHz 频段。在该频段,上行采用 14GHz～14.5GHz,下行为 11.7GHz～12.2GHz,或 10.95GHz～11.2GHz,以及 11.45GHz～11.7GHz,并已用于民用卫星通信和广播卫星业务。

20GHz/30GHz 频段也已开始使用,上行频率为 27.5GHz～31GHz,下行频率为 17.7GHz～21.2GHz。该频段的可用带宽可增大到 3.5GHz,为 4GHz/6GHz 时 500MHz 的 7 倍。该频段卫星通信系统可为高速卫星通信、千兆比特级宽带数字传输、高清晰度电视、卫星新闻采集、甚小天线地球站业务、直接到家庭业务及个人卫星通信等新业务提供一种新的手段,因此有很大的吸引力。

2.8.2 卫星通信的特点

(1)通信距离远,建站成本与通信距离无关。一颗静止卫星可以覆盖地球表面积的 42.4%,最大的通信距离可达 18 000km 左右。原则上,只需 3 颗卫星适当配置,就可建立除地球两极附近地区以外的全球不间断通信。

(2)以广播方式工作,便于实现多址联接。

(3)通信容量大,能传送的业务类型多。

(4)可以自发自收,进行监测。

2.8.3 卫星通信系统的组成

卫星通信系统由空间分系统、通信地球站、跟踪遥测及指令分系统和监控管理分系统 4 大部分组成,如图 2-47 所示。其中有的直接用来进行通信,有的用来保障通信的进行。

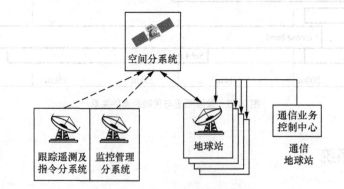

图 2-47 卫星通信系统的基本组成

(1) 跟踪遥测及指令分系统

跟踪遥测及指令分系统的任务是对卫星进行跟踪测量，控制其准确地进入静止轨道上的指定位置；待卫星正常运行后，要定期对卫星进行轨道修正和位置保持。

(2) 监控管理分系统

监控管理分系统的任务是对定点的卫星在业务开通前、后进行通信性能的监测和控制，如对卫星转发器功率、卫星天线增益以及各地球站发射的功率、射频频率和带宽等基本通信监控，以保证正常通信。

(3) 空间分系统

通信卫星内的主体是通信装置，其保障部分则有星体上的遥测指令、控制系统和能源（包括太阳能电池和蓄电池）装置等。通信卫星主要是起无线电中继站的作用，它是靠星上通信装置中的转发器（微波收、发信机）和天线来完成的。一个卫星的通信装置可以包括一个或多个转发器，每个转发器能同时接收和转发多个地球站的信号。显然，当每个转发器所能提供的功率和带宽一定时，转发器越多，卫星通信容量就越大。

(4) 通信地球站

地球站是微波无线电收、发信台（站），用户通过它们接入卫星线路，进行通信。

1. 通信卫星

图 2-48 所示是通信卫星的组成方框图。它是由天线分系统、通信分系统、遥测与指令分系统、控制分系统及电源分系统 5 大部分所组成的。

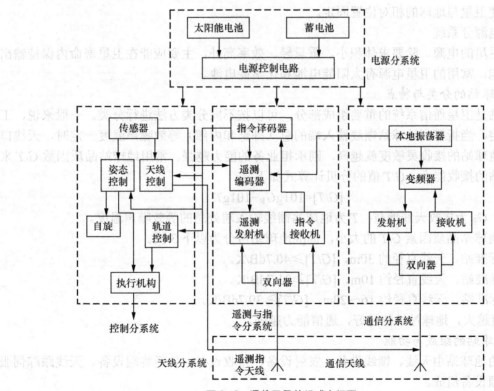

图 2-48 通信卫星的组成方框图

(1) 天线分系统

卫星天线有两类：一类是遥测、指令和信标天线，它们一般是全向天线，以便可靠地接收指令与向地面发射遥测数据和信标；另一类是通信天线，按其波束覆盖区的大小，可分为全球波束天线、点波束天线和赋形波束天线。

（2）通信分系统

卫星上的通信分系统又称为转发器，是通信卫星中直接起中继站作用的部分。对转发器的基本要求是：以最小的附加噪声和失真，并以足够的工作频带和输出功率来为各地球站有效而可靠地转发无线电信号。转发器通常分为透明转发器和处理转发器两大类。

（3）遥测与指令分系统

为使地面站天线能跟踪卫星，卫星要发射一信标信号。此信号可由卫星内产生，也可由一个地面站产生，经卫星进行频率变换后转发到地面。常用的方法是将遥测信号调制到信标信号上，使遥测信号和信标信号结合在一起。

遥测信号包括表示工作状态（如电流、电压、温度、控制用气体压力等）的信号、来自传感器的信号以及指令证实信号等。这些信号经多路复用、放大和编码后调制到副载波或信标信号上，然后与通信的信号一起发向地面。

（4）控制分系统

控制分系统是由一系列机械的或者电子的可控调整装置组成，它包括两种控制设备：一种是姿态控制；另一种是位置控制。

姿态控制是使卫星对地球或其他基准物保持正确的姿态，对同步卫星来说，主要用来保证天线波束始终对准地球以及使太阳能电池帆板对准太阳。位置控制系统用来消除摄动的影响，以便使卫星与地球的相对位置固定。

（5）电源分系统

通信卫星的电源，除要求体积小、重量轻、效率高外，主要应能在卫星寿命内保持输出足够的电能。常用的卫星电源有太阳能电池和化学能电池。

2．地球站的分类与特点

地球站是卫星通信系统的重要组成部分，可以按不同分类方法进行分类。一般来说，工作频段一定，当折算到地球站馈线输入端的总（外部和内部）等效噪声温度一定时，天线口径越大，地球站的接收灵敏度就越高，则承担业务的能力越强。常用地球站品质因数 G/T 来描述地球站的接收能力。G/T 值的分贝计算式如下。

$$[G/T]=10\lg G_R-10\lg T$$

式中，G_R 为接收天线增益；T 为地球站馈线输入端处总的等效噪声温度。

根据地球站品质因素 G/T 的大小，标准地球站可分为以下 3 类。

A 型标准站，天线直径约 30m，$[G/T] \geqslant 40.7$dB/K。

B 型标准站，天线直径约 10m，$[G/T] \geqslant 31.7$dB/K。

C 型标准站，天线直径约 16~20m，$[G/T] \geqslant 39.7$dB/K。

G/T 值越大，地球站性能越好，通信能力越强。

3．地球站的组成与功能

典型的地球站由天线、馈线设备、发射设备、接收设备、信道终端设备、天线跟踪伺服设备、电源设备组成。

（1）天线、馈线设备

天线、馈线设备的基本作用是将发射机送来的射频信号变成定向（对准卫星）辐射的电磁波；同时收集卫星发来的电磁波，送到接收设备。通常，地球站的天线是收、发共用的，因此要有收、发开关（或称双工器）。从双工器到收、发信机之间，有一定长度的馈线连接。

由于卫星通信大都工作于微波波段，所以地球站天线通常是面天线，目前主要用卡塞格伦天线。

（2）发射设备

发射设备的主要任务是将已调制的中频（一般为 70MHz）信号变换为射频信号，并将功率放大到一定的电平，经馈线送到天线向卫星发射。功率放大器可以是单载波工作，也可以是多载波工作。功率放大器的输出功率最高可达数百至数千瓦。

（3）接收设备

接收设备的主要任务是把天线收集的来自卫星转发器的有用信号，经加工变换后，送给解调器。通常接收设备入口的信号电平极其微弱，为了减少接收机内部噪声的干扰影响，提高灵敏度，接收设备必须使用低噪声微波前置放大器。为减少馈线损耗的影响，该放大器一般安装在天线上。

（4）信道终端设备

信道终端设备在发射端信道终端的基本任务是，将用户送来的消息加以处理，变成适合所采用的卫星通信体制要求的信号形式；在收端则应进行与发端相反的处理，使收到的信号恢复为原来的消息。

（5）跟踪和伺服设备

由于种种原因，静止卫星并非绝对"静止"的。因此，地球站的天线必须经常校正自己的方位和仰角，才能对准卫星。其方式有手动跟踪和自动跟踪两种，前者是相隔一定时间对天线进行人工定位；后者是利用一套电子、机电设备，使天线电轴对卫星进行自动跟踪。手动跟踪是各型地球站都具有的；自动跟踪则多用于大型地球站，以经常保持高的跟踪精度。

（6）电源设备

现代卫星通信系统，一年中要求 99.9%的时间不间断地、稳定可靠地工作。电源系统必须满足这一要求。特别是大型地球站，一般要有几种供电电源，即市电、柴油发电机和蓄电池。正常情况下是利用市电，一旦市电中断，即由应急发电机供电，在发电机开机到正常运行前，由蓄电池短期供电作为过渡。平时，蓄电池是由市电通过整流设备对其进行浮充，以备急用。为了保证高度可靠，发电机也应备份。

此外，还有整机的控制、监视设备等。

2.8.4 甚小天线地球站

甚小天线地球站（Very Small Aperture Terminal，VSAT）是一种具有甚小口径天线的、智能的卫星通信地球站，很容易在用户办公地点安装。

VSAT 网由中心站、小型站和微型站 3 种地球站组成，天线口径分别为 11m、3.5～5m 和 1.2～3m。全网有一个或多个配备较大口径天线的中心站，这些站配置数据交换设备，并在其中之一配置全网的控制和管理中心（简称网控中心）。小型 VSAT 可以有几百个，微型站可以多达几千甚至几万个。

VSAT 网的构成形式可以有单跳、双跳、单双跳混合以及全连接网等。

第 3 章 接入网

随着通信技术的突飞猛进，电信业务向 IP 化、宽带化、综合化和智能化方向迅速发展，如何满足用户需求、将多样化的电信业务高效灵活地接入到核心网，是业界普遍关注、迫切需要解决的问题，因此接入网成为网络应用和建设的热点。

本章首先介绍接入网的定义与接口、功能结构、分类和接入网的发展趋势，然后论述混合光纤/同轴电缆（Hybrid Fiber-Coaxial，HFC）接入网、光纤接入网和 FTTx+LAN 接入网的相关内容，接着分析无线局域网（Wireless Local Area Networks，WLAN）的基本原理和标准，最后研究 RFID 系统以及蓝牙、ZigBee 等短距离无线接入技术。

3.1 接入网概述

3.1.1 接入网的定义与接口

1. 接入网的定义

电信网按网络功能分为 3 个部分：接入网、交换网和传输网，其中交换网和传输网合在一起称为核心网。

接入网是电信网的组成部分之一，负责将电信业务透明地传送到用户，即用户通过接入网的传输，能灵活地接入到不同的电信业务节点上。接入网在电信网中的位置如图 3-1 所示。

ITU-T 13 组于 1995 年 7 月通过了关于接入网框架结构方面的标准——G.902

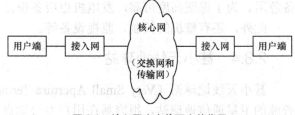

图 3-1 接入网在电信网中的位置

标准，其中对接入网（Access Network，AN）的定义是：接入网由业务节点接口（Service Node Interface，SNI）和 UNI 之间的一系列传送实体（如线路设施和传输设施）组成，为供给电信业务而提供所需传送承载能力的实施系统。

业务节点（Service Node，SN）是提供业务的实体，是一种可以接入各种交换型或半永久连接型电信业务的网元，可提供规定业务的 SN 可以是本地交换机、租用线业务节点，也可以是路由器或特定配置情况下的点播电视和广播电视业务节点等。

接入网包括业务节点与用户端设备之间的所有实施设备与线路。

2. 接入网的接口

接入网有 3 种主要接口，即 UNI、SNI 和维护管理接口（Q3 接口）。接入网所覆盖的范围就由这 3 个接口定界，如图 3-2 所示。

(1) UNI

UNI 是用户与 AN 之间的接口，主要包括模拟 2 线音频接口、64kbit/s 接口、2.048Mbit/s 接口、ISDN 基本速率接口和基群速率接口等。

(2) SNI

SNI 是 AN 和 SN 之间的接口。

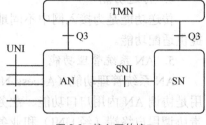

图 3-2 接入网的接口

接入网允许与多个 SN 相连，既可以接入分别支持特定业务的单个 SN，又可以接入支持相同业务的多个 SN。如果 AN-SNI 侧和 SN-SNI 侧不在同一地方，可以通过透明传送通道实现远端连接。

SNI 主要有以下两种。

① 模拟接口

模拟接口（即 Z 接口）对应于 UNI 的模拟 2 线音频接口，提供普通电话业务或模拟租用线业务等。

② 数字接口

数字接口（即 V5 接口）作为一种标准化的、完全开放的接口，用于接入网数字传输系统和数字交换机之间的配合。V5 接口能支持公用电话交换网、ISDN（窄带、宽带）、帧中继网、分组交换网、DDN 等业务。

V5 接口包括 V5.1 接口、V 5.2 接口、V 5.3 接口以及支持宽带 ISDN 业务接入的 VB5 接口（包括 VB5.1 和 VB5.2）。

(3) Q3 接口

Q3 接口是电信管理网与电信网各部分相连的标准接口。

3.1.2 接入网的功能结构

ITU-T G.902 标准定义的接入网的功能结构如图 3-3 所示。

接入网的功能结构分成用户口功能、业务口功能、核心功能、传送功能和 AN 系统管理功能这 5 个基本功能。

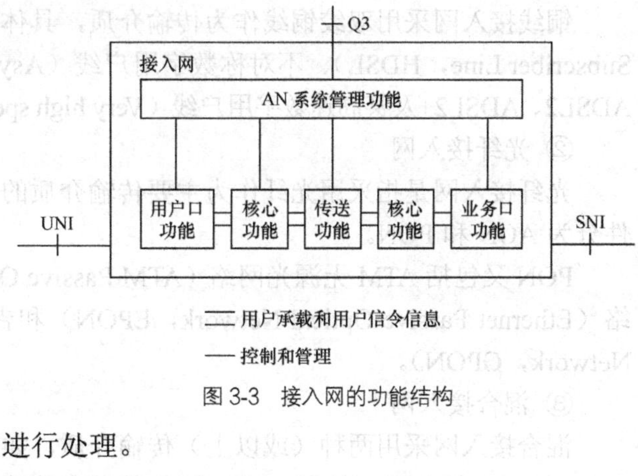

1. 用户口功能

用户口功能的主要作用是将特定的 UNI 要求与核心功能和管理功能相适配。

2. 业务口功能

业务口功能的主要作用是将特定 SNI 规定的要求与公用承载通路相适配，以便核心功能的处理；同时负责选择有关的信息以便在 AN 系统管理功能中进行处理。

图 3-3 接入网的功能结构

3. 核心功能

核心功能处于用户口功能和业务口功能之间，主要作用是负责将个别用户承载通路或业务口承载通路的要求与公用传送承载通路相适配，还包括对 AN 传送所需要的协议适配和复用所进行的对协议承载通路的处理。

4. 传送功能

传送功能是为接入网中不同地点之间公用承载通路的传送提供通道，也为所用传输介质提供适配功能。

5. AN 系统管理功能

AN 系统管理功能（Access Network System Management Function，AN-SMF）的主要作用是协调 AN 内用户口功能、业务口功能、核心功能和传送功能的指配、操作和维护，还负责协调用户终端（经 UNI）和业务节点（经 SNI）的操作功能。

AN-SMF 经 Q3 接口与电信管理网通信，以便接受监视/或接受控制，同时为了实时控制的需要也经 SNI 与 SN-SMF 进行通信。

上面介绍了接入网的定义与接口，以及接入网的功能结构。这里有一点需要说明，ITU-T G.902 标准是基于传统电信网的接入网（称为电信网接入网）的总体框架结构标准。随着 IP 网络技术与应用的迅猛发展，接入 IP 网络的业务需求量越来越大，2000 年 11 月，ITU-T 在 Y 系列标准中针对 IP 接入网体系结构发布了 Y.1231 标准。

Y.1231 标准从体系、功能模型的角度描述了 IP 接入网，提出了 IP 接入网的定义、功能模型、承载能力、接入类型、接口等。

虽然 IP 接入网与电信网接入网的接口定义和功能结构有所不同，但是所采用的接入技术是一样的。

3.1.3 接入网的分类

接入网可以从不同的角度分类。

1. 按照传输介质分类

根据所采用的传输介质，接入网可以分为有线接入网和无线接入网。

（1）有线接入网

有线接入网采用有线传输介质，又进一步分为以下几种。

① 铜线接入网

铜线接入网采用双绞铜线作为传输介质，具体包括高速率数字用户线（High rate Digital Subscriber Line，HDSL）、不对称数字用户线（Asymmetric Digital Subscriber Line，ADSL）、ADSL2、ADSL2+及甚高速数字用户线（Very high speed Digital Subscriber Line，VDSL）接入网。

② 光纤接入网

光纤接入网是指采用光纤作为主要传输介质的接入网，根据传输设施中是否采用有源器件分为 AON 和 PON。

PON 又包括 ATM 无源光网络（ATM Passive Optical Network，APON）、以太网无源光网络（Ethernet Passive Optical Network，EPON）和吉比特无源光网络（Gigabit Passive Optical Network，GPON）。

③ 混合接入网

混合接入网采用两种（或以上）传输介质，如光纤、电缆等。目前主要有以下两种。

- HFC 接入网：是在 CATV 网的基础上改造而来的，干线部分采用光纤，配线网部分采用同轴电缆。

- FTTx+LAN 接入网：也称为以太网接入，以太网内部的传输介质大都采用双绞线（个别地方采用光纤），而以太网出口的传输介质使用光纤。

（2）无线接入网

无线接入网是指从业务节点接口到用户终端全部或部分采用无线方式，又可分为固定无线接入网和移动无线接入网。

① 固定无线接入网

固定无线接入网是为固定位置的用户或仅在小区内移动的用户提供服务，主要包括本地多点分配业务系统、WLAN、WiMAX 系统等。

② 移动无线接入网

移动无线接入网是为移动用户提供各种电信业务，主要包括蜂窝移动通信系统（2G/3G/LTE 等）、卫星移动通信系统和 WiMAX 系统等。

2. 按照传输的信号形式分类

按照传输的信号形式，接入网可以分为数字接入网和模拟接入网。

（1）数字接入网

数字接入网中传输的是数字信号，如 HDSL 接入网、光纤接入网和 FTTx+LAN 接入网等。

（2）模拟接入网

模拟接入网中传输的是模拟信号，如 ADSL 接入网和 VDSL 接入网等。

3. 按照接入业务的速率分类

按照接入业务的速率，接入网可以分为窄带接入网和宽带接入网。

对于宽带接入网，不同的行业有不同的定义，一般将接入速率大于等于 1Mbit/s（理论上）的接入网称为宽带接入网。

3.1.4 接入网的发展趋势

目前，各种宽带业务不断涌现，而且业务也从纯数据、语音的单业务运营模式向语音、视频、数据相结合的多业务运营模式迈进。为了顺应用户业务的这一发展需求，未来接入技术的宽带化和多样化、接入承载的差异化和接入终端设备的可控化，将成为新一代宽带接入网的发展趋势和重要特征。

1. 接入技术的宽带化

当今电信网的发展正在进入一个新的转折点，呈现宽带化、IP 化、智能化以及业务融合化的趋势。核心网上的可用带宽由于 DWDM 和 OTN 等光网络的发展而迅速增长，用户侧的业务量也由于 Internet 业务的爆炸式增长而急剧增加，作为用户与核心网之间桥梁的接入网则由于入户介质的带宽限制而跟不上核心网和用户业务需求的发展，成为用户与核心网之间的接入"瓶颈"，使得核心网上的巨大带宽得不到充分利用。因而，接入网的宽带化成为亟待解决的问题。

（1）有线接入网的宽带化发展趋势

近些年，我国电信运营商针对有线接入网实施"光进铜退"策略，ADSL 等铜线接入网将逐渐失去原有的作用。目前应用比较广泛的有线宽带接入网主要有混合光纤/同轴电缆接入网、光纤接入网和 FTTx+LAN 接入网等。

有线接入网将向着光纤接入网的方向发展，由 EPON 到 GPON，而且最终实现 FTTH。

（2）无线接入网的宽带化发展趋势

无线接入网将从 WLAN 向着 WiMAX、最终向着 4G 乃至 5G 的方向发展。

2. 接入技术的多样化

电信网宽带化的首要问题就是接入网的宽带化,但是,接入网在整个电信网中所占投资比重最大,且对成本、政策、用户需求等问题都很敏感,因而技术选择五花八门,没有任何一种接入技术可以绝对占据主导地位。接入技术向着多样化的方向发展势在必行,这也是接入网区别于其他专业网络最鲜明的特点。

前已述及,接入网的接入技术分为有线接入和无线接入两大类。有线接入技术的主流是光纤接入技术,具体又分成许多种;无线接入技术则又包括固定无线接入技术和移动无线接入技术。

另外,还可以采用综合接入技术,即各种接入技术混合组网。典型的混合组网方式有LAN+PON、WLAN+PON、WLAN+WiMAX 等。

3. 接入承载差异化

由于要有效承载多种业务,接入网面临的重要课题就是能区别用户和业务,能实施不同的 QoS 策略,达到不同用户、不同业务服务的差异化。

4. 接入终端设备可控化

为了实现业务端到端的服务质量保证,电信运营商需要对端到端通信中涉及的众多设备进行统一协调管理,因而对接入终端设备也应能做到可控制和可管理。

对接入终端设备的管理和控制是有别于对网络设备的管理和控制的,接入终端设备的数量庞大,将来只能采用远程管理和管控的方式。

3.2 有线接入网

3.2.1 HFC 接入网

1. HFC 接入网的概念

HFC 接入网是一种结合采用光纤与同轴电缆的宽带接入网,由光纤取代一般电缆线,作为 HFC 接入网中的主干。HFC 接入网是在 CATV 网的基础上改造而来的,是以模拟频分复用技术为基础,综合应用模拟和数字传输技术、光纤和同轴电缆技术、射频技术以及高度分布式智能技术的宽带接入网络。

HFC 接入网是三网融合的重要技术之一,可以提供除 CATV 业务以外的语音、数据和其他交互型业务,也称为全业务网。

2. HFC 接入网的网络结构

HFC 接入网的网络结构如图 3-4 所示。

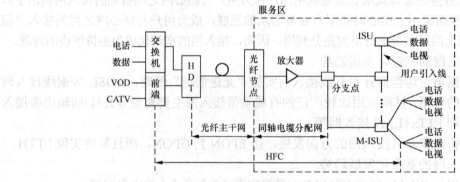

图 3-4 HFC 接入网的网络结构示意图

HFC 接入网由信号源、前端（可能包括分前端）、主数字终端（Host Digital Terminal，HDT）、光纤主干网（馈线网）、同轴电缆分配网（配线网）和用户引入线等组成。需要说明的是，HFC 线路网的组成包括馈线网、配线网和用户引入线 3 个部分。

HFC 接入网干线部分采用光纤以传输高质量的信号，而配线网部分仍基本保留 CATV 原有的树形—分支型模拟同轴电缆网，这部分同轴电缆网还负责收集来自用户的回传信号经若干双向放大器到光纤节点再经光纤传送给前端。下面具体介绍 HFC 接入网各部分的作用。

（1）前端

前端设备主要包括天线放大器、频道转换器、卫星电视接收设备、滤波器、调制解调器、混合器和导频信号发生器等。

前端是对各种不同的视频信号源进行处理变换，其功能主要有调制/解调、频率变换、电平调整、信号编解码、信号处理、低噪声放大、中频处理、信号混合、信号监测与控制、频道配置和信号加密等。

（2）HDT

HDT 的主要功能如下。
- 对下行信号进行传输频谱的分配。
- 下行对交换机送来的电话、数据信号进行射频调制，上行进行解调。
- 下行对射频调制后的各种信号（CATV 前端输出的已调信息流、由 HDT 调制后的电话和数据业务流）进行频分复用，上行进行分解。
- 下行进行电/光转换与光发送，上行完成光接收与光/电转换。
- 与电话交换机采用 V5.2 接口进行信令转换。
- 提供对 HFC 接入网进行管理的管理接口。

（3）光纤主干网

HFC 接入网的光纤主干网（馈线网）指前端至服务区 SA（服务区的范围如图 3-4 所示）的光纤节点之间的部分。

① 光纤主干网的组成

光纤主干网主要由光发射机、光放大器、光分路器、光缆、光纤连接器和光接收机等组成（其中光发射机/光接收机设置在主数字终端和光纤节点）。

② 光纤主干网的结构

根据 HFC 接入网所覆盖的范围、用户多少和对 HFC 网络可靠性的要求，光纤主干网的结构主要有星形、环形和环星形。

（4）同轴电缆分配网

在 HFC 接入网中，同轴电缆分配网（配线网）指服务区光纤节点与分支点之间的部分，一般采用与传统 CATV 网基本相同的树形—分支同轴电缆网，有些情况可为简单的总线结构，其覆盖范围可达 5km～10km。

同轴电缆分配网主要包括同轴电缆、干线放大器、线路延长放大器、分配器和分支等部件。

（5）用户引入线

用户引入线指分支点至用户之间的部分，与传统 CATV 网相同，分支点的分支器是配线网与用户引入线的分界点。

用户引入线的作用是将射频信号从分支器经无源引入线送给用户，与配线网使用的同轴电缆不同，引入线电缆采用灵活的软电缆以便适应住宅用户的线缆敷设条件及作为电视、机顶盒之间的跳线连接电缆。用户引入线的传输距离一般为几十米。

（6）综合业务单元

综合业务单元（Integrated Service Unit，ISU）分为单用户的 ISU 和多用户的 ISU（M-ISU）。ISU 提供各种用户终端设备与网络之间的接口。ISU 装有微处理器、存储器和控制逻辑，是一个智能的射频调制解调器。ISU 的主要功能如下。

- 实现对各种业务信号进行射频调制（上行）与解调（下行）。
- 对各种业务信号进行合成与分解。
- 信令转换等。

在此有个问题需要说明：电缆调制解调器（Cable Modem，CM）是一种可以通过 HFC 接入网实现高速数据接入（如高速 Internet 接入）的设备，其作用是在发送端对数据信号进行调制，将其频带搬移到一定的频率范围内（射频），利用 HFC 接入网将信号传输出去；接收端再对这一信号进行解调，还原出原来的数据信号等。

Cable Modem 放在用户家中，属于用户端设备。一般来说，Cable Modem 至少有两个接口，一个用来接墙上的有线电视端口，另一个与计算机相连。根据产品型号的不同，CM 可以兼有普通以太网集线器功能、桥接器功能、路由器功能和网络控制器功能等。

Cable Modem 的引入，对从有线电视网络发展为 HFC 接入网起着至关重要的作用，所以有时也将 HFC 接入网称为 Cable Modem 接入网。一般将 Cable Modem 的功能内置在综合业务单元（ISU）中。

3. HFC 接入网的工作过程

（1）下行方向

由前端将模拟电视和数字电视信号调制到射频上，送到 HDT；由 HDT 首先将交换机送来的电话和数据信号调制到射频上，然后将所有下行业务（包括已调到射频上的电视、电话和数据信号）进行综合（频分复用），再由其中的光发射机进行电/光转换后发往光纤传输至相应的光纤节点。在光纤节点处，由光接收机将下行光信号变换成射频信号（光/电转换）送往配线网。射频信号经配线网、用户引入线传输到 ISU，由 ISU（含 Cable Modem）将射频信号解调、分解还原为模拟电视和数字电视信号、电话和数据等信号，最后传送给不同的用户终端。

（2）上行方向

从用户来的电话和数据信号在 ISU 处进行调制、合成为上行射频信号，经用户引入线、配线网传输到达光纤节点。光纤节点通过上行发射机将上行射频信号变换成光信号（电/光转换），通过光纤传回 HDT。由 HDT 中的光接收机接收上行光信号并变换成射频信号（光/电转换），再进行射频解调并分解后，将电话信号送至电话交换机与 PSTN 互连，将数据信号送到数据交换机或路由器与数据网互连，将 VOD 的上行控制信号送到 VOD 服务器。

4. HFC 接入网双向传输的实现

（1）HFC 接入网的双向传输方式

在双向 HFC 接入网中下行信号包括广播电视信号、电话信号及数据信号等；上行信号有 VOD 信令、电话信号、数据信号和控制信号上传等。

在 HFC 接入网中实现双向传输，需要从光纤通道和同轴电缆通道这两方面来考虑。

① 光纤通道双向传输方式

从前端到光纤节点这一段光纤通道中实现双向传输可采用空分复用和波分复用两种方式，用得比较多的是波分复用。对于波分复用来说，通常是采用 1 310nm 和 1 550nm 这两个波长。

② 同轴电缆通道双向传输方式

同轴电缆通道实现双向传输的方式主要有空间分割方式、频率分割方式和时间分割方式等。在 HFC 接入网中一般采用空间分割方式和频率分割方式，目前解决双向传输的主要手段是频率分割方式。

- 空间分割方式：是采用双电缆完成光纤节点以下信号的上下行传输。对有线电视系统来说，铺设双同轴电缆完成双向传输成本太高。
- 频率分割方式：将 HFC 接入网的频谱资源划分为上行频带（低频段）和下行频带（高频段），上行频带用于传输上行信号，下行频带用于传输下行信号。以分割频率高低的不同将 HFC 接入网的频率分割分为低分割（分割频率 30MHz～42MHz）、中分割（分割频率 100MHz 左右）和高分割（分割频率 200MHz 左右）。

高、中、低 3 种分割方式的选取主要根据系统的功能和所传输的信息量而定。通常，低分割方式主要适用于节点规模较小、上行信息量较少的应用系统（如点播电视、Internet 接入和数据检索等）；而中、高频分割方式主要适用于节点规模较大、上行信息量较多的应用系统（如可视电话、会议电视等）。

（2）HFC 接入网的频谱分配方案

各种图像、数据和语音信号通过调制解调器同时在同轴电缆上传输。建议的频谱方案有多种，其中一种低分割方式如图 3-5 所示。

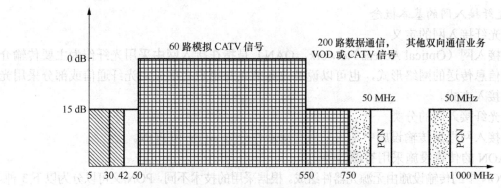

图 3-5 HFC 接入网的频谱分配方案之一（低分割方式）

图 3-5 中各频段的作用如下。

① 5MHz～42MHz 为上行通道，即回传通道。其中，5MHz～8MHz 传状态检视信息，8MHz～12MHz 传 VOD 信令，15MHz～40MHz 传电话信号、数据信号。

② 50MHz～1 000MHz 为下行信道，这又分为以下几种情况。

- 50MHz～550MHz 频段传输现有的模拟 CATV 信号，每路 6MHz～8MHz，总共可以传输各种不同制式的电视节目 60～80 路。
- 550MHz～750MHz 频段传输传统的电话信号及数据信号，也可以传输附加的模拟 CATV 信号或数字电视信号，也有建议传输双向交互式通信业务，特别是点播电视业务。
- 高端 750MHz～1 000MHz 频段传输各种双向通信业务，有 2×50MHz 用于个人通信业务，其他用于未来可能的新业务等。

（3）HFC 接入网的调制技术

由上述可见，HFC 接入网采用副载波频分复用方式，即采用模拟调制技术。副载波复用是将各路信号分别调制到不同的射频（即副载波）上，然后再将各个带有信号的副载波合起来,调制一个光波转换为光信号(光调制)。

5. HFC 接入网的优缺点

(1) HFC 接入网的优点

① HFC 接入网的频带较宽,可满足综合业务和高速数据传输的需要,能适应未来一段时间内的业务需求。

② HFC 接入网的灵活性和扩展性都较好。HFC 接入网在业务上可以兼容传统的电话业务和模拟视频业务,同时支持 Internet 访问、数字视频、VOD 以及其他未来的交互式业务。在结构上,HFC 接入网具有很强的灵活性,可以平滑地向 FTTH 过渡。

③ HFC 接入网适合以当前模拟制式为主体的视像业务及设备市场,用户使用方便。

④ HFC 接入网与铜线接入网相比,运营、维护、管理费用较低。

(2) HFC 接入网的缺点

① HFC 接入网的成本虽然低于光纤接入网,但需要对 CATV 网进行双向改造,投资较大。

② 拓扑结构需进一步改进,以提高网络的可靠性,一个光纤节点为 500 个用户服务,出问题后的影响面大。

③ HFC 接入网用户共享同轴电缆带宽,当用户数多时每户可用的带宽下降。

3.2.2 光纤接入网

1. 光纤接入网的基本概念

(1) 光纤接入网的定义

光纤接入网(Optical Access Network,OAN)是指在接入网中采用光纤作为主要传输介质来实现信息传送的网络形式,也可以说是业务节点与用户之间采用光纤通信或部分采用光纤通信的接入方式。

(2) 光纤接入网的分类

光纤接入网根据传输设施中是否采用有源器件分为 AON 和 PON。

① AON 的传输设施采用有源器件。

② PON 中的传输设施由无源光器件组成。根据采用的技术不同,PON 又可以分为以下 3 种。

- APON:基于 ATM 技术的无源光网络,后更名为宽带 PON(BPON)。
- EPON:基于以太网技术的无源光网络;
- GPON:GPON 是 BPON 的一种扩展。

AON 比 PON 的传输距离长、传输容量大、业务配置灵活;但不足之处是成本高、需要供电系统、维护复杂。而 PON 的结构简单,易于扩容和维护,所以得到越来越广泛的应用。

(3) 光纤接入网的功能参考配置

ITU-T G.982 建议给出的 OAN 的功能参考配置如图 3-6 所示。

光纤接入网主要包含如下配置。

- 4 种基本功能模块:光线路终端(Optical Line Terminal,OLT)、光分配网络(Optical Distributing Network,ODN)/光配线终端(Optical Distributing Terminal,ODT)、光网络单元(Optical Network Unit,ONU)、AN 系统管理功能模块。
- 5 个参考点:光发送参考点 S、光接收参考点 R、与业务节点间的参考点 V、与用户终端间的参考点 T、AF 与 ONU 间的参考点 a。
- 3 个接口:Q3 接口、UNI 和 SNI。

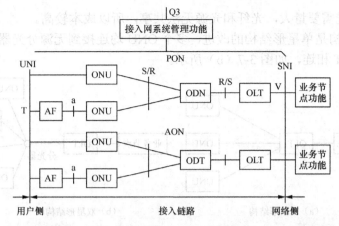

图 3-6 光纤接入网的功能参考配置

4 种基本功能模块的功能分述如下。

① OLT 的作用是为光纤接入网提供网络侧与业务节点之间的接口,并经过一个或多个 ODN/ODT 与用户侧的 ONU 通信,OLT 与 ONU 的关系为主从通信关系。OLT 对来自 ONU 的信令和监控信息进行管理,从而为 ONU 和自身提供维护与供电功能。

② ONU 位于 ODN/ODT 和用户之间,ONU 的网络侧具有光接口,而用户侧为电接口,因此需要具有光/电和电/光变换功能,并能实现对各种电信号的处理与维护管理功能。

③ ODN/ODT 是光纤接入网中的传输设施,为 ONU 和 OLT 提供光传输通道作为其间的物理连接。

• AON 的传输设施为 ODT(含有源器件),即有源光网络由 OLT、ONU、ODT 构成。ODT 可以是一个有源复用设备,远端集中器也可以是一个环网。

AON 通常用于电话接入网,其传输体制有 PDH 和 SDH,一般采用 SDH/MSTP 技术。网络结构大多为环形,ONU 兼有 SDH 环形网中 ADM 的功能。

• PON 中的传输设施为 ODN,ODN 全部由无源光器件组成,主要包括光纤、光连接器、无源光分路器 OBD(分光器)和光纤接头等。

④ AN 系统管理功能模块负责对光纤接入网进行维护管理,其管理功能包括配置管理、性能管理、故障管理、安全管理及计费管理。

(4)光纤接入网的拓扑结构

在光纤接入网中 ODN/ODT 的配置一般是点到多点方式,即指多个 ONU 通过 ODN/ODT 与一个 OLT 相连。多个 ONU 与一个 OLT 的连接方式即决定了光纤接入网的结构。

由于 PON 比 AON 应用范围更广,所以下面重点介绍 PON 的拓扑结构,一般为星形、树形和总线型。

① 星形结构

星形结构包括单星形结构和双星形结构。

• 单星形结构是指用户端的每一个 ONU 分别通过一根或一对光纤与 OLT 相连,形成以 OLT 为中心向四周辐射的连接结构,如图 3-7(a)所示。

此结构的特点是:在光纤连接中不使用光分路器(即分光器),不存在由分光器引入的光信号衰减,网络覆盖的范围大;采用相互独立的光纤信道,ONU 之间互不影响且保密性能好,易于升级；但光缆需要量大，光纤和光源无法共享，所以成本较高。
- 双星形结构是单星形结构的改进，多个 ONU 均连接到无源分光器，然后通过一根或一对光纤再与 OLT 相连，如图 3-7（b）所示。

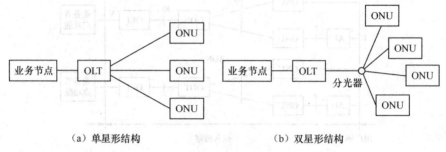

图 3-7 星形结构

双星形结构适合网径更大的范围，而且具有维护费用低、易于扩容升级、业务变化灵活等优点，是目前采用比较广泛的一种拓扑结构。

② 树形结构

树形结构是星形结构的扩展，如图 3-8 所示。连接 OLT 的第 1 个分光器将光信号分成 n 路，下一级连接第 2 级分光器或直接连接 ONU，最后一级的分光器连接 n 个 ONU。

树形结构的主要特点如下。
- 线路维护容易。
- 由于 OLT 的一个光源提供给所有 ONU 的光功率，光源的功率有限，这就限制了所连接 ONU 的数量以及光信号的传输距离。

③ 总线型结构

总线型结构的光纤接入网如图 3-9 所示。这种结构适合于沿街道、公路线状分布的用户环境。它通常采用非均匀分光的分光器沿线状排列。分光器从光总线中分出 OLT 传输的光信号，将每个 ONU 传出的光信号插入到光总线中。这种结构的特点如下。

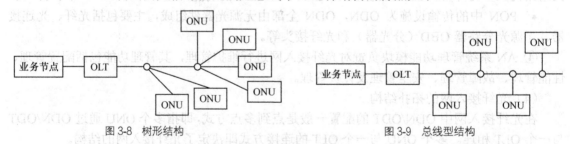

图 3-8 树形结构　　　　　　　　　图 3-9 总线型结构

- 非均匀的分光器给总线只引入少量的损耗，并且只从光总线中分出少量的光功率。
- 由于光纤线路存在损耗，使在靠近 OLT 和远离 OLT 处接收到的光信号强度有较大差别，因此，对 ONU 中光接收机的动态范围要求较高。

PON 的几种基本拓扑结构各有优缺点，在实际搭建光纤接入网时，具体采用哪一种拓扑结构，要综合考虑当地的地理环境、用户群分布情况、经济情况等因素。

（5）光纤接入网的应用类型

按照光纤接入网的参考配置，根据 ONU 设置的位置不同，可将光纤接入网分成不同的应用类型，主要包括光纤到路边（Fiber To The Curb，FTTC）、光纤到大楼（Fiber To The

Building, FTTB)、光纤到家（Fiber To The Home, FTTH）或光纤到办公室（Fiber To The Office, FTTO）等。图 3-10 给出了 3 种不同的应用类型。

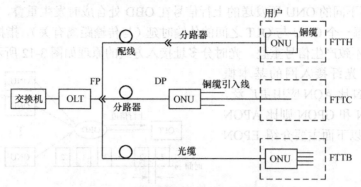

图 3-10　光纤接入网的 3 种应用类型

① FTTC。在 FTTC 结构中，ONU 设置在路边的人孔或电线杆上的分线盒处。从 ONU 到各用户之间的部分仍用铜双绞线对。若要传送宽带图像业务，则除距离很短的情况之外，这一部分可能会需要同轴电缆。

② FTTB。FTTB 也可以看成是 FTTC 的一种变形，不同之处在于将 ONU 直接放到楼内（通常为居民住宅公寓或小企事业单位办公楼），再经多对双绞铜线将业务分送给各个用户。

③ FTTH 和 FTTO。在前述的 FTTC 结构中，如果将设置在路边的 ONU 换成无源光分路器，然后将 ONU 移到用户房间内即为 FTTH 结构；如果将 ONU 放置在大企事业用户的大楼终端设备处并能提供一定范围的灵活的业务，则构成所谓的 FTTO 结构。

（6）光纤接入网的传输技术

① 双向传输技术（复用技术）

光纤接入网的传输技术主要提供完成连接 OLT 和 ONU 的手段。这里的双向传输技术（复用技术）是指上行信道（ONU 到 OLT）和下行信道（OLT 到 ONU）的区分。

光纤接入网常用的双向传输技术主要包括光空分复用、光波分复用、时间压缩复用和光副载波复用。其中用得最多的是光波分复用，下面重点介绍光波分复用。

对于双向传输而言，光波分复用是将两个方向的信号分别调制在不同波长上，然后利用一根光纤传输，即可实现单纤双向传输的目的，其双向传输原理如图 3-11 所示。

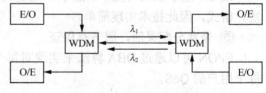

图 3-11　OWDM 双向传输原理

光波分复用的优点是双向传输使用一根光纤，可以节约光纤、光纤放大器和光终端设备；但缺点是单纤双向 WDM 需要在两端设置波分复用器件来区分双向信号，从而引入一定的损耗。

② 多址接入技术

在典型的光纤接入网点到多点的系统结构中，通常只有一个 OLT 却有多个 ONU，为了使每个 ONU 都能正确无误地与 OLT 进行通信，反向的用户接入，即多点用户的上行接入需要采用多址接入技术。

多址接入技术主要有光时分多址、光波分多址、光码分多址和光副载波多址。目前，光纤接入网一般采用光时分多址接入方式，下面仅介绍此种多址接入技术。

光时分多址接入方式是指将上行传输时间分为若干时隙，在每个时隙只安排一个ONU发送的信息，各ONU按OLT规定的时间顺序依次以分组（数据包）的方式向OLT发送。为了避免与OLT距离不同的ONU所发送的上行信号在OBD处合成时发生重叠，OLT需要有测距功能，不断测量每一个ONU与OLT之间的传输时延（与传输距离有关），指挥每一个ONU调整发送时间使之不致产生信号重叠。光时分多址接入方式的原理如图3-12所示。

以上介绍了光纤接入网的基本概念，我们已知PON比AON应用更广泛，而PON中EPON和GPON则比APON更占据优势，所以下面主要介绍EPON和GPON。

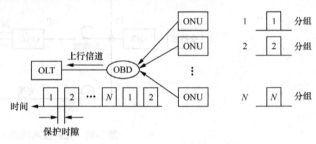

图3-12 光时分多址接入方式的原理示意图

2. EPON

EPON是基于以太网技术的无源光网络，即采用PON的拓扑结构实现以太网帧的接入，EPON的标准为IEEE 802.3ah。

（1）EPON的技术特点

EPON的技术特点主要表现在以下几个方面。

① 运营成本低，维护简单

EPON在传输途中不需要电源，没有电子器件，因此容易铺设，维护简单，可节省长期运营成本和管理成本。

② 可提供较高的传输速率

EPON目前可以提供上下行对称的1.25Gbit/s速率，并且随着以太网技术的发展可以升级到10Gbit/s。

③ 服务范围大，容易扩展

EPON作为一种点到多点的网络，可以利用局端单个光模块及光纤资源，服务大量终端用户，而且网络容易扩展。

④ 技术实现简单

EPON基于以太网技术，除了扩充定义多点控制协议外，没有改变以太网数据帧（MAC帧）格式，因此技术实现简单。

⑤ 带宽分配灵活，服务有保证

EPON可以通过DBA算法来实现对每个用户进行带宽分配，并采取DiffServ等措施保证每个用户的QoS。

（2）EPON的网络结构

EPON的网络结构一般采用双星形或树形，如图3-13所示。

EPON中设备分无源网络设备和有源网络设备两种。

- 无源网络设备：指的是ODN，包括光纤、无源分光器、连接器和光纤接头等。ODN一般放置于局外，称为局外设备。
- 有源网络设备：包括OLT、ONU和设备管理系统（Equipment Management System，EMS）。

EPON中较为复杂的功能主要集中于OLT，而ONU的功能则较简单，这主要是为了尽量降低用户端设备的成本。

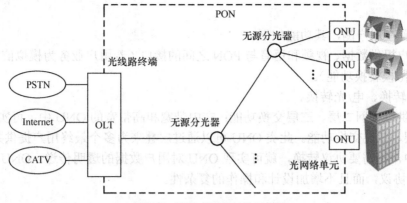

图 3-13　EPON 的网络结构示意图

（3）EPON 的设备功能

① OLT

在 EPON 中，OLT 既是一个交换机或路由器，又是一个多业务提供平台，提供面向无源光网络的光纤接口。OLT 可提供多个 1Gbit/s 和 10Gbit/s 的以太网口，支持 WDM 传输，与多种业务速率相兼容。

OLT 根据需要可以配置多块光线路卡，光线路卡与多个 ONU 通过分光器连接。OLT 的具体功能如下。

- 提供 EPON 与服务提供商核心网的数据、视频和语音网络的接口，具有复用/解复用功能。
- 光/电转换、电/光转换功能。
- 分配和控制信道的连接，并有实时监控、管理及维护功能。
- 可具有以太网交换机或路由器的功能。

OLT 的布放位置有以下 3 种方式。

- OLT 放置于局端中心机房（交换机房、数据机房等）：这种布放方式，OLT 的覆盖范围大，便于维护和管理，节省运维成本，利于资源共享。
- OLT 放置于远端中心机房：这种布放方式，OLT 的覆盖范围适中，便于操作和管理，同时兼顾容量和资源。
- OLT 放置于户外机房或小区机房：此种布放方式节省光纤，但管理和维护困难，OLT 的覆盖范围比较小，而且需要解决供电问题，一般不建议采用这种方式。

OLT 位置的选择主要取决于实际的应用场景，一般建议将 OLT 放置于局端中心机房。

② 分光器

分光器是光分配网络中的重要部件，作用是将 1 路光信号分为 N 路光信号（或反之）。分光器带有一个上行光接口，若干下行光接口。从上行光接口过来的光信号被分配到所有的下行光接口传输出去，从下行光接口过来的光信号被分配到唯一的上行光接口传输出去。

EPON 中，分光器的分光比（总分光比）规定为 1:8/1:16/1:32/1:64，即最大分光比是 1:64。在实际应用中，分光器的布放方式主要有以下两种。

- 一级分光：分光器采用一级分光时，PON 端口一次利用率高，易于维护，适用于需求密集的城镇，如大型住宅区或商业区。
- 二级分光：分光器采用二级分光时，分布较灵活，但故障点增加，维护成本高，典型应用于需求分散的城镇，如小型住宅区或中小城市。

③ ONU

ONU 放置在用户侧，其功能如下。

- 给用户提供数据、视频和语音与 PON 之间的接口（若用户业务为模拟信号，ONU 应具有模/数、数/模转换功能）。
- 光/电转换、电/光转换。
- 可提供以太网二层、三层交换功能：在中带宽和高带宽的 ONU 中，可实现成本低廉的以太网二层、三层交换功能。此类 ONU 可以通过层叠来为多个最终用户提供共享高带宽。在通信过程中，不需要协议转换，就可实现 ONU 对用户数据的透明传送。ONU 也支持其他传统的 TDM 协议，而且不增加设计和操作的复杂性。

④ EMS

EPON 中的 OLT 和所有 ONU 由 EMS 进行管理，管理功能包括故障管理、配置管理、计费管理、性能管理和安全管理。

（4）EPON 的工作原理及帧结构

EPON 采用 WDM 技术，实现单纤双向传输。使用两个波长时，下行（OLT 到 ONU）使用 1 510nm 波长，上行（ONU 到 OLT）使用 1 310nm 波长，用于分配数据、语音和 IP 交换式数字视频业务。使用 3 个波长时，下行使用 1 510nm 波长，上行使用 1 310nm 波长，增加一个下行 1 550nm 波长，携带下行 CATV 业务。

① 下行通信

EPON 下行采用时分复用+广播的传输方式，其传输原理如图 3-14 所示。

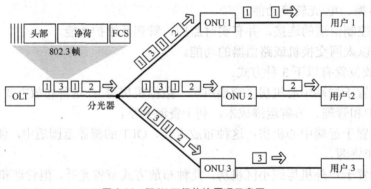

图 3-14　EPON 下行传输原理示意图

具体工作过程如下。

- OLT 首先将发给各个 ONU 的以太网 MAC 帧（电信号）进行时分复用封装为下行传输帧，然后调制一个光载波（1 510nm 波长）将其转换为光复用信号（电/光转换），并馈入光纤发给分光器。
- 分光器采用广播的方式将光复用信号发给所有的 ONU，各个 ONU 将光复用信号转换为电复用信号。ONU 如何从复用信号中识别哪个数据包是发给自己的呢？在 EPON 中，根据以太网 IEEE 802.3 标准，传输的是可变长度的数据包（以太网 MAC 帧），每个数据包带有一个 EPON 包头（逻辑链路标识 LLID），唯一标识该数据包是发给哪个 ONU 的（也可标识为广播数据包发给所有 ONU 或发给特定的 ONU 组）。各 ONU 可根据此标识（通过地址匹配）识别并接收发给它的数据包，丢弃发给其他 ONU 的数据包。

EPON 下行传输的数据流组成固定长度的帧，其帧结构如图 3-15 所示。

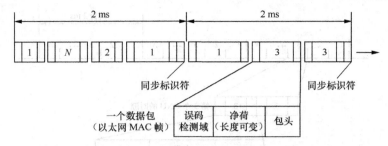

图 3-15　EPON 下行传输帧的结构

EPON 下行传输速率为 1.25Gbit/s，每帧帧长为 2ms，可以携带多个可变长度的数据包（以太网 MAC 帧）。含有同步标识符的时钟信息位于每帧的开头，用于 ONU 与 OLT 的同步，同步标识符占 1 字节。从图 3-15 中可以看出，下行传输的帧结构中包含的传给各 ONU 的数据包（即以太网 MAC 帧）没有顺序，而且长度也是可变的。

② 上行通信

EPON 中一个 OLT 携带多个 ONU，在上行传输方向，EPON 采用时分多址（Time Division Multiple Access，TDMA）接入方式。具体来说，就是每个 ONU 只能在 OLT 已分配的特定时隙中发送数据帧，而且每个特定时刻只能有一个 ONU 发送数据帧，否则，ONU 间将产生时隙冲突，导致 OLT 无法正确接收各个 ONU 的数据，所以要对 ONU 发送上行数据帧的时隙进行控制。每个 ONU 有一个时分多址控制器，它与 OLT 的定时信息一起，控制各 ONU 上行数据包的发送时刻，以避免复合时相互间发生碰撞和冲突。

EPON 上行传输原理如图 3-16 所示。

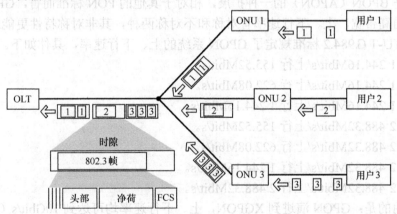

图 3-16　EPON 上行传输原理示意图

连接于分光器的各 ONU 将要发送的数据包（以太网 MAC 帧）分别转换为光信号，然后将上行数据流发送给分光器；经过分光器耦合到共用光纤，以 TDM 的方式复合成一个连续的数据流，此数据流组成上行帧，其帧长也是 2ms，每帧有一个帧头，表示该帧的开始。每帧进一步分割成可变长度的时隙，每个时隙分配给一个 ONU。EPON 上行帧结构如图 3-17 所示。

假设一个 OLT 携带 N 个 ONU，则在 EPON 的上行帧结构中会有 N 个时隙，每个 ONU 占用一个时隙，但时隙的长度并不是固定的，它是根据 ONU 发送的最长消息，也就是 ONU 要求的最大带宽和以太网 MAC 帧来确定的。ONU 可以在一个时隙内发送多个以太网 MAC 帧，图 3-17 中 ONU3 在它的时隙内发送 2 个可变长度的数据包（以太网 MAC 帧）和一些时隙开销。当 ONU 没有数据发送时，就用空闲字节填充自己的时隙。

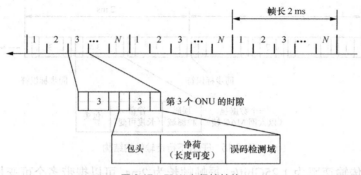

图 3-17 EPON 上行帧结构

ONU 至 OLT 的距离有长有短，最短的可以是几米，最长的可以达 20km。必须使每一个 ONU 的上行信号在分光器处汇合后，插入指定的时隙，彼此间既不发生碰撞，也不要间隔太大。所以，OLT 一定要准确地知道数据在 OLT 和每个 ONU 之间的传输往返时间 RTT（Round Trip Time），即 OLT 要不断地对每一个 ONU 与 OLT 的距离进行精确测定（即测距），以便控制每个 ONU 发送上行信号的时刻。

3. GPON

（1）GPON 的概念

在 2001 年 1 月左右，第一英里以太网联盟（Ethernet in the First Mile Alliance，EFMA）提出 EPON 概念的同时，全业务接入网络（Full-Services Access Network，FSAN）组织也开始进行 1Gbit/s 以上的 PON——GPON 标准的研究。

GPON 是 BPON（APON）的一种扩展，相对于其他的 PON 标准而言，GPON 标准提供了前所未有的高带宽，上、下行速率有对称和不对称两种，其非对称特性更能适应宽带数据业务市场。ITU-T G.984.2 标准规定了 GPON 系统的上、下行速率，具体如下。

- 下行 1 244.16Mbit/s/上行 155.52Mbit/s。
- 下行 1 244.16Mbit/s/上行 622.08Mbit/s。
- 下行 1 244.16Mbit/s/上行 1 244.16Mbit/s。
- 下行 2 488.32Mbit/s/上行 155.52Mbit/s。
- 下行 2 488.32Mbit/s/上行 622.08Mbit/s。
- 下行 2 488.32Mbit/s/上行 1 244.16Mbit/s。
- 下行 2 488.32Mbit/s/上行 2 488.32Mbit/s。

值得说明的是：GPON 演进到 XGPON，上、下行速率均可达到 10Gbit/s（FSAN 为此制定了相应的标准）。

与 EPON 直接采用以太网帧不同，GPON 标准规定了一种特殊的封装方法：GPON 封装方法（GPON Encapsulation Method，GEM）。GPON 可以同时承载 ATM 信元和（或）GEM 帧，有很好的提供服务等级、支持 QoS 保证和全业务接入的能力；在承载 GEM 帧时，可以将 TDM 业务映射到 GEM 帧中，使用标准的 8kHz（125μs）帧能够直接支持 TDM 业务。作为一种电信级的技术标准，GPON 还规定了在接入网层面上的保护机制和完整的 OAM 功能。

（2）GPON 的技术特点

① 业务支持能力强，具有全业务接入能力

相对 EPON 技术，GPON 更注重对多业务的支持能力。GPON 用户接口丰富，可以提供包括 64kbit/s 业务、E1 电路业务、ATM 业务、IP 业务和 CATV 等在内的全业务接入能力，是提供语音、数据和视频综合业务接入的理想技术。

② 可提供较高带宽和较远的覆盖距离

GPON 可以提供 1 244Mbit/s、2 488Mbit/s 的下行速率和 155Mbit/s、622Mbit/s、1 244Mbit/s 和 2 488Mbit/s 的上行速率，能灵活地提供对称和非对称速率。

此外，GPON 中的一个 OLT 可以支持最多 128 个 ONU，GPON 的逻辑传输距离最长可达到 60km。

③ 带宽分配灵活，有服务质量保证

与 EPON 一样，GPON 采用 DBA 算法可以灵活地调用带宽，而且能够保证各种不同类型和等级业务的服务质量。

④ 具有保护机制和 OAM 功能

GPON 具有保护机制和完整的 OAM 功能，另外 ODN 的无源特性减少了故障点，便于维护。

⑤ 安全性高

GPON 下行采用高级加密标准 AES 加密算法，对下行帧的负载部分进行加密，可以有效地防止下行数据被非法 ONU 截取。

⑥ 网络扩展容易，便于升级

GPON 的模块化程度高，对局端资源占用很少，树形拓扑结构使系统扩展容易。

⑦ 技术相对复杂，设备成本较高

GPON 承载有 QoS 保障的多业务和强大的 OAM 能力等优势在很大程度上是以技术和设备的复杂性为代价换来的，从而使得相关设备成本较高。但随着 GPON 技术的发展和大规模应用，GPON 设备的成本可能会相应地下降。

(3) GPON 的网络结构

GPON 与 EPON 相同，也是由 OLT、ONU、ODN 3 个部分组成的；GPON 可以灵活地组成树形、星形、总线型等拓扑结构，其中的典型结构为树形结构。

GPON 的工作原理与 EPON 一样，其设备功能与 EPON 类似，主要是帧结构、上下行速率有所不同。

(4) GPON 的设备功能

① OLT

OLT 位于局端，是整个 GPON 系统的核心部件，具体功能如下。
- 向上提供广域网接口（包括千兆以太网、ATM 和 DS-3 接口等）。
- 集中带宽分配、控制 ODN。
- 光/电转换、电/光转换。
- 实时监控、运行和维护管理功能。

② ONU

ONU 放置在用户侧，具体功能如下。
- 为用户提供 10/100 Base-T、T1/E1 和 DS-3 等应用接口。
- 光/电转换、电/光转换。
- 可以兼有适配功能。

③ ODN

ODN 是一个连接 OLT 和 ONU 的无源设备，其中最重要的部件是分光器，其作用与 EPON 中的一样。GPON 支持的分光比为 1：16、1：32、1：64、1：128。

（5）GPON 与 EPON 技术的比较

GPON 与 EPON 技术在几个主要方面的比较如表 3-1 所示。

表 3-1　　　　　　　　　　　　GPON 与 EPON 技术的比较

比较项目	EPON	GPON
TDM 支持能力	TDM over Ethernet	TDM over ATM/ TDM over Packet
下行速率（Mbit/s）	1250	1 244/2 488
上行速率（Mbit/s）	1250	155/622/1 244/2 488
最大分光比	1∶64	1∶128
最大传输距离（km）	20	60

① GPON 与 EPON 技术的相同部分如下。
- 系统构成相同：GPON 与 EPON 均由 OLT、ODN、ONU 3 部分构成，符合 G.985.1 标准的定义。
- 网络拓扑相同：GPON 与 EPON 都符合 G.985.1 定义的点对多点架构，网络拓扑可以是星形、树形或总线型。
- 网络保护方式相同：GPON 与 EPON 均可以做相关保护，可以采用相同的保护策略。
- 组网应用相同：GPON 与 EPON 均有 3 种应用类型：FTTC、FTTB、FTTH/FTTO。

② GPON 与 EPON 技术的主要不同部分如下。
- 上下行速率：GPON 定义了 7 种对称和不对称速率；EPON 只有一种对称速率。
- 技术实现复杂度：GPON 重新定义了自己的 GEM 帧结构，并定义了多种复用方式，技术实现较复杂；EPON 基于以太网，除了扩充定义多点控制协议外，没有改变以太网帧格式，技术实现简单。
- 业务承载能力：EPON 和 GPON 提供的业务可以是窄带业务、宽带业务。如果需要提供的业务都是 IP，或对 TDM 业务的要求不高，EPON 是最佳选择；如果要兼顾 IP 业务与 TDM 业务，尤其是对 TDM 业务有严格要求时，GPON 会更有优势。

3.2.3　FTTx+LAN 接入网

1. FTTx+LAN 接入网的概念

FTTx+LAN 接入网是指光纤加交换式以太网的方式（也称为以太网接入），可实现用户高速接入互联网，支持的应用类型有 FTTC、FTTB、FTTH，泛称为 FTTx。目前一般实现的是 FTTC 或 FTTB。

2. FTTx+LAN 接入网的网络结构

FTTx+LAN 接入网（以太网接入）的网络结构采用星形或树形，以接入宽带 IP 城域网的汇聚层为例，如图 3-18 所示（图中省略了以太网出口的相应设备）。

以太网接入的网络结构根据用户数量及经济情况等可以采用图 3-18（a）所示的一级接入或图 3-18（b）所示的二级接入。

图 3-18（a）所示的 FTTx+LAN 接入网，适合于小规模居民小区，交换机只有一级，可以采用以太网三层交换机或二层交换机（建议采用三层交换机）。以太网二/三层交换机上行与汇聚层节点利用光纤相连，速率一般为 100Mbit/s；下行与用户之间一般采用双绞线连接，速率一般为 10Mbit/s 或 100Mbit/s，若用户数超过交换机的端口数，可采用交换机级联方式。

图 3-18（b）所示的 FTTx+LAN 接入网，适合于中等或大规模居民小区，交换机分两级：

第一级交换机采用具有路由功能的三层交换机；第二级交换机采用二层交换机。

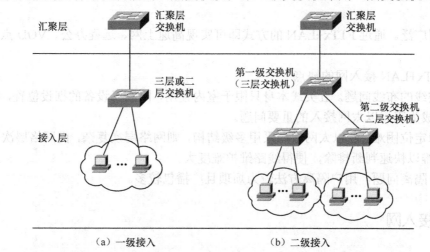

图 3-18 FTTx+LAN 接入网（以太网接入）的网络结构示意图

对于中等规模居民小区来说，三层交换机具备一个千兆或多个百兆上联光口，上行与汇聚层节点采用光纤相连（光口直连，电口经光电收发器连接）；三层交换机下联口既可以提供百兆/千兆电口（100m 以内），也可以提供百兆/千兆光口。下行与二层交换机相连时，若距离大于 100m，采用光纤；距离小于 100m，则采用双绞线。二层交换机与用户之间一般采用双绞线连接，速率一般为 10Mbit/s 或 100Mbit/s。

对于大规模居民小区来说，三层交换机具备多个千兆光口直联到宽带 IP 城域网汇聚层，下联口既可以提供百兆光口，也可以提供千兆光口。其他情况与中等规模居民小区相同。

3. FTTx+LAN 接入网的组网实例

FTTB+LAN 接入网的组网实例如图 3-19 所示。

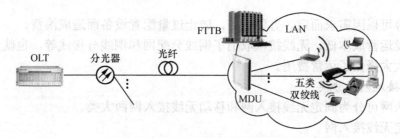

图 3-19 FTTB+LAN 接入网的组网实例

FTTB（光纤到大楼）+LAN 的组网方式是目前以太网接入的主要建设模式。局端部署 OLT，在楼内部署支持多用户的、内置以太网交换机功能和 IAD（综合接入设备）功能的 ONU（称为 MDU），MDU 通过五类双绞线等方式连接到用户。

FTTB+LAN 适合中小集团客户比较集中的商业楼宇和高档小区。

4. FTTx+LAN 接入网的优缺点

（1）FTTx+LAN 接入网的优点

① 高速传输。用户的上网速率目前为 10Mbit/s 或 100Mbit/s，以后根据用户需要升级。

② 网络可靠、稳定。各级交换机之间可以通过光纤相连，网络稳定性高、可靠性强。

③ 用户投资少、价格便宜。用户只需一台带有网络接口卡的 PC 即可上网。

④ 安装方便。小区、大厦、写字楼内采用综合布线，用户端采用五类网线方式接入，即插即用。

⑤ 应用广泛。通过 FTTx+LAN 的方式即可实现高速上网、远程办公、VOD 点播、VPN 等多种业务。

(2) FTTx+LAN 接入网的缺点

① 五类线的布线问题。五类线本身只限于室内使用，限制了设备的摆设位置，致使工程建设难度已成为阻碍以太网接入的重要问题。

② 故障定位困难。若以太网接入采用多级结构，则网络层次复杂，而网络层次多导致故障点增加且难以快速判断排除，使得线路维护难度大。

③ 用户隔离问题。用户隔离方法较为烦琐且广播包较多。

3.3 无线接入网

虽然有线接入网具有诸多优势，而且发展也较快，但是当遇到山地、港口和开阔地等特殊的地理位置和环境时，有线接入网存在着布线困难、施工周期长和后期维护不便等问题，而且不能适应终端的移动性。为了解决这些问题，无线接入网应运而生。

3.3.1 无线接入网的基本概念

1. 无线接入网的定义

无线接入网是指从业务节点接口到用户终端全部或部分采用无线方式，即利用卫星、微波及超短波等传输手段向用户提供各种电信业务的接入系统。

2. 无线接入网的优点

(1) 建网投资费用低，与有线网建设相比，省去了不少线路设备，而且网络设计灵活、安装迅速。

(2) 扩容可以因需求而定，方便快捷，防止过量配置设备而造成浪费。

(3) 开发运营成本低，无线接入取消了铜线分配网和铜线分接线等，也就无须配备维护人员，因而大大降低了运营费用。

3. 无线接入网的分类

无线接入网可分为固定无线接入网和移动无线接入网两大类。

(1) 固定无线接入网

固定无线接入网主要为固定位置的用户或仅在小区内移动的用户提供服务，其用户终端主要包括电话机、传真机或数据终端（如计算机）等。

固定无线接入网的实现方式主要包括直播卫星系统、多路多点分配业务系统、本地多点分配业务系统、无线局域网及 WiMAX 系统等。根据以上技术在我国的应用情况，我们将在 3.3.2 中对无线局域网进行展开说明。

(2) 移动无线接入网

移动无线接入网是为移动体用户提供各种电信业务。由于移动接入网服务的用户是移动的，因而其网络组成要比固定网复杂，需要增加相应的设备和软件等。

实现移动无线接入的方式有许多种类，如蜂窝移动通信系统、卫星移动通信系统及 WiMAX 系统等。

值得说明的是，WiMAX 系统既可以提供固定无线接入，也可以提供移动无线接入。

3.3.2 无线局域网

无线局域网是近些年来推出的一种新的宽带无线接入技术。

1. 定义

无线局域网是无线通信技术与计算机网络相结合的产物，一般来说，凡是采用无线传输介质的计算机局域网都可称为无线局域网，即利用无线电波或红外线在一个有限地域范围内的工作站之间进行数据传输的通信系统。

一个无线局域网可当成有线局域网的扩展来使用，也可以独立地作为有线局域网的替代设施。

无线局域网标准有最早制定的 IEEE 802.11 标准、后来扩展的 802.11a 标准、802.11b 标准、802.11g 及 802.11n 标准等（后述）。

2. 分类

根据无线局域网采用的传输媒体来分类，无线局域网主要有采用无线电波的无线局域网和采用红外线的无线局域网两种。

（1）采用无线电波（微波）的无线局域网

采用无线电波为传输媒体的无线局域网按照调制方式不同，又可分为窄带调制方式与扩展频谱方式。

（2）基于红外线的无线局域网

基于红外线（Infrared，IR）的无线局域网技术的软件和硬件技术都已经比较成熟，具有传输速率较高、移动通信设备所必需的体积小和功率低、无须专门申请特定频率的使用执照等主要技术优势。

红外线是一种视距传输技术，这在两个设备之间是容易实现的，但多个电子设备间就必须调整彼此的位置和角度等。另外，红外线对非透明物体的透过性极差，这导致传输距离受限。

目前一般用得比较多的是采用无线电波的基于扩展频谱方式的无线局域网。

3. 拓扑结构

无线局域网的拓扑结构可以归结为两类：一类是自组网拓扑；另一类是基础结构拓扑。

不同的拓扑结构，我们用服务集（Service Set）对其进行描述，也就是用服务集来描述一个可操作的完全无线局域网的基本组成，在服务集中需要采用服务集标识（Service Set Identification，SSID）作为无线局域网一个网络名，它由区分大小写的 232 个字符长度组成，包括文字和数字的值。

（1）自组网拓扑网络

自组网拓扑（或者称无中心拓扑）网络由无线客户端设备组成，它覆盖的服务区称为独立基本服务集（Independent Basic Service Set，IBSS）。

IBSS 是一个独立的 BSS，它没有接入点作为连接的中心。这种网络又叫对等网或者非结构组网。

（2）基础结构拓扑网络

基础结构拓扑（有中心拓扑）网络由无线基站、无线客户端组成，覆盖的区域分基本服务集和扩展服务集。

这种拓扑结构要求一个无线基站充当中心站，网络中所有站点对网络的访问和通信均由它控制。由于每个站点在中心站覆盖范围之内就可与其他站点通信，所以在无线局域网的构建过程中站点布局受环境限制相对较小。

位于中心的无线基站称为无线接入点（Access Point，AP），它是实现无线局域网接入有线局域网的一个逻辑接入点，其主要作用是将无线局域网的数据帧转化为有线局域网的数据帧，如以太网帧。

这种基础结构拓扑网络的无线局域网的弱点是抗毁性差，中心点的故障容易导致整个网络瘫痪，并且中心站点的引入增加了网络成本。

4. 频段分配

无线局域网采用微波和红外线作为其传输介质，它们都属于电磁波的范畴，图 3-20 示出了频率由低到高的电磁波的种类和名称。

由图可见，红外线的频谱位于可见光和微波之间，频率极高，波长范围为 0.75μm～1 000μm，在空间传播时，传输质量受距离的影响非常大。作为无线局域网的一种传输介质，国家无线电委员会不对它加以限制，其主要优点是不受微波电磁干扰的影响，但由于它对非透明物体的穿透性极差，从而导致其应用受到限制。

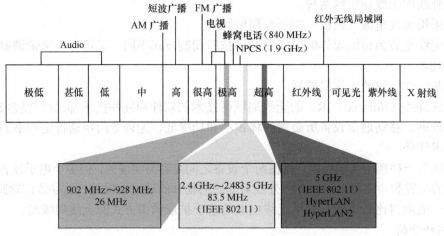

图 3-20 无线局域网频段

微波频段范围很宽，图 3-20 中从高到超高都属于微波频段，这一波段又划分为若干频段，它们对应不同的应用，有的用于广播，有的用于电视，有的用于移动电话，无线局域网则选用其中的 ISM（工业、科学、医学）频段，它包含 3 个频段：工业用频段（900MHz）、科学研究用频段（2.4GHz）、医疗用频段（5GHz）。无线局域网使用的频段在科学研究和医疗频段范围内，这些频段在各个国家的无线管理机构中，如美国的 FCC、欧洲的 ETSI 都无须注册即可使用，但要求功率不能超过1W。

5. 无线局域网的标准

IEEE 制定的第一个无线局域网的标准是 802.11，于 1997 年 11 月 26 日正式发布。承袭 IEEE 802 系列，802.11 规范了无线局域网络的媒体访问控制（Medium Access Control，MAC）层与物理（Physical，PHY）层。

2000 年 8 月，802.11 标准得到了进一步的完善和修订，并成为 IEEE/ANSI 和 ISO/IEC 的一个联合标准。这次 802.11 标准的修订内容包括用一个基于 SNMP 的 MIB 来取代原来基于 OSI 协议的 MIB。另外，还增加了两项新内容：IEEE 802.11a 和 IEEE 802.11b。

之后，IEEE 又陆续颁布了 IEEE 802.11g、IEEE 802.11n 等。

(1) IEEE 802.11 标准系列的分层模型

IEEE 802.11 标准系列的分层模型包含 MAC 层和物理层,如图 3-21 所示。

(2) IEEE 802.11 标准系列中的 MAC 层

① MAC 层结构

IEEE 802.11 的 MAC 层包括两个子层:分布协调功能(Distributed Coordination Function,DCF)子层和点协调功能(Point Coordination Function,PCF)子层。

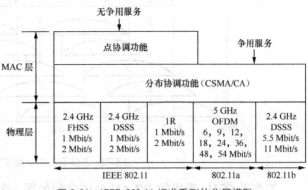

图 3-21 IEEE 802.11 标准系列的分层模型

- DCF 子层:DCF 子层向上提供争用服务,其功能是在每一个站点使用 CSMA 机制的分布式接入算法,让各个工作站通过争用信道来获取发送信号权。

- PCF 子层:PCF 子层的功能是使用集中控制的接入算法将发送信号权轮流分配给各个工作站,从而避免了碰撞的产生。PCF 是非必选项,自组网络就没有 PCF 子层。

② 冲突检测

无线局域网中的 CSMA/CA 协议的使用与以太网略有区别,冲突检测方式与以太网标准中使用的带冲突检测的载波侦听多路访问(Carrier Sense Multiple Access with Collision Detection,CSMA/CD)协议方式不同。

为降低发生冲突的概率,IEEE 802.11 标准还采用了一种称为虚拟载波侦听(Virtual Carrier Sense,VCS)的机制。

VCS 就是让源站将它要占用信道的时间(包括目的站发回确认帧所需的时间)通知给所有其他站,以便使其他所有站在这一段时间内都停止发送数据。这样做便可减少碰撞的机会。之所以称为"虚拟载波监听"是因为其他站并没有真正监听信道,只是因为收到了"源站的通知"才不发送数据,起到的效果就好像是其他站都监听了信道。

需要指出的是,采用 VCS 技术,减少了发生碰撞的可能性,但并不能完全消除现象。

(3) IEEE 802.11 标准系列中的物理层

① IEEE 802.11 物理层

IEEE 802.11 物理层标准定义了使用红外线技术、跳频扩频和直接序列扩频技术,工作在 2.4GHz ISM 频段内,数据传输速率为 1Mbit/s 和 2Mbit/s,是无线局域网的全球统一标准。IEEE 802.11 标准的物理层有 3 种实现方法:直接序列扩频、跳频扩频、红外线技术。

② IEEE 802.11b 物理层

IEEE 802.11b 的物理层工作在 2.4GHz 频段,图 3-22 所示为其信道分配。

由图可见,在 2.4GHz~2.483 5GHz 频段共配置了 13 个信道,其中最常用的互不重叠频道是 1、6、11 频道,每个频道的带宽为 20MHz。

IEEE 802.11b 的物理层具有支持多种数据传输速率的能力和动态速率调节技术,具体支持的速率有 1Mbit/s、2Mbit/s、5.5Mbit/s 和 11Mbit/s 4 个等级。

③ IEEE 802.11a 物理层

IEEE 802.11a 的物理层工作在 5GHz 频段。与 2.4GHz 频段相比,5GHz 频段可提供大容量传输带宽,并且干扰较少。

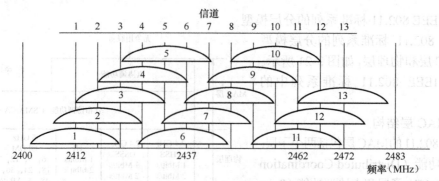

图 3-22 工作于 2.4GHz 频段的 WLAN 信道分配

工作于 5GHz 频段的 WLAN 信道分配如图 3-23 所示。

图 3-23 工作于 5GHz 频段的 WLAN 信道分配

在 5GHz 频段互不重叠的信道有 12 个,一般配置 13 或 19 个频道,每个频道的带宽为 20MHz。IEEE 802.11a 标准使用正交频分复用(OFDM)技术。IEEE 802.11a 标准定义了 OFDM 物理层的应用,数据传输率为 6、9、12、18、24、36、48 和 54Mbit/s。6Mbit/s 和 9Mbit/s 使用 DBPSK 调制,12Mbit/s 和 18Mbit/s 使用 DQPSK 调制,24Mbit/s 和 36Mbit/s 使用 16-QAM 调制,48Mbit/s 和 54Mbit/s 使用 64-QAM 调制。

④ IEEE 802.11g 物理层

IEEE 802.11g 其实是一种混合标准,既能适应传统的 802.11b 标准,在 2.4GHz 频率下提供每秒 11Mbit/s 的数据传输率,也符合 802.11a 标准在 5GHz 频率下提供 54Mbit/s 的数据传输率,但通常 802.11g 工作在 2.4GHz 频段。此外,802.11g 标准比 802.11a 标准的覆盖范围更大,所需要的接入点较少。

⑤ IEEE 802.11n 标准的物理层

IEEE 802.11n 协议为双频工作模式,包含 2.4GHz 和 5GHz 两个工作频段,因此使 802.11n 保证了与以往的 802.11a、b、g 标准兼容。

IEEE 802.11n 采用了多入多出(Multiple Input Multiple Output,MIMO)技术,通过在发送端和接收端设置多副天线,使得在不增加系统带宽的情况下能够大幅提高通信容量和频谱利用率。

802.11n 采用 MIMO 与 OFDM 技术相结合,使传输速率成倍提高,最高速率可达 300Mbit/s~600Mbit/s;同时还使无线局域网的传输距离大大增加,在保证 100Mbit/s 的传输速率下可达到几千米;802.11n 还全面改进了 802.11 标准,不仅涉及物理层标准,同时也采用新的高性能无线传输技术提升 MAC 层的性能,优化数据帧结构,提高网络的吞吐量性能。

IEEE 802.11n 标准还提出了软件无线电技术,该技术是指一个硬件平台通过编程可以实现不同的功能,其中不同系统的 AP 和无线终端都可以由建立在相同硬件基础上的不同软件来实现,从而实现了不同无线标准、不同工作频段、不同调制方式的系统兼容。

⑥ IEEE 802.11 其他协议标准

IEEE 802.11 标准工作组还制定了其他一些协议标准。

• IEEE 802.11d 标准。IEEE 802.11d 标准是 IEEE 802.11b 标准的不同频率版本，主要为不能使用 IEEE 802.11b 标准频段的国家而制定。

• IEEE 802.11e 标准。IEEE 802.11e 标准在无线局域网中引入服务质量 QoS 的功能，为重要的数据增加额外的纠错保障，能够支持多媒体数据的传输。

• IEEE 802.11f 标准。IEEE 802.11f 标准的目的是改善 IEEE 802.11 的切换机制。

• IEEE 802.11h 标准。IEEE 802.11h 标准主要用于 IEEE 802.11a 的频谱管理技术，引入了两项关键技术：动态信道选择（Dynamic Channel Selection，DCS）和发射功率控制（Transmission Power Control，TPC）。

DCS 是一种检测机制，当一台无线设备检测到其他设备使用了相同的无线信道的，它可以根据需要转换到其他信道，从而避免了相互干扰。

• IEEE 802.11i 标准。IEEE 802.11i 标准的目的是增强网络安全性。IEEE 802.11i 标准定义了临时密钥完整性协议、计数器模式/CBC-MAC 协议和无线鲁棒认证协议 3 种数据加密机制，并使用 IEEE 802.1x 认证和密钥管理方式。

6. 硬件设备

无线局域网的硬件设备包括无线接入点（Access Point，AP）、LAN 适配卡、网桥和路由器。

（1）无线接入点（AP）

一个无线接入点实际上就是一个二端口网桥，这种网桥能把数据从有线网络中继转发到无线网络，也能把数据从无线网络中继转发到有线网络。因此，一个接入点为在地理覆盖范围内的无线设备和有线局域网之间提供了双向中继能力，即无线接入点的作用是提供 WLAN 中无线工作站对有线局域网的访问以及其覆盖范围内各无线工作站之间的互通。其具体功能如下。

• 管理其覆盖范围内的移动终端，实现终端的联结、认证等处理。
• 实现有线局域网和无线局域网之间帧格式的转换。
• 调制、解调功能。
• 对信息进行加密和解密。
• 对移动终端在各小区间的漫游实现切换管理，并具有操作和性能的透明性。

无线局域网接入点可以提供与 Internet 10Mbit/s 的连接、10Mbit/s 或 100Mbit/s 自适应的连接、10Base-T 集线器端口的连接或 10Mbit/s 与 100Mbit/s 双速的集线器或交换机端口的连接。

接入点实际可支持的客户端数与该接入点所服务的客户端的具体要求有关。如果客户端要求较高水平的有线局域网接入，那么一个接入点一般可容纳 10~20 个客户端站点；如果客户端要求低水平的有线局域网接入，则一个接入点有可能支持多达 50 个客户端站点，并且还可能支持一些附加客户。另外，在某个区域内由某个接入点服务的客户分布以及无线信号是否存在障碍，也控制了该接入点的客户端支持。

因为无线局域网的传输功率显著低于移动电话的传输功率，所以一个无线局域网站点的发送距离只是一个蜂窝电话可达传输距离的一小部分。实际的传输距离与所采用的传输方法、客户与接入点间的障碍有关。在一个典型的办公室或家庭环境中，大部分接入点的传输距离约为 30~60m（室内）。

前面提到过，无线接入点（也叫无线基站）是实现无线局域网接入有线局域网的一个逻辑接入点。网络中所有站点对网络的访问和通信均由它控制，它可将无线局域网的数据帧转化为有线局域网的数据帧。

无线 AP 的覆盖范围是一个圆形区域,基于 IEEE 802.11b/g 协议的 AP 的覆盖范围为室内 100m、室外 300m,若考虑障碍物,如墙体材料、玻璃、木板等的影响,通常实际使用范围为室内 30m、室外 100m。

(2) 无线局域网网卡

无线局域网网卡是一个安装在台式机和笔记本电脑上的收发器。通过使用一个无线局域网网卡,台式机和笔记本电脑便可具有一个无线网络节点的性能。

无线局域网网卡有以下两种。

- 只支持某一种标准的无线网卡。
- 同时支持多种无线通信标准的网卡,即多模无线网卡,如能够同时支持 802.11b/a 的双模无线网卡、能够同时支持 802.11b/g/a 的三模无线网卡或者能同时支持移动通信标准 CDMA 和 WLAN 的双模无线网卡等。

无线网卡由硬件和软件两部分组成,完成无线网络通信的功能。

无线网卡一般通过总线接口与终端设备交换数据,总线接口有不同种类,主要有 PCI、PCMCIA、USB、MiniPCI 等形式。其中,在台式机上安装的无线网卡主要采用 PCI 总线形式;PCMCIA 形式的无线网卡则主要应用于笔记本电脑,它是无线网卡的主要接口形式,但与台式机不兼容;USB 网卡则与台式机和笔记本电脑都兼容,增加了灵活性,只是价格较高;MiniPCI 形式的无线网卡则被安装到笔记本电脑内部的 MiniPCI 插槽上,非常轻便,但是接收信号的能力较弱。不同形式的无线网卡可以通过各种转换器转换成其他形式的无线网卡。

(3) 无线网桥

无线网桥是一种在两个传统有线局域网间通过无线传输实现互连的设备。大多数有线网桥仅仅支持一个有限的传输距离。因此,如果某个单位需要互连两个地域上分离的 LAN 网段,可使用无线网桥。

图 3-24 所示是使用无线网桥互连两个有线局域网的示意图。一个无线网桥有两个端口,一个端口通过电缆连接到一个有线局域网,而第 2 个端口可以认为是其天线,提供一个 RF 频率通信的能力。

无线网桥的工作原理与有线网中的网桥相似,其主要功能也是扩散、过滤和转发等。

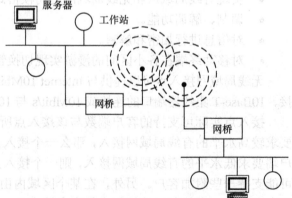

图 3-24 使用无线网桥互连两个有线局域网

(4) 无线路由器/网关

许多台移动计算机可通过一个无线路由器或网关,再利用有线连接,如 DSL 或 Cable Modem 等接入到 Internet 或其他网络。

无线路由器或网关客户端提供服务的方式有两种:一种是无线路由器或网关只支持无线连接;另一种既可支持有线连接又可支持无线连接。图 3-25 显示了两种类型的无线路由器/网关设备。

图 3-25 (a) 所示只支持无线连接的路由器/网关。一个仅支持无线通信的无线路由器或网关

一般包括一个 USB 或 RS-232 配置端口。图 3-25（b）所示为一个支持有线和无线连接的路由器或网关。这种路由器或网关一般都包括一个嵌入到设备内部的有线集线器或微型 LAN 交换机。

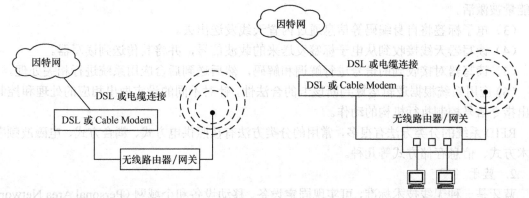

（a）使用权限于支持无线工作站的无线路由器或网关　　　（b）使用支持无线、有线工作站的无线路由器或网关

图 3-25　两种类型的无线路由器/网关设备

3.3.3　其他无线接入技术

1. RFID

RFID 系统是一种非接触式的自动识别系统，通过射频无线信号自动识别目标对象，并获取相关数据。RFID 系统以电子标签来标识某个对象，电子标签通过无线电波与读写器进行数据交换，读写器可将主机命令传达到电子标签，再把电子标签返回的数据传达到主机，主机的数据交换与管理系统负责完成电子标签数据的存储、管理和控制。

典型的 RFID 系统主要由电子标签、读写器、RFID 中间件和应用系统软件 4 部分构成。一般又将中间件和应用软件统称为主机系统。图 3-26 所示为 RFID 系统的构成。

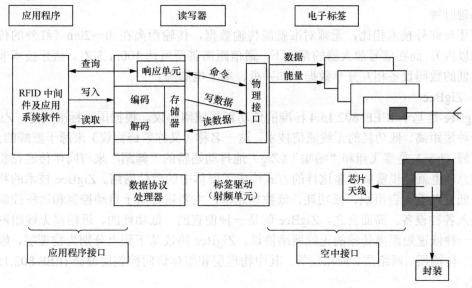

图 3-26　RFID 系统的构成

RFID 利用无线射频方式，在读写器和电子标签之间进行非接触式双向数据传输，以达到目标识别和数据交换的目的。RFID 系统的工作流程如下。

(1) 读写器通过发射天线发送一定频率的射频信号。

(2) 当电子标签进入读写器天线工作区域时，电子标签天线产生感应电流，电子标签获得能量被激活。

(3) 电子标签将自身编码等信息通过内置天线发送出去。

(4) 读写器天线接收到从电子标签发送来的载波信号，并将其传送到读写器。

(5) 读写器对接收到的信号进行解调和解码，然后送到后台应用系统进行相关处理。

(6) 应用系统根据逻辑运算判断该卡的合法性，针对不同的设定做出相应的处理和控制，发出指令信号控制执行机构的动作。

RFID 系统的分类方法有很多，常用的分类方法有按照供电方式、耦合方式、电磁波频率、技术方式、信息存储方式等几种。

2. 蓝牙

蓝牙是一种无线技术标准，可实现固定设备、移动设备和个域网（Personal Area Network）之间的短距离数据交换。蓝牙使用 2.4GHz~2.485GHz 的 ISM 波段的 UHF 无线电波，这是全球范围内无须取得执照（但并非无管制的）的工业、科学和医疗用（ISM）波段的 2.4GHz 短距离无线电频段。

蓝牙技术最初由电信巨头爱立信公司于 1994 年创制，当时是作为 RS232 数据线的替代方案。蓝牙可连接多个设备，克服了数据同步的难题。

蓝牙使用跳频技术，将传输的数据分割成数据包，通过 79 个指定的蓝牙频道分别传输数据包。每个频道的频宽为 1MHz。蓝牙 4.0 使用 2MHz 间距，可容纳 40 个频道。第一个频道始于 2 402MHz，每 1MHz 一个频道，至 2 480MHz，具有适配跳频（Adaptive Frequency-Hopping，AFH）的抗干扰功能，通常每秒跳 1 600 次。

蓝牙是基于数据包、有着主从架构的协议。一个主设备至多可和同一微微网中的 7 个从设备通信。所有设备共享主设备的时钟。分组交换基于主设备定义的、以 312.5μs 为间隔运行的基础时钟。

蓝牙与红外技术相比，无须对准就能传输数据，传输距离在 0~20m（红外的传输距离在几米以内）。而在信号放大器的帮助下，通信距离甚至可达 100m 左右。蓝牙技术非常适合耗电量低的数码设备相互分享数据，如手机、掌上电脑等。

3. ZigBee

ZigBee 是基于 IEEE 802.15.4 标准的低功耗局域网协议。根据国际标准规定，ZigBee 技术是一种短距离、低功耗的无线通信技术。这一名称（又称紫蜂协议）来源于蜜蜂的八字舞，由于蜜蜂（bee）是靠飞翔和"嗡嗡"（Zig）地抖动翅膀的"舞蹈"来与同伴传递花粉所在的方位信息，也就是说蜜蜂依靠这样的方式构成了群体中的通信网络。ZigBee 技术的特点是近距离、低复杂度、自组织、低功耗、低数据速率，主要适合用于自动控制和远程控制领域，可以嵌入各种设备。简而言之，ZigBee 就是一种便宜的、低功耗的、近距离无线组网通信技术，是一种低速短距离传输的无线网络协议。ZigBee 协议从下到上分别为物理层、媒体访问控制层、传输层、网络层、应用层等。其中物理层和媒体访问控制层遵循 IEEE 802.15.4 标准的规定。

ZigBee 是一个由可多到 65 000 个无线数传模块组成的一个无线数传网络平台，在整个网络范围内，每一个 ZigBee 网络数传模块之间可以相互通信，每个网络节点间的距离可以从标准的 75m 无限扩展。ZigBee 网络的结构如图 3-27 所示。

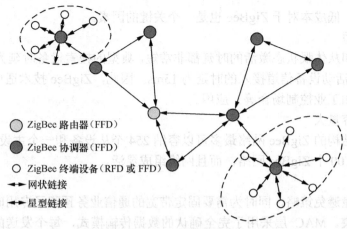

图 3-27 ZigBee 网络的结构

ZigBee 技术采用自组织网。举一个简单的例子就可以说明这个问题,当一队伞兵空降后,每人持有一个 ZigBee 网络模块终端,降落到地面后,只要他们彼此间在网络模块的通信范围内,通过彼此自动寻找,很快就可以形成一个互联互通的 ZigBee 网络。而且,由于人员的移动,彼此间的联络还会发生变化。因而,模块还可以通过重新寻找通信对象,确定彼此间的联络,对原有网络进行刷新。这就是自组织网。

ZigBee 技术采用动态路由方式,即网络中数据传输的路径并不是预先设定的,而是传输数据前,通过对网络当时可利用的所有路径进行搜索,分析它们的位置关系以及远近,然后选择其中的一条路径进行数据传输。在我们的网络管理软件中,路径的选择使用的是"梯度法",即先选择路径最近的一条通道进行传输,如传不通,再使用另外一条稍远一点的通路进行传输,以此类推,直到数据送达目的地为止。在实际应用现场,预先确定的传输路径随时都可能发生变化,或者因各种原因路径被中断了,或者过于繁忙不能进行及时传送。动态路由结合网状拓扑结构,就可以很好地解决这个问题,从而保证数据的可靠传输。

与移动通信网不同,ZigBee 网络主要是为应用现场自动化控制数据传输而建立的,因而,它必须具有简单、使用方便、工作可靠、价格低的特点。而现代移动通信网主要是为语音和数据(含高速数据)通信而建立的,每个基站价值一般都在百万元人民币以上,而每个 ZigBee "基站"却不到 1 000 元人民币。每个 ZigBee 网络节点不仅本身可以作为监控对象(如其所连接的传感器直接进行数据采集和监控),还可以自动中转别的网络节点传过来的数据资料。除此之外,每一个 ZigBee 网络节点还可在自己信号覆盖的范围内,和多个不承担网络信息中转任务的孤立的子节点无线连接。

ZigBee 网络可工作在 2.4GHz(全球流行)、868MHz(欧洲流行)和 915MHz(美国流行)3 个频段上,分别具有最高 250kbit/s、20kbit/s 和 40kbit/s 的传输速率,它的传输距离在 10~75m 的范围内,但可以继续增加。作为一种无线通信技术,ZigBee 具有如下特点。

(1) 低功耗

由于 ZigBee 的传输速率低,发射功率仅为 1mW,而且采用了休眠模式,功耗低,因此 ZigBee 设备非常省电。据估算,ZigBee 设备仅靠两节 5 号电池就可以维持长达 6 个月到 2 年的使用时间,这是其他无线设备望尘莫及的。

(2) 成本低

ZigBee 模块的初始成本在 6 美元左右,很快就降到了 1.5~2.5 美元,并且 ZigBee 协议是免专利费的。低成本对于 ZigBee 也是一个关键的因素。

(3) 时延短

通信时延和从休眠状态激活的时延都非常短，典型的搜索设备时延为 30ms，休眠激活的时延是 15ms，活动设备信道接入的时延为 15ms。因此，ZigBee 技术适用于对时延要求苛刻的无线控制（如工业控制场合等）应用。

(4) 网络容量大

一个星形结构的 ZigBee 网络最多可以容纳 254 个从设备和一个主设备，一个区域内可以同时存在最多 100 个 ZigBee 网络，而且网络组成灵活。

(5) 可靠

采取了碰撞避免策略，同时为需要固定带宽的通信业务预留了专用时隙，避开了发送数据的竞争和冲突。MAC 层采用了完全确认的数据传输模式，每个发送的数据包都必须等待接收方的确认信息。如果传输过程中出现问题可以进行重发。

(6) 安全

ZigBee 提供了基于循环冗余校验的数据包完整性检查功能，支持鉴权和认证，采用了 AES-128 的加密算法，各个应用可以灵活确定其安全属性。

随着物联网的快速发展，ZigBee 技术在智能电网、智能交通、智能家居、金融、移动 POS 终端、供应链自动化、工业自动化、智能建筑、消防、公共安全、环境保护、气象、数字化医疗、遥感勘测、农业、林业、水务、煤矿、石化等领域广泛应用。

4. Home RF 接入技术

Home RF 无线标准是由 Home RF 工作组开发的开放性行业标准，目的是在家庭范围内使计算机与其他电子设备之间实现无线通信。

Home RF 由微软、英特尔、惠普、摩托罗拉和康伯等公司提出，使用开放的 2.4GHz 频段，采用跳频扩频技术，跳频速率为 50 跳/秒，共有 75 个宽带为 1MHz 的跳频信道。Home RF 基于共享无线接入协议（Shared Wireless Access Protocol，SWAP）。SWAP 使用 TDMA+CSMA/CA 方式，适合语音和数据业务。在进行语音通信时，它采用数字增强无绳电话（DECT）标准，DECT 使用 TDMA 技术，适合于传送交互式语音和其他时间敏感性业务。在进行数据通信时它采用 IEEE 802.11 的 CSMA/CA，CSMA/CA 适合于传送高速分组数据。Home RF 的最大功率为 100mW，有效范围为 50m。调制方式分为 2FSK 和 4FSK 两种，在 2FSK 方式下，最大的数据传输速率为 1Mbit/s；在 4FSK 方式下，速率可达 2Mbit/s。

Home RF 的特点是安全可靠、成本低廉、简单易行、不受墙壁和楼层的影响、传输交互式语音数据采用 TDMA 技术、传输高速数据分组则采用 CSMA/CA 技术、无线电干扰影响小、支持流媒体。

5. UWB 接入技术

超宽带（Ultra Wideband，UWB）是一种无载波通信技术，利用纳秒至微微秒级的非正弦波窄脉冲传输数据。UWB 不用载波，而采用时间间隔极短（小于 1ns）的脉冲进行通信的方式。UWB 调制采用脉冲宽度在 ns 级的快速上升和下降脉冲，脉冲覆盖的频谱从直流至 GHz，不需常规窄带调制所需的 RF 频率变换，脉冲成型后可直接送至天线发射。脉冲峰峰时间间隔在 10～100ps 级。频谱形状可通过甚窄持续单脉冲形状和天线负载特征来调整。UWB 信号在时间轴上是稀疏分布的，其功率谱密度相当低，RF 可同时发射多个 UWB 信号。UWB 的时域和频率域特性如图 3-28 所示。

这种通信方式占用带宽非常宽，且由于频谱的功率密度极小，它具有通常扩频通信的特点。UWB 通过在较宽的频谱上传送极低功率的信号，能在 10m 左右的范围内实现数百 Mbit/s 至数 Gbit/s 的数据传输速率。UWB 具有抗干扰性能强、传输速率高、带宽极宽、消耗电能小、发送功率小等诸多优势，主要应用于室内通信、

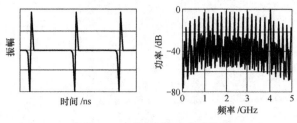

图 3-28　UWB 的时域和频率域特性

高速无线 LAN、家庭网络、无绳电话、安全检测、位置测定、雷达等领域。

6．IrDA 红外接入技术

IrDA 是红外数据组织的简称，目前广泛采用的 IrDA 红外接入技术就是由该组织提出的。到目前为止，全球采用 IrDA 技术的设备超过了 5 000 万部。IrDA 已经制定出物理介质和协议层规格，以及两个支持 IrDA 标准的设备可以相互监测对方并交换数据。初始的 IrDA1.0 标准制定了一个串行、半双工的同步系统，传输速率为 2 400bit/s～115 200bit/s，传输范围为 1m，传输半角度为 15°～30°。最近，IrDA 扩展了其物理层规格使数据传输率提升到 4Mbit/s。PXA27x 就是使用了这种扩展了的物理层规格。

IrDA 数据协议由物理层、链路接入层和链路管理层 3 个基本层协议组成。

IrDA 红外串行物理层协议：IrPHY 定义了 4Mb/s 以下速率的半双工连接标准。在 IrDA 物理层中，将数据通信按发送速率分为 3 类：SIR、MIR 和 FIR。串行红外的速率覆盖了 RS-232 端口通常支持的速率（9 600bit/s～115.2kbit/s）；MIR 可支持 0.576Mbit/s 和 1.152Mbit/s 的速率；高速红外通常用于 4Mbit/s 的速率，有时也可用于高于 SIR 的所有速率。4Mbit/s 连接使用 4PPM 编码，1.152Mbit/s 连接使用归零 OOK 编码，编码脉冲的占空比为 0.25。115.2kbit/s 以及以下速率的连接使用占空比为 0.187 5 的归零 OOK 编码。

IrLAP 红外链路接入协议：IrLAP 定义了链路初始化、设备地址发现、建立连接、数据交换、切断连接、链路关闭以及地址冲突解决等操作过程。

IrLMP 红外链路管理协议：IrLMP 是 IrLAP 之上的一层链路管理协议，主要用于管理 IrLAP 所提供的链路连接中的链路功能和应用程序以及评估设备上的服务，并管理如数据速率、BOF 的数量（帧的开始）及连接转换向时间等参数的协调、数据的纠错传输等。

7．可见光接入技术

电磁波谱的可见光区波长范围为 0.38μm～0.76μm。可见光通信技术是指利用可见光波段的光作为信息载体，无须光纤等有线信道的传输介质，在空气中直接传输光信号的通信方式。

可见光通信技术是利用荧光灯或发光二极管等发出的肉眼看不到的高速明暗闪烁信号来传输信息的。将要传输的信号连接在照明装置上，在接收端前端加一个光电转换装置，插入电源插头驱动照明装置工作即可使用。利用这种技术做成的系统可实现在室内照明的同时进行信息传输，因而具有广泛的开发前景。

可见光通信技术绿色低碳，可实现近乎零耗能的通信，还可有效地避免无线电通信电磁信号泄露等问题，快速构建抗干扰、抗截获的安全信息空间。

未来，可见光通信也将与 Wi-Fi、蜂窝网络（3G、4G 甚至 5G）等通信技术交互融合，在物联网、智慧城市（家庭）、航空、航海、地铁、高铁、室内导航和井下作业等领域带来创新应用和价值体验。

第 4 章 互联网

互联网（Internet）是指通过 TCP/IP 将世界各地的网络连接起来实现资源共享，提供各种应用服务的全球性计算机网络。互联网起于信息，基于计算机网络技术，创造了互联网产业，深刻地改变了社会的方方面面。

本章的内容包括计算机网络基础、互联网、计算机网络编程基础、互联网应用技术的相关内容。

4.1 计算机网络基础

4.1.1 计算机网络的基本概念

1. 计算机网络的基本定义

计算机网络是将若干台具有独立功能的计算机通过通信设备及传输媒体互连起来，在操作系统和网络协议等软件的支持下，实现计算机之间信息传输与交换的系统。计算机网络的发展与现代计算机技术和通信技术的发展密不可分，通信网络为计算机之间的信息传送与交换提供了必要手段，同时由于计算机技术的渗透，通信网络的诸多性能得到不断提高。

2. 计算机网络的主要功能

计算机网络向用户提供的最主要的功能是资源共享和数据传输。资源共享包括硬件共享、软件共享和信息共享。

（1）资源共享。资源共享包括计算机资源共享以及通信资源共享。计算机资源主要指计算机的硬件、软件和数据信息资源。资源共享功能使得网络用户可以克服地理位置的差异性，共享网络中的计算机资源，以达到提高硬件、软件的利用率和充分利用信息资源的目的。

（2）数据传输。计算机网络提供网络用户之间、各个处理器之间以及用户与处理器之间的通信，这是资源共享的基础。用户可以通过网络传送电子邮件，发布新闻消息，进行文件传输、语音通信、视频会议等，这极大地方便了用户，提高了工作效率。

除了上述主要功能之外，计算机网络还可以实现集中管理、分布式处理和负载均衡等其他功能。

3. 计算机网络的组成

计算机网络通常由资源子网和通信子网组成。

（1）资源子网。资源子网负责全网的数据处理，向网络用户提供各种网络资源与网络服务。资源子网由用户的主机和终端组成,主机通过高速通信线路与通信子网的路由器(早期为通信控制处理器)相连接。

(2)通信子网。通信子网完成网络数据传输、转发等通信处理任务。通信子网包含传输线路、网络设备和网络控制中心等硬、软件设施,电信部门提供的网络(如 X.25 网、DDN、帧中继网等)一般都属于通信子网,通信子网与具体的网络应用无关。

在计算机网络中,为了在不同设备之间进行数据通信而需要有预先制定的一整套通信双方共同遵守的格式和约定,这就是通信协议。它的存在与否是计算机网络与一般计算机互连系统的根本区别。不同的计算机网络使用不同的通信协议,如开放系统互连协议、X.25 协议等。

4. 计算机网络的体系结构

计算机网络体系结构的基本思想是在计算机网络的设计中,采用分层次的设计方法,使其达到在相互通信的两个计算机之间高度协调工作的目的。网络体系结构规定了同层进程通信的协议,以及相邻层之间的接口及服务。这些层次结构、同层进程间通信的协议以及相邻层之间的接口统称为网络体系结构。

开放系统互连参考模型(Open System Interconnection/Reference Model,OSI/RM)是一个开放式计算机网络的层次结构模型。"开放"表示任何两个遵守了参考模型及相关标准的系统都可以进行互连。

OSI/RM 对系统体系结构、服务定义和协议规范 3 个方面进行了定义。它定义了一个 7 层模型,用以进行进程间的通信,并作为一个框架来协调各层标准的制定,如图 4-1 所示;OSI 的服务定义描述了各层所提供的服务,以及层与层之间的抽象接口和交互用的服务原语;OSI 各层的协议规范精确地定义了应当发送何种控制信息以及应该通过何种过程对此控制信息进行解释。

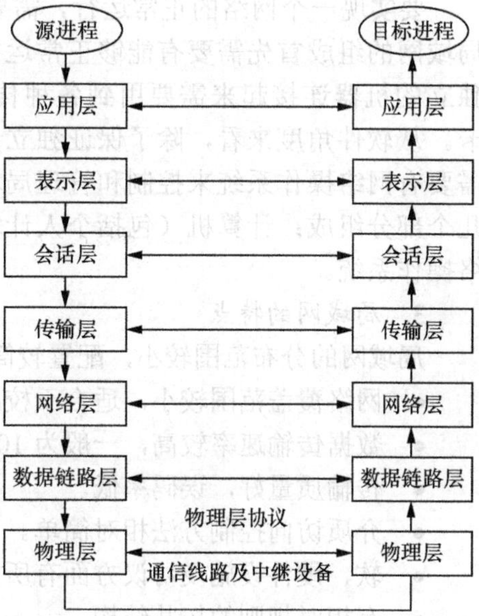

(1)物理层。物理层是数据终端设备(Data Terminal Equipment,DTE)和数据电路终端设备(Data Circuit terminal Equipment,DCE)之间的接口。物理层定义了建立、维护和拆除物理链路所需的机械、电气、功能和规程特性。其目的是在物理介质上传输原始的数据比特流。

(2)数据链路层。数据链路层使用物理层提供的服务,建立通信联系,将比特流组织成名为帧的协议数据单元进行传输。

图 4-1 OSI/RM

(3)网络层。网络层的功能是实现网络互连,主要功能是路由选择和拥塞控制。

物理层、数据链路层和网络层是 7 层协议的基础层次,也是最为成熟的 3 个层次。无论是广域网还是局域网,都是以这几个层次为基础的。它们主要是面向数据通信的,因此基于这 3 层通信协议构成的网络通常被称为通信网络或通信子网。

(4)传输层。传输层处于分层结构体系高低层之间,是高低层之间的接口,是非常关键的一层。传输层主要采用的技术手段有分流技术、复用技术、差错检测与恢复、流量控制等。

(5) 会话层。会话层是进程间的通信协议,主要功能是组织和同步不同主机上各种进程间的通信;负责在两个会话层实体之间进行对话连接的建立和拆除。

(6) 表示层。表示层执行协议转换、数据翻译、压缩与加密、字符转换以及图形命令的解释功能。

(7) 应用层。应用层提供文件服务、数据库服务、电子邮件及其他网络软件服务。

4.1.2 局域网的基本原理

1. 局域网的定义

计算机网络可以根据网络覆盖的范围划分为局域网、城域网和广域网。局域网是指在较小区域范围内由各种计算机和数据通信设备互连在一起形成的计算机通信网络;广域网的地域跨度则较大,其范围可能覆盖一个国家或一个大的行政区域;城域网的规模介于局域网和广域网之间,可能覆盖一个城市。由于网络规模不同,它们所采用的链路和连接协议通常也不相同。

局域网是将分散在有限地理范围内(如一栋大楼、一个部门)的多台计算机通过传输介质连接起来的通信网络,通过功能完善的网络软件,实现计算机之间的相互通信和资源共享。

2. 局域网的组成

要实现一个网络的正常运行,需要两方面条件的保证:硬件和软件。从硬件角度来看,局域网的组成首先需要有能够正常运行的机器,包括个人计算机和各种服务器。而将这些独立的机器连接起来需要用到各种传输介质以及实现计算机和传输介质间互连功能的网卡。从软件角度来看,除了保证独立计算机正常运行的操作系统和各种应用软件之外,还需要有网络操作系统来控制和管理局域网的正常运行。由此看来,一个局域网主要由以下几个部分组成:计算机(包括个人计算机和服务器)、传输介质、网络适配器(网卡)、网络操作系统。

3. 局域网的特点

局域网的分布范围较小,配置较简单,它的主要技术特点表现在以下几个方面。

- 网络覆盖范围较小,适合于校园、机关、公司、企业等机构和组织内部使用。
- 数据传输速率较高,一般为 10Mbit/s～100Mbit/s,光纤高速网可达 10Gbit/s。
- 传输质量好,误码率低。
- 介质访问控制方法相对简单。
- 软、硬件设施及协议方面有所简化。
- 有相对规则的拓扑结构。

4. 局域网的拓扑结构

局域网的拓扑结构是指连接网络设备的传输介质的铺设形式,局域网的拓扑结构主要有星形、总线型、环形和混合型,如图 4-2 所示。

(1) 星形结构。星形结构由中心节点和分支节点构成,各个分支节点与中心节点间均具有点到点的物理连接,各分支节点间没有直接的物理通路。如果分支节点间需要传输信息,必须通过中心节点进行转发。星形结构可以通过级联的方式很方便地将网络扩展到很大的规模。星形网络结构简单、建网方便、便于控制和管理,对中心节点的可靠性和冗余度要求很高。

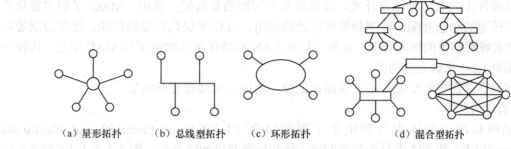

图 4-2 局域网的基本拓扑结构图

(2) 总线型结构。总线型结构网络是将各个节点设备和一根总线相连。网络中所有节点的工作站都是通过总线进行信息传输的。工作站发出的数据组成数据帧。每个数据帧中都含有源地址和目标地址,沿着总线向两端传播。工作站监视总线上的信号,并将发送给自己的数据复制下来。由于总线是共享介质,多个站同时发送数据时会发生冲突,因此需要采用介质访问控制协议来防止冲突的发生,如 CSMA/CD 技术。总线型结构易于布线和维护、结构简单、可靠性强、可扩充性好。以太网和令牌总线网采用的是总线型结构。

(3) 环形结构。环形结构是指网络中各节点通过一条首尾相连的通信链路连接起来,形成的一个闭合的环。工作站通过环接口设备(如中继器)接入环路。当某个节点有数据发送时,首先将数据发送到对应的环接口设备,并沿环路发往其下行的环接口设备,该设备对其进行转发或者递交给设备附近的节点。环接口设备通常从一端接收数据,从另一端发出数据。因此,整个环路中的数据是单向流动的。环形网络在短距离、拓扑结构简单时具有较大的优势,但不适用于大规模的长途骨干网。令牌环局域网采用的是环形结构。

(4) 混合型结构。混合型结构就是将上述各种拓扑混合起来的结构,常见的有树形(总线型结构的演变或者总线和星形的混合)、环星形(星形和环形拓扑的混合)等。

5. 局域网参考模型

局域网参考模型如图 4-3 所示。

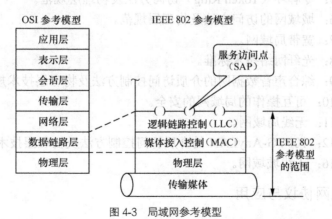

图 4-3 局域网参考模型

局域网参考模型包含了 OSI/RM 中物理层和数据链路层的功能。在局域网标准中,数据链路层被进一步划分成两个子层:介质访问控制(Medium Access Control,MAC)子层和逻辑链路控制(Logical Link Control,LLC)子层。其目的是将数据链路层功能中与硬件相关的部分和与硬件无关的部分区分开来,降低研究和实现的复杂度。其中,MAC 子层主要负责实现共享信道的动态分配,控制和管理信道的使用。LLC 子层具有差错控制、流量控制等功能,负责实现数据帧的可靠传输。各种不同的 LAN 标准体现在物理层和 MAC 层上,传输介质的区别对 LLC 来说是透明的。

局域网不存在中间交换,不要求路由选择,所以不单独设置网络层。

6. 局域网标准

局域网标准由美国电气和电子工程师协会(Institute of Electrical and Electronics Engineers,IEEE)的 802 委员会负责制定,这些标准都以 802 开头,图 4-4 为 IEEE 802 系列标准关系图。

图 4-4　IEEE 802 系列标准关系图

目前与局域网有关的标准如下。

- IEEE 802.1:通用网络概念及体系结构。
- IEEE 802.2:逻辑链路控制。
- IEEE 802.3:载波监听多路访问/冲突检测(CSMA/CD)规范。
- IEEE 802.4:令牌总线(Token Bus)结构及访问方法、物理层规范。
- IEEE 802.5:令牌环(Token Ring)访问方法及物理层规范。
- IEEE 802.6:城域网的访问方法及物理层规范。
- IEEE 802.7:宽带局域网。
- IEEE 802.8:光纤网络技术标准。
- IEEE 802.9:综合声音数据网的介质访问控制方法及物理层技术规范。
- IEEE 802.10:可互操作的局域网的安全。
- IEEE 802.11:无线局域网。
- IEEE 802.12:100VG-AnyLAN 的介质访问控制方法及物理层技术规范。
- IEEE 802.16:无线城域网。

4.1.3　局域网协议与应用

1. 以太网

以太网是目前最常见、最具有代表性的局域网。

1973 年,Xerox 公司开发出了一种采用总线竞争式介质访问方法的设备互连技术,并将这项技术命名为"以太网(Ethernet)"。1984—1985 年,IEEE 802 委员会公布了局域网的 5

项标准 IEEE 802.1~IEEE 802.5。起初，以太网只有 10Mbit/s 的吞吐量，使用的是 CSMA/CD 的访问控制方法。这种早期的 10Mbit/s 以太网被称为标准以太网。

CSMA/CD 协议适用于总线型拓扑结构网络。在总线型结构中，所有的设备都直接连到同一条物理信道上，该信道负责任何两个设备之间的数据传送。节点以帧的形式发送数据，帧的头部含有目的节点和源节点的地址。帧在信道上是以广播方式传输的，所有连接在信道上的设备随时都能检测到该帧。当目的节点检测到目的地址为本节点地址的帧时，就接收帧中所携带的数据，并按规定的链路协议给源节点返回一个响应。

采用这种操作方法时，可能会有两个或更多的设备同时发送帧，这样就会在信道上发生冲突。采用 CSMA/CD 控制协议，即可减少冲突的发生。

CSMA 代表载波监听多路访问。它是"先听后发"，也就是各站在发送前先检测总线是否空闲，当测得总线空闲后，再考虑发送本站信号。各站均按此规律检测、发送，形成多站共同访问总线的通信形式，故把这种方法称为载波监听多路访问（实际上采用基带传输的总线局域网，总线上根本不存在什么"载波"，各站可检测到的是其他站所发送的二进制代码。但大家习惯上称这种检测为"载波监听"）。

CD 表示冲突检测，即"边发边听"，各站点在发送信息帧的同时，继续监听总线。当监听到有冲突发生时（即有其他站也监听到总线空闲，也在发送数据），便立即停止发送信息。

归纳起来，CSMA/CD 的控制方式如下。

- 一个站要发送信息，首先对总线进行监听，看介质上是否有其他站发送的信息存在。如果介质是空闲的，则可以发送信息。
- 在发送信息帧的同时，继续监听总线，即"边发边听"。当检测到有冲突发生时，便立即停止发送，并发出报警信号，告知其他各工作站已发生冲突，防止它们再发送新的信息介入冲突。若发送完成后，尚未检测到冲突，则发送成功。
- 检测到冲突的站发出报警信号后，退让一段随机时间，然后再试。

图 4-5 为 CSMA/CD 的流程图。

2. 高速以太网

以太网的标准拓扑结构为总线型拓扑，但为了最大限度地减少冲突，提高网络速度和使用效率，目前的快速以太网（100Mbit/s、1 000Mbit/s、10Gbit/s 以太网）都使用交换机来进行网络连接和组织，这样以太网的拓扑结构就成了星形，但在逻辑上，以太网仍然使用总线型拓扑结构的 CSMA/CD。

100Base-T 是 IEEE 正式接受的 100Mbit/s 以太网规范，采用非屏蔽双绞线（Unshielded Twisted Pair，UTP）或屏蔽双绞线（Shielded Twisted Pair，STP）作为网络介质，MAC 子层与 IEEE 802.3 协议所规定的 MAC 子层兼容，被 IEEE 作为 802.3 规范的补充标准 802.3u 公布。100VG- AnyLAN 是 100Mbit/s 令牌环网和采用 4 对 UTP 作为网络介质的以太网的技术规范，MAC 子层与

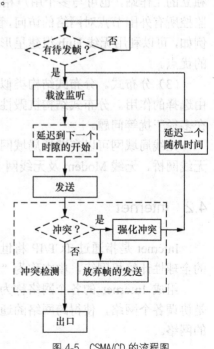

图 4-5 CSMA/CD 的流程图

IEEE802.3 标准的 MAC 子层并不兼容。100VG-AnyLAN 由 HP 公司开发，主要是为那些对网络时延要求较高的应用提供支持，IEEE 将其作为 802.12 规范公布。

100Base-T 沿用了 IEEE 802.3 规范所采用的 CSMA/CD 技术，工作方式与之类似，它的帧结构、长度以及错误检测机制等都没有做任何的改动。此外，100Base-T 还提供了 10Mbit/s 和 100Mbit/s 两种网络传输速率的自适应功能。

吉比特以太网与快速以太网很相似，只是传输和访问速度更快，为系统扩展带宽提供了有效保障。它同样采用了 CSMA/CD 协议，并且采用了同样的帧格式。对于广大的网络用户来说，在向吉比特以太网过渡时，不需要做额外的协议和中间件投资就可以实现平滑的过渡。

10Gbit/s 以太网标准只工作于光纤介质上，且只工作在全双工模式，省略了 CSMA/CD 策略，因此它本身也没有覆盖距离的限制。

10Gbit/s 以太网可用于局域网，也可用于广域网。10Gbit/s 局域以太网和广域以太网物理层的速率不同，局域网的数据率为 10Gbit/s，广域网的数据率为 9.584 64Gbit/s。由于两种速率的物理层共用一个 MAC 子层，而 MAC 子层的工作速率为 10Gbit/s，所以必须采取相应的速度调整策略。

3. 无线局域网

对于不同局域网的应用环境与需求，无线局域网可采取不同的网络结构来实现互连。

（1）点对点。点对点的结构简单，可在中远距离上获得高速率的数据传输。例如，在不同的局域网之间互连时，如果由于物理上的原因不方便采取有线方式，则可利用无线网桥的方式实现二者的点对点连接，无线网桥不仅提供二者之间的物理层与数据链路层的连接，还为两个网的用户提供较高层的路由与协议转换。

（2）点对多点。点对多点结构由一个中心节点和若干外围节点组成。外围节点既可以是独立的工作站，也可与多个用户相连，是典型的集中控制方式。中心节点作为网络管理设备，监控所有外围节点对网络的访问，管理接入点对有线局域网络或服务器的访问及带宽的使用。例如，可以利用无线 Hub 组建星形拓扑结构的无线局域网，它具有与有线 Hub 组网方式类似的优点。

（3）分布式。分布式结构类似于分组无线网，所有相关节点在数据传输中都起着控制路由选择的作用。分布式结构抗毁性好、移动能力强，但网络节点多、结构复杂、成本高、存在多径干扰等问题。

无线局域网可以在普通局域网的基础上通过无线 Hub、无线接入站（Access Point，AP）、无线网桥、无线 Modem 及无线网卡等来实现。其中以无线网卡最为普遍，使用最多。

4.2 Internet

Internet 是指通过 TCP/IP 将世界各地的网络连接起来实现资源共享，提供各种应用服务的全球性计算机网络，中文称为"因特网"或"国际互联网"。

组成 Internet 的各个网络称为子网；用于连接子网的设备称为中间系统，它的主要作用是协调各个网络，使得跨网络的通信得以实现。中间系统可以是单独的设备，也可以是单独的网络。

4.2.1 TCP/IP

Internet 的主要协议是 TCP 和 IP,所以 Internet 协议也叫 TCP/IP 协议簇。

1. TCP/IP 分层模型

TCP/IP 采用分层体系结构。协议分层模型包括层次结构和各层功能描述两方面的内容。每一层提供特定的功能,层与层之间相对独立,当需要改变某一层的功能时,不会影响其他层。采用分层技术,可以简化系统的设计和实现,并能提高系统的可靠性和灵活性。这些协议可划分为 4 个层次,它们与 OSI/RM 的对应关系如图 4-6 所示。

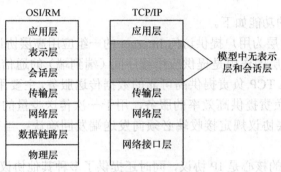

图 4-6 TCP/IP 和 OSI/RM 模型的对比

与 OSI/RM 分层的原则不同,TCP/IP 协议簇允许同层的协议实体间互相调用,从而完成复杂的控制功能,也允许上层过程直接调用不相邻的下层过程,甚至在有些高层协议中,控制信息和数据分别传输,而不是共享同一协议数据单元。图 4-6 同时描述了这些协议的层次关系。

TCP/IP 完全撇开了网络的物理性,"网络"的概念是一个高度抽象的概念,即将任何一个能传输数据分组的通信系统都视为网络。这种概念为协议的设计提供了极大的方便,大大简化了网络互连技术的实现,为 TCP/IP 赋予了极大的灵活性和适应性。

TCP/IP 是由许多协议组成的协议簇,其详细的协议分类如图 4-7 所示。

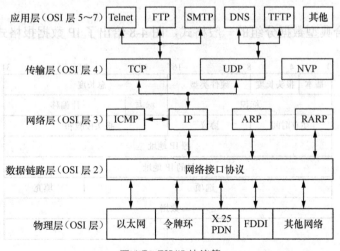

图 4-7 TCP/IP 协议簇

TCP/IP 的主要特点如下。
- 高可靠性。TCP/IP 采用重新确认的方法保证数据的可靠传输，并采用"窗口"流量控制机制得到进一步保证。
- 安全性。为建立 TCP 连接，在连接的每一端都必须就与该连接的安全性控制达成一致。IP 协议在它的控制分组头中有若干字段允许有选择地对传输的信息实施保护。
- 灵活性。TCP/IP 对下层支持其协议，而对上层应用协议没有特殊要求。因此，TCP/IP 的使用不受传输媒体和网络应用软件的限制。
- 互操作性。由 FTP、Telnet 等实用程序可以看到，不同计算机系统彼此之间可采用文件方式进行通信。

TCP/IP 模型各层的功能如下。

（1）应用层。应用层为用户提供访问 Internet 的一组应用高层协议，即一组应用程序。

（2）传输层。传输层的作用是提供应用程序间（端到端）的通信服务。该层提供了 TCP 和 UDP 两个主要协议。TCP 负责提供高可靠的数据传送服务，主要用于一次传送大量报文，如文件传送等；UDP 负责提供高效率的服务，用于一次传送少量的报文，如数据查询等。为实现可靠传输，该层协议规定接收端必须向发送端发回确认；当有分组丢失时，必须重新发送。

（3）网络层。该层的核心是 IP 协议，同时还提供了多种其他协议。IP 协议提供主机间的数据传送能力，其他协议提供 IP 协议的辅助功能，协助 IP 协议更好地完成数据报文的传送。

网络层的主要功能有 3 点：处理来自运输层的分组发送请求；处理输入数据报；处理差错与控制报文，如路由选择、流量控制、拥塞控制等问题。

（4）网络接口层。这是 TCP/IP 协议的最低一层，主要功能是负责接收 IP 数据报，并且通过特定的网络进行传输；或者从网络上接收物理帧，抽出 IP 数据报，上交给 IP 层。

2. IP

IP 是 Internet 协议簇中最主要的协议之一。IP 协议的主要功能是无连接数据报传送、数据报路由选择和差错控制。

（1）IP 数据报的格式。IP 数据报是 Internet 中的基础协议，由 IP 控制的基本协议单元称为 IP 数据报。IP 数据报的一般形式是由报头和报文数据两部分组成，在其报头中包括源地址和目的地址。

IP 数据报符合典型数据分组的一般格式，图 4-8 给出了 IP 数据报格式中各字段的意义。

0	4	8	16	19	24	31
版本	报头长度	硬件类型		总长度		
标识				标志	片偏移	
生存时间		协议		报头校验和		
源 IP 地址						
目的 IP 地址						
选项					填充	
数据 ...						

图 4-8 IP 数据报格式

图 4-8 是 IP 数据报的格式，每一行是 32 比特、4 个字节，前 20 个字节的格式是固定的，选项部分是可变的，数据部分就是上一层的协议数据。

IP 数据报格式中主要字段的定义如下。

- **版本**：用来说明分组使用的协议的版本，这样，可以在不同版本的协议之间传输数据。目前普遍采用的是 IPv4。
- **报头长度**：它只有 4 个比特，最大值是 15，所以 IP 协议首部最长是 60 个字节，去掉 20 个固定的字节，选项最长是 40 个字节。
- **服务类型**：使主机可以要求子网用不同的方式来处理数据报，主要是可靠性和速度。
- **总长度**：说明数据报中的所有信息的大小，包括首部和数据，共 16 比特，最大值是 $2^{16}-1=65\ 535$，以字节为单位。
- **标识**：主要解决不同类型网络之间的通信问题。标志字段有 3 个比特，其中第一位现在已经不用了，中间的一位标识是否允许分段，最后一位用来标识是否还有分段。
- **片偏移**：用来表明分段在数据报中的位置，就像排队用的序号一样，当所有分段到达目的主机以后，就根据它来重新组装分组。它的长度是 13 比特，以 8 个字节为单位，所以一个分组最多可有 $2^{13}=8\ 192$ 个分段，一个分组的最大长度是 $2^{13}\times 8=2^{16}=65\ 536$ 字节，其实就是 64KB，刚好和总长的最大值一致。
- **生存期（Time To Live，TTL）**：当一个分组经过一个路由器的时候，这个值会被减 1，当这个值是 0 的时候，路由器会直接将这个分组丢掉，不再转发，从而避免一个分组在网络上"永久存在"。
- **协议字段**：当网络层一个完整的数据报组装完成后，协议字段会告诉传输层由谁来处理这些数据。
- **报头校验和**：检验收到的这些分组是否正确，它只检查首部，在每个路由器上收到一个分组后，都会进行这个工作，这是因为 TTL 总是不停地改变。

（2）IP 地址。在 Internet 中，根据 TCP/IP 规定，每个 IP 地址长 32 比特，以 U.X.Y.Z 格式来表示，U.X.Y.Z 分别为 8 比特，其值为 0～255。这种格式的地址被称为"点分十进制"地址。

IP 地址分为 5 类，其中 A 类、B 类和 C 类地址为基本的 IP 地址（或称主类地址）；D 类和 E 类地址为次类地址。各类地址的格式如图 4-9 所示。

				U				X	Y	Z	
位	0	1	2	3	4	5	6	8,…,15	16,…,23	24,…,31	
A 类	0	网络地址（数目少）、占 7 位						主机地址（数目多）、占 24 位			
B 类	1	0	网络地址（数目中等）、占 14 位						主机地址（数目中等）、占 16 位		
C 类	1	1	0	网络地址（数目多）、占 21 位						主机地址（数目少）、占 8 位	
D 类	1	1	1	0	多播地址（Multicasting）、占 28 位						
E 类	1	1	1	1	0	留作实验或将来使用					

图 4-9 IP 地址的分类

IP 地址格式中，前 5 个比特用于标识地址是哪一类。

A 类地址，第 1 个比特为"0"；其网络地址空间为 7 比特，主机地址空间为 24 比特。起始地址为 1~126，即允许有 126 种不同的 A 类网络，每个网络可容纳的主机数目多达 2^{24} 个。A 类地址结构适用少量的且含有大量主机数据的大型网络。

B 类地址，前 2 个比特为"10"；其网络地址空间为 14 比特，主机地址空间为 16 比特，起始地址为 128~191，即允许有高达 2^{14} 种不同的 B 类网络，每个网络可容纳的主机数为 2^{16} 个。

C 类地址，前 3 个比特为"110"；网络地址空间为 21 比特，主机地址空间为 8 比特。起始地址为 192~223 个，即允许多达 2^{21} 种不同的 C 类网络，每个网络能容纳主机 256 台。

以上 3 类编址方式既适应了大网量少、小网量大、大网主机多、小网主机少的特点，又方便网络地址和主机地址的提取。

D 类地址不标识网络，起始地址为 224~239，用于特殊用途。

E 类地址的起始地址为 240~255。该类地址暂时保留，用于进行某些实验及将来扩展。

3. TCP

TCP 协议是 Internet 最重要的协议之一。为实现高可靠传输，TCP 提供了确认与超时重传机制、流量控制、拥塞控制等服务。

传输控制协议 TCP 的主要特点是提供高可靠的服务。与 UDP 一样，TCP 提供进程通信能力。与 UDP 不同的是，TCP 提供的是面向连接的流传输。流是指一个无报文丢失、无重复和无失序的正确的数据序列。所谓面向连接，即是在数据传输之前，信源与信宿之间必须建立一条连接。连接建立成功，则可开始传输数据。传输完毕后，需要释放连接。在面向连接的传输中，每一个报文都需要接收端确认，未确认的报文被认为是出错报文。

（1）TCP 段的格式。TCP 数据传输的基本单位是段。段由段头和数据区两个部分组成，如图 4-10 所示。

图 4-10 TCP 段的格式

TCP 段的格式中主要字段的定义如下。
- 源端口字段标识源应用进程的端口号。
- 目的端口字段标识目的应用进程的端口号。
- 序号字段标识段中数据在发送端数据流中的位置。
- 确认号字段指出本机希望接收的下一个字节的序号。
- 数据偏移字段指出以 32 比特为单位的段头长度，也即确定段的数据部分的偏移量。
- 校验和字段用于校验段头和段数据的完整性。

（2）TCP 连接。TCP 提供面向连接的服务，实现高可靠数据传输，要经过一个连接建立、数据传输和连接释放的过程。

两主机在实现应用进程间的通信之前，必须建立一个连接。TCP 在连接建立的机制上，提供了 3 次握手的方法，如图 4-11 所示。

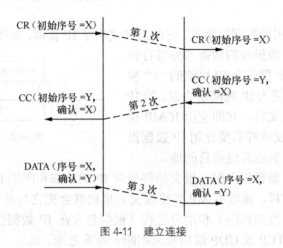

图 4-11　建立连接

图 4-11 为 TCP 建立连接的过程。在 3 次握手中，第 1 次，发送端机发出连接请求 CR，该请求中包括发送端机的初始报文序号；第 2 次，接收端机收到 CR 后，发回连接确认 CC，其中包含接收端机的初始报文序号，以及对发送端机的初始报文序号的确认；第 3 次，发送端机向接收端机发送数据，并包括对接收端机初始序号的确认。

当连接建立后，数据传输就可以开始进行了。

在数据传输中，由于通信线路存在着干扰和噪声，可能致使数据出现差错或丢失。TCP 协议采用确认与超时重传机制，以保证数据传输的可靠性。

（3）流量控制

TCP 协议中，数据的流量控制是由接收端进行的，即由接收端决定接收多少数据，发送据此调整传输速率。

在连接建立期间，每一端分配接收缓冲区空间供连接使用。进来的数据流入接收缓冲区，直到与 TCP 端口相关的应用程序取走数据进行处理。缓冲区空间用于暂存数据，当应用程序取走数据后，缓冲区空间被释放用于接收新来的数据。

接收端实现控制流量的方法是采用"窗口"。接收窗口由接收缓冲区空间组成，表示的意义为上一次确认的字节到缓冲区的末尾。窗口是可以滑动的，当数据进入缓冲区时，窗口滑动，缓冲区剩余空间减少，将限制数据进入；当应用程序从缓冲区中取走数据时，窗口滑动，缓冲区剩余空间增大，可接收更多新的数据。

（4）拥塞控制。当大量数据报进入网关，致使网关超载而引起严重延迟的现象即为拥塞。一旦发生拥塞，网关将丢弃数据报，导致重传。而大量重传又进一步加剧拥塞，这种恶性循环将导致整个 Internet 无法工作，即"拥塞崩溃"。这时，TCP 协议的确认和超时重发机制可以降低报文复制，但并不能解决所有问题，TCP 提供的更有效的拥塞控制措施是采用滑动窗口技术，通过限制发送端向 Internet 输入报文的速率，来达到控制拥塞的目的。

4. ICMP

ICMP 的全称是 Internet Control Message Protocol，中文是网际控制信息协议。作为 IP 协议不可缺少的组成部分，ICMP 是 IP 协议正常工作的辅助协议。当 IP 数据报在传输过程中产生差错或故障时，ICMP 允许网关和主机发送差错报文或控制报文给其他网关或主机。

在上网的过程中，使用 IP 协议的同时，也一直使用着 ICMP 协议。例如，当一个分组无法到达目的站点或 TTL 超时后，路由器就会丢弃此分组，并向源主机返回一个目的主机不可到达的 ICMP 报文。

ICMP 没有使用专用的数据报格式，它的首部使用了 IP 首部，如图 4-12 所示。由图可见，ICMP 报文是封装在 IP 数据报的数据部分进行传送的。尽管如此，ICMP 仅作为 IP 协议的一个模块而存在，并不能将它视为 IP 的高层协议。当 IP 协议收到差错或控制报文时，立即交由 ICMP 模块进行处理。ICMP 报文同样需要使用 IP 数据报经过若干物理网络才能到达其最终目的地。

图 4-12　ICMP 报文的封装

当发送一份 ICMP 差错报文时，报文始终包含 IP 的首部和产生 ICMP 差错报文的 IP 数据报的前 8 个字节。这样，接收 ICMP 差错报文的模块就会把它与某个特定的协议（根据 IP 数据报首部中的协议字段来判断）和用户进程（根据包含在 IP 数据报前 8 个字节中的 TCP 或 UDP 报文首部中的 TCP 或 UDP 端口号来判断）联系起来。

可应用 ICMP 协议来检测网络、网络中的节点和主机的运行情况，常用的 ping 使用的就是 ICMP 协议。

5. ARP 和 RARP

地址转换协议（Address Resolution Protocol，ARP），提供网络接口协议，其功能是将 Internet 逻辑地址转换成物理网络（硬件）地址。

ARP 协议是通过定义 ARP 数据分组来实现的。将带有发送节点的硬件地址和 IP 地址的 ARP 数据分组向网络广播，当目的节点收到该分组后进行响应。如果目的节点不存在，则收不到 ARP 响应。

在每台使用 ARP 的主机中，都保留了一个专用的内存区即高速缓存，存放着 ARP 转换表。表中登记了最近获得的 IP 地址和物理地址的对应。当主机收到 ARP 响应时，就将目的节点的 IP 地址和物理地址登记到转换表中。在发送报文时，通过查 ARP 转换表来实现地址转换。

RARP 协议的作用与 ARP 正好相反，功能是完成物理地址到 Internet 地址的转换。在网络中，当发送节点广播一个 RARP 请求，标识自己作为目的主机并提供自己的物理网络地址。网络上所有的机器都收到了 RARP 请求，但仅仅是那些有权提供 RARP 服务的机器处理该请求，并发送回 RARP 响应。处理 RARP 请求的机器称为 RARP 服务器，网络中必须至少包括一台 RARP 服务器。

服务器要响应 RARP 请求，必须要知道物理地址与 Internet 地址的对应关系。为此，在 RARP 服务器中存有一张本网的物理地址与 Internet 地址的转换表，其功能类似 ARP 转换表。

4.2.2　TCP/IP 应用

1. IP 数据报的传输

IP 协议要解决的一个重要问题是关于 IP 数据报的传输。

（1）数据报封装。网络数据都是通过物理网络帧传输的。作为一种高层网络数据，IP 数据报最终也是要通过帧来传输。

将数据报直接映射到物理网络帧的方式称为数据报封装,其中数据报作为物理网络帧的数据部分来传送。图 4-13 所示为数据报按帧封装示意图。

图 4-13 数据报按帧封装示意图

（2）分片机制。在数据报传输过程中,理想的情况是整个数据报能够全部插入到一帧中。显然,这就要求数据报的长度不大于其传输路由上所有物理网络帧的数据区的长度。如果数据报太大,则要将数据报分成若干片。在数据报分片时,每片都要加上 IP 报头,形成 IP 数据报。

片重组作为分片的逆过程,与分片过程在概念上是相对称的。但它的实现过程是完全不对称的：分片是在传输路由中的路由器中进行的；所有片重组在目的主机中进行。即当一个 IP 数据报被分片后,各片就作为独立的数据报进行传输,在到达目的主机之前可能再次或多次再被分片,但绝不进行分片重组。

TCP/IP 的 IP 数据报的分片与重组机制,作为网络操作系统的内部功能,由系统内部自动完成,应用软件或用户都不必关心这一问题。

（3）数据报路由选择。路由选择是 IP 协议最主要的功能之一,即是为分组寻找一条从源主机到目的主机的传输路由。

一般来说,路由选择有两种形式：直接路由选择和间接路由选择。

直接路由选择就是将数据报从一台主机直接传送到另一台主机。这是物理网络内部的路由选择,等于物理网络技术的一个细节部分。

当源主机与目的主机处于不同网络时,发送主机的数据报将可能通过若干个网关传输到接收主机中,网关间需要进行多次路由选择。IP 间接路由选择就是指,从若干个网关中,选择一个网关来作为数据报的传输网关。IP 路由选择所要解决的正是间接路由选择问题。

在数据报从源主机到目的主机的传输过程中,主机与网关之间、网关与网关之间每一段的路由选择都包括间接路由选择和直接路由选择。间接路由选择只关心 IP 数据报,为其传输选择下一网关；直接路由选择处理的是物理传输,其对象为物理网络帧。

IP 路由选择由改变路由表来实现。在 Internet 中各网关上都包含一个路由表,指明到达目的主机的路由信息。网关通过查路由表,为 IP 数据报选择一条到达目的主机的路由。路由表中的每项由两部分构成：

目的网络地址	网关地址

其中,"网关地址"仅是指明路由中下一网关的网络地址。

例如,图 4-14 为 5 个网络 3 个网关组成的 Internet。图中网关 G1 使用其路由表为数据报选择路由。因为 G1 与网络号为 10、20 和 30 的网络直接相连,可将 IP 数据报直接送到这些网络的主机上。当 G1 发现 IP 数据报的目的网络地址为 10、20 和 30 其中之一时,便可立即将 IP 数据报封进相应的物理网络帧中,并经过相应的端口送到该物理网络上,由物理网络对帧进行直接路由选择。如果 IP 数据报要到达网络号为 50 的网络的主机上,网关 G1 不能直接到达,就要为其选择下一网关。结果路由为网关 G3。网关 G3 可直接将数据报传输到目的主机。

在 Internet 中路由表是固定的,其大小仅与 Internet 中的网络数有关,而与其主机数无关。

在路由技术选择中,有两个特例：默认路由选择和特定主机路由选择。

默认路由选择即是让 IP 路由选择软件首先查看目的网络的路由表,如果表中无路由,则路由选择例行程序以默认方式发送数据报。当某一主机只能通过唯一一个网关访问其他网络时,该网关便被定义为默认路由。这种方法可以缩小路由表的规模。

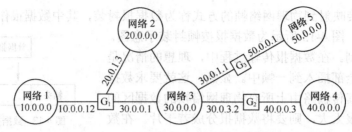

图 4-14　5 个网络 3 个网关组成的 Internet

特定主机路由选择是对单个主机（而非网络）指定一条特别的路由。这种特定主机路由选择方式可以赋予本地网络管理人员更大的网络控制权，便于测试网络连接，检查路由表，维护网络安全。

网关的主要功能是为进入的数据报选择路由。按照 TCP/IP 规定，只有网关和指定可以做路由选择的多宿主机才能进行 IP 路由选择，其他主机则应丢弃不属于自己的数据报，避免进行路由选择。这是因为：其一，主机若收到不属于自己的 IP 数据报，说明路由选择错误，如果主机对此数据报进行正确的路由选择，则掩盖了错误；其二，重新路由选择浪费主机机时，影响其功能，并增加网络不必要的通信量；其三，重新路由选择可能由简单的错误引起大的混乱，使每台主机增加重新路由选择的工作量；其四，网关具有一些专门功能，而主机没有这些功能，重新路由选择会给网络管理带来很大困难。

2. 子网与子网掩码

随着 Internet 的发展，接入 Internet 的网络增多，仅仅利用 IP 地址中的网络地址标识区分接入 Internet 的网络将会导致网络地址标识不够分配的现象。解决的办法是在 Internet 中采用子网编址技术。子网编址技术是指在 Internet 地址中，对于主机地址空间采用不同方法进行细分，通常是将主机地址的一部分分配给子网。即通过把大的网络划分成小的子网来管理网络。

（1）子网编址

子网编址是在 Internet 地址中，网络地址部分不变，原主机地址划分为子网络地址和主机地址。这样，IP 地址就划分为"网络—子网—主机"3 个部分，如图 4-15 所示。

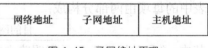

图 4-15　子网编址原理

采用了子网编址技术，可以提高 Internet 地址的利用率，便于分级管理和维护，因而可使 Internet 具有最大的可靠性、灵活性和适应性。

例如，一个 B 类 IP 地址前导码和网络号占用了 16 位（即比特），主机号码 16 位，为了划分子网，用主机位的一部分作为子网号码，如图 4-16 所示，有子网时 IP 地址结构用其中的 6 位作为子网号，这样主机的位数变成 16-6=10 位。

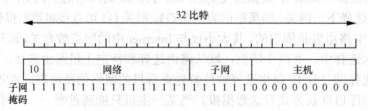

图 4-16　有子网时 IP 地址结构

这样就产生了网络号、子网号和主机号的 IP 地址结构。如果一家公司的主机有 1 000 台，它只需要图 4-16 中的一个子网就够用了，因为主机地址是 10 位，能支持的主机数量是 $2^{10}-2=1\,022$，其他的 IP 地址可以被别人使用。

（2）子网掩码。为进行网络划分，使用到子网掩码的概念。子网掩码是一个 IP 地址对应的 32 位数字。其中用所有的 "1" 表示 IP 地址中的网络地址段和子网地址段，用所有的 "0" 表示 IP 地址中的主机地址段。各类地址的缺省子网掩码如下。

A 类：255.0.0.0
B 类：255.255.0.0
C 类：255.255.255.0

如上面的例子：要根据一个 IP 地址来确定其网络号和子网号，需要用子网掩码和这个 IP 地址进行布尔与运算。如图 4-16 中的子网，如果主机号使用 10 位，它的子网号就是 6 位，子网掩码的十进制是 255.255.252.0，如果一个分组首部中目的 IP 地址是 159.160.28.204，它和 255.255.252.0 布尔与运算的过程如下。

```
159.160.28.204      10011111.10100000.00011100.11001100
255.255.252.0       11111111 11111111 11111100 00000000
─────────────────────────────────────────────────────
159.160.28.0        10011111 10100000 00011100 00000000
```

规则很简单，上下都是 1 的时候为 1，否则为 0。经过运算，得出网络号是 159.160.28.0，根据它就可以将这个分组转发到相应的网络中。

在工程中常常用 202.106.2.0/26 来表示网络号和子网掩码，"/26" 表示有 26 位的子网掩码。

3. 域名系统

计算机网络中，主机标识符分为 3 类：名字、地址和路由。前面曾经提到，在 Internet 中涉及 IP 地址和物理地址，这是两类处于不同层次上的地址。物理地址是指物理网络内部所使用的地址，在不同的物理网络中其物理地址模式各不相同；IP 地址用于 IP 层以上各层的高层协议中，其目的在于屏蔽物理地址细节，是 Internet 中提供一种全局性的通用地址。

（1）域名。Internet 中 IP 地址由 32 比特组成，对于这种数字型地址，用户很难记忆和理解。为了向用户提供一种直观、明白的主机标识符，TCP/IP 开发了一种命名协议，可以用符号型命名主机，就像每个人的名字一样，即域名系统（Domain Name System，DNS）。

Internet 允许每个用户为自己的计算机命名，并且允许用户输入计算机的名字来代替机器的地址。Internet 提供了将主机名字翻译成 IP 地址的服务。Internet 的域名服务是通过一些专门的服务器来完成的，它们就是域名服务器，用于处理 IP 地址与主机符号名之间的转换。

（2）命名机制。对主机名字的首要要求是全局唯一性，这样才可在整个网络中通用；其次要便于管理，这里包括名字的分配、确认和回收等工作；其三要便于名字与 IP 地址之间的转换。对这样 3 个问题的特定解决方法，便构成了特定的命名机制。

TCP/IP 采用的是层次型命名机制，首先由中央管理机构将最高一级名字空间划分为若干部分，并将各部分的管理权授予相应机构；各管理机构可以将自己管辖的名字空间再进一步划分成若干子部分，并将这些子部分的管理权再授予若干子机构。图 4-17 描述了 Internet 的 DNS 域名空间。

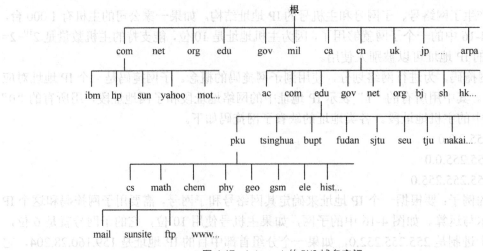

图 4-17　Internet 的 DNS 域名空间

（3）域名结构。接入 Internet 的计算机其域名的取值应遵守一定的规则，一般结构如下：
计算机主机名·结构名·网络名·最高层域名

例如：www.b***.edu.cn，其中，cn 为最高层域名或称一级域名，一般分配给主干网节点，取值为国家名，cn 即代表中国；edu 为网络名或称二级域名，代表组网的组织或部门，edu 表示教育部门；b***为机构名即三级域名，表示北京××大学，任何单位都可以作为三级域名登记在相应的二级域名之下；www 表示这台主机提供 www 服务。

要保证主机名的唯一性，只要保证同层名字不发生冲突即可。

（4）Internet 域名

Internet 为保证其域名系统的通用性，特规定了一组正式的通用标准符号，作为第一级域名，如表 4-1 所示。

表 4-1　第一级 Internet 域

域名	域描述
COM	商业组织
EDU	教育机构
GOV	政府部门
MIL	军事部门
NET	网络运行和服务中心
ORG	其他组织机构
INT	国际组织

4. IPv6

随着互联网的迅速发展，当初设计 IPv4 时考虑不周所带来的缺陷日益显露出来，主要表现为两个方面：地址空间的用尽问题和路由表的急剧扩张问题，由此产生了 IPv6。

（1）IPv6 报头格式。IPv6 数据报头发生根本性改变，主要是提供对新的、更长的 128 位 IP 地址的支持以及去掉作废的和不用的域。IPv6 和 IPv4 的不同之处如图 4-18 所示。

版本号	优先级	流标识			版本号	头长度	服务类型	数据报长度		
报文长度		下一头	跳数限制		标识			DF	MF	分段偏移
源 IP 地址					生存时间		传输协议	头校验和		
目的 IP 地址					源 IP 地址					
IPv6 头结构					目的 IP 地址					
					选项和填充					
					IPv4 头结构					

图 4-18 IPv6 和 IPv4 对比

- IPv6 的报头相比 IPv4 简化了许多。
- 版本号，即用于记录数据报的版本号，IPv6 中此数为 6。
- 优先级 4 位长，用于定义传输顺序的优先级。IPv6 头中的优先级把数据报分成两类：有拥塞控制和非拥塞控制。非拥塞控制的报文比拥塞控制的报文优先路由。
- 流标识 24 位长，流标识和源机器 IP 地址一起提供网络流标识。

为了防止缓存过大或出现一些过时的信息，IPv6 规定缓存中维护的信息不能超过 6s。如果一个具有相同流标识的数据报在 6s 内没有到达，则缓存项会被删除。为了防止发送机器产生重复值，发送方必须等 6s 才能使用相同的到另一目的机的流标识值。

- 报文长度 16 位，用于指示整个 IP 数据报的长度，以字节为单位。整个长度不包括 IP 头自身。
- 下一头用于标识哪一个应用跟在 IP 头之后。
- 跳数限制域决定了数据报经过的最大跳数。每一次转发，该数值减 1，当跳数限制减少到 0 时，数据报被丢弃，这一点和 IPv4 中的 TTL 类似。

（2）IPv6 地址。IPv6 和 IPv4 相比，最大的变化部分是 IP 地址的长度和结构。

IPv6 定义了 3 种不同的地址类型，分别是单播地址、多播地址和任意播地址。所有类型的 IPv6 地址都属于接口而不是节点。一个 IPv6 单播地址被赋给某一个接口，而一个接口又只能属于某一个特定的节点，因此一个节点的任意一个接口的单播地址都可以用来标示该节点。

IPv6 的 128 位地址是以 16 位为一分组，每个 16 位分组写成 4 个十六进制数，中间用冒号分隔，称为冒号分十六进制格式。下列为一个完整的 IPv6 地址。

21DA:00D3:0000:2F3B:02AA:00FF:FE28:9C5A

IPv6 地址的基本表达方式是 X：X：X：X：X：X：X：X，其中 X 是一个 4 位十六进制整数。这是比较标准的 IPv6 地址表达方式，如果在分配某种形式的 IPv6 地址时，发生包含长串 0 位的地址，为了简化包含 0 位地址的书写，指定了一个特殊的语法来压缩 0。使用"::"符号指示有多个 0 值的 16 位组。"::"符号在一个地址中只能出现一次。该符号也能用来压缩地址中前部和尾部的 0。

例如：

标准格式	压缩格式	地址类型
1080:0:0:0:8:800:200C:417A	1080::8:800:200C:417A	单播地址
FF01:0:0:0:0:0:0:101	FF01::101	多播地址
0:0:0:0:0:0:0:1	::1	回返地址
0:0:0:0:0:0:0:0	::	未指定地址

现在 IPv4 还在使用，完全过渡到 IPv6 尚需时日，当谈到 IPv4 和 IPv6 混合使用的时候，采用以下表示形式。

x:x:x:x:x:x:d.d.d.d

其中，x 是地址中 6 个高阶 16 位段的十六进制值，d 是地址中 4 个低价 8 位段的十进制值，也就是标准 IPv4 表示。举例说明如下。

标准格式　　　　　　　　　　　　　压缩格式
0:0:0:0:0:0:13.1.68.3　　　　　　　　::13.1.68.3
0:0:0:0:0:FFFF:129.144.52.38　　　　::FFFF.129.144.52.38

（3）IPv4 向 IPv6 过渡。IPv4 向 IPv6 过渡的基本问题是首部翻译，以避免数据丢失。虽然 IPv6 是以 IPv4 为基础的，但是二者的首部非常不同。IPv6 首部中的任何不被 IPv4 支持的信息（如优先级分类）会在转化过程中丢失。相反，由 IPv4 主机生成的报文转化为 IPv6 报文时将会丢失大量信息，其中有一些可能是重要信息。

目前，解决过渡问题的基本技术主要有 3 种：双协议栈（RFC 2893）、隧道技术（RFC 2893）和协议翻译技术（RFC 2766）。

- 双协议栈。采用该技术，节点上同时运行 IPv4 和 IPv6 两套协议栈。
- 隧道技术。这种技术提供了一种以现有 IPv4 路由体系来传递 IPv6 数据的方法：将 IPv6 的分组作为无结构意义的数据，封装在 IPv4 数据报中，被 IPv4 网络传输。
- 协议翻译技术。转换网关除了要进行 IPv4 地址和 IPv6 地址转换外，还要包括协议翻译。转换网关作为通信的中间设备，可在 IPv4 和 IPv6 网络之间转换 IP 报头的地址，同时根据协议的不同对分组做相应的语义翻译，从而使纯 IPv4 和纯 IPv6 站点之间能够透明通信。

4.2.3　网络操作系统的功能

网络操作系统（Network Operating System，NOS）是使网络上各计算机可以方便而有效地共享网络资源，为网络用户提供所需的各种服务的软件和有关规程的集合。网络操作系统实质上就是具有网络功能的操作系统。

1. 网络操作系统的特征

网络操作系统除具备单机操作系统并发、资源共享、虚拟和异步性 4 大特征外，还特别引入了开放性、一致性和透明性。

（1）开放性。网络操作系统的开放性是指把配置了不同操作系统的计算机系统互连起来形成计算机网络，使不同的系统之间能协调地工作，实现应用的可移植性和互操作性，而且能进一步将各种网络互连起来组成互联网。

（2）一致性。网络操作系统的一致性是指网络向用户、低层向高层提供一个一致性的服务接口。该接口规定了命令的类型、命令的内部参数及合法的访问命令序列等，它并不涉及服务接口的具体实现。即网络用户可以用一致的方法访问网络中的任何文件。

（3）透明性。网络环境下的透明性十分重要，几乎网络提供的所有服务无不具有透明性，即用户只需知道他应得到什么样的网络服务，而无须了解该服务的实现细节和所需资源。事实上，由于用户通信和资源共享的实现都是极其复杂的，因此，如果 NOS 不具有透明性这一特征，用户将难以甚至根本不可能去使用网络提供的服务。

2. 网络操作系统的功能

网络操作系统的基本任务是用统一的方法管理各主机之间的通信和对共享资源的使用。

网络操作系统作为操作系统，应提供单机操作系统的各项功能，包括进程管理、存储管理、文件系统和设备管理。除此之外，网络操作系统还应具有以下主要功能。

（1）网络通信。网络通信的主要任务是提供通信双方之间无差错的、透明的数据传输服务，主要功能包括建立和拆除通信链路；对传输中的分组进行路由选择和流量控制；传输数据的差错检测和纠正等。

（2）共享资源管理。网络操作系统采用有效的方法统一管理网络中的共享资源（硬件和软件），协调各用户对共享资源的使用，使用户在访问远程共享资源时能像访问本地资源一样方便。

（3）网络管理。网络管理中最基本的是安全管理，主要反映在通过"存取控制"来确保数据的安全性，通过"容错技术"来保证系统故障时数据的安全性。

（4）网络服务。网络操作系统直接面向用户提供多种服务，如电子邮件服务、文件传输、存取和管理服务、共享硬件服务以及共享打印服务。

（5）互操作。互操作就是把若干相似或不同的设备和网络互连，用户可以透明地访问各服务点、主机，以实现更大范围的用户通信和资源共享。

（6）提供网络接口。网络操作系统向用户提供一组方便、有效、统一的取得网络服务的接口，以改善用户界面，如命令接口、菜单、窗口等。

3. 网络操作系统的安全性

网络操作系统的安全性非常重要，主要表现在以下几个方面。

（1）用户账号的安全性。使用网络操作系统的每一个用户都有一个系统账号和有效的口令字。

（2）时间限制。系统对每个用户的注册时间进行限定，限定方式以一定的时间间隔为单位，如半小时间隔方式、星期几的方式等。时间限制功能主要应用在要求具有严格安全机制的网络环境中。

（3）站点限制。系统对每个用户注册的站点进行限定。站点限定了每个用户只能在指定物理地址的工作站上进行注册。这样就阻止了企图从其他区域使用并不同于自己的工作站而进行注册，在一定程度上确保安全性。

（4）磁盘空间限制。系统对每个用户允许使用的磁盘服务器磁盘空间加以限定，以防止可能出现的某些用户无限制侵占服务器磁盘的情况发生，确保其他用户磁盘空间的安全性。

（5）传输介质的安全性。由于局域网的传输介质，如同轴电缆和双绞线，很容易被窃听，传输的数据被窃取，因此网络传输介质的安全性也是十分重要的。为此在一些机密环境中，可以将网络电缆安装在导管内，防止由于电磁辐射而使数据被窃取。也可将网络电缆线预埋在混凝土内，避免对网络电缆的物理挂接。

（6）加密。对数据库和文件加密是保证文件服务器数据安全性的重要手段。一般在关闭文件时加密，在打开文件时解密。很多数据库系统都具有对数据文件进行加密的功能。平常所遇到的许多加密程序是与某些软件工具一起提供的。

（7）审计。网络的审计功能可以帮助网络管理员对那些企图对网络操作系统实行窃听行为的用户进行鉴别。当对网络运行机理熟悉的某用户通过多次重复敲入口令字来试探其他用户口令字时，很多网络就采取一定措施来制止这种非法行为。

4. 网络操作系统的结构

（1）网络操作系统的功能结构。网络环境下的操作系统除了原计算机操作系统所具备的模块外，还需配置一个网络通信管理模块。该模块是操作系统和网络之间的接口，它有两个界面，一个与网络相接，另一个与本机系统相连，分别称为网络接口界面和系统接口界面。

网络接口界面的主要功能是使本机系统和网中其他系统之间实现资源共享，因此需要配置一套支持网络通信协议的软件，称为网络协议软件。系统接口界面的主要功能是实现本机系统中的系统进程或用户进程，以便简便地访问网络中的各种资源，同时实现网络中其他用户访问本机资源。因此需要配置一套与原系统相一致的原语和系统调用命令。

（2）网络操作系统的逻辑结构。网络操作系统 NOS 大多数采用客户机服务器模式，在网络服务器上配置 NOS 的核心部分，对客户配置工作站网络软件。这样一来，就 NOS 的配置而言，NOS 可分为 4 部分：网络环境软件、网络管理软件、工作站网络软件和网络服务软件。

网络环境软件配置于服务器上，它使高速并发执行的多任务具有良好的网络环境；管理工作站与服务器之间的传送；提供高速的多用户文件系统，一般包括多任务软件、传输协议软件、多用户文件系统形成软件。

网络管理软件是用于网络管理的操作软件，主要包括安全性管理软件、容错管理软件、备份软件和性能检测软件。

工作站网络软件配置于工作站上，它能实现客户机与服务器的交互，使工作站上的用户能访问文件服务器的文件系统、共享资源。工作站网络软件主要有重定向程序和网络基本输入/输出系统。

网络服务是面向用户的，它是否受到用户的欢迎，主要取决于 NOS 所提供的网络服务软件是否完善。网络服务软件配置在系统服务器上或工作站上。NOS 提供的网络服务软件主要有多用户文件服务软件、名字服务软件、打印服务软件和电子邮件服务软件。

5. 常用操作系统

（1）Windows 系列操作系统

① Windows NT。Windows NT Server 是由 Microsoft 公司开发的 Windows 的客户机/服务器操作系统。它提供较好的安全保护级别、特性及可靠的性能，并提供方便的 Windows 界面。它支持所有网卡和各种电缆连接。它可以与其伙伴产品交互，也可以与其他软件开发平台交互。它提供一个完整的、集中化的管理软件包，用它可以简化与大型多服务器相关联的管理问题，以及必须支持不同信息协议的网络管理问题。

Windows NT 具有一系列网络操作系统的特点，主要有兼容性及可靠性、友好的界面、丰富的配套应用产品、便于安装和使用、优良的安全性、多任务和多线程、强大的内置网络功能及内置了对远程访问的支持。

Windows NT 的广泛流行与它自身的功能特性是紧密相关的。Windows NT 的功能特性主要包括具有强大的网络、易学易用、可扩展性及兼容性良好、高可靠性与安全性、更平滑的多任务、高性能和多种平台支持。

② Windows 10。Windows 10 是美国微软公司研发的新一代跨平台及设备应用的操作系统，是微软发布的最后一个独立 Windows 版本，核心版本号为 Windows NT 10.0，适用于基于 x86 与 Arm 架构的设备，正式发布时间是 2015 年 7 月 29 日。截至 2017 年 12 月 13 日，微软官方推送的 Windows 10 最新稳定版更新为 rs3_release。Windows 10 共有 7 个发行版本，分别面向不同用户和设备。

Windows 10 系统成为智能手机、PC、平板电脑、Xbox One、物联网和其他各种办公设备的心脏，使设备之间提供无缝的操作体验。

相比之前的 Windows 版本，Windows 10 在用户界面、系统优化方面进行了新的尝试，对许多细节进行了改进并新增了部分功能。

Windows 10 新增的功能如下。

- 生物识别技术。此功能将带来一系列对于生物识别技术的支持，除了常见的指纹扫描之外，系统还能通过面部或虹膜扫描来让用户进行登入。
- Cortana 搜索功能。这是拟人化的 Windows 的私人助理服务，可以用来搜索硬盘中的文件，甚至是互联网中的其他信息。作为一款私人助手服务，Cortana 还能像在移动平台上那样帮用户设置基于时间和地点的备忘。

Windows10 的核心版本号是 Windows NT 10.0，为相关硬件提供了一个统一的平台，它支持广泛的设备类型，涵盖从互联网设备到全球企业数据中心服务器。这些设备的操作方法各不相同，手触控、笔触控、鼠标键盘以及动作控制器，微软 Windows 10 全部支持。这些设备将会拥有类似的功能。从瘦终端到云端，Windows 10 构建了统一的平台。

（2）UNIX 操作系统。UNIX 操作系统是一个强大的多用户、多任务操作系统，支持多种处理器架构，按照操作系统的分类，属于分时操作系统，最早由 KenThompson、Dennis Ritchie 和 Douglas McIlroy 于 1969 年在 AT&T 的贝尔实验室开发。

UNIX 操作系统的主要特征有：支持多个同时登录的用户，是一个真正的多用户系统；合并可卸下卷的层次文件系统；文件、设备和进程输入/输出具有一致的接口；具有在后台开始进程的能力；具有上百个子系统，其中包括几十种程序设计语言；程序的源代码具有可移植性；用户定义的窗口系统，其中最为流行的是 X Window 系统。

UNIX 系统的基本结构如图 4-19 所示。

整个 UNIX 系统可分为 5 层：最底层是裸机，即硬件部分；第 2 层是 UNIX 的核心，它直接建立在裸机的上面，实现了操作系统重要的功能，如进程管理、存储管理、设备管理、文件管理、网络管理等，用户不能直接执行 UNIX 内核中的程序，而只能通过一种称为"系统调用"的指令，以规定的方法访问核心，以获得系统服务；第 3 层系统调用构成了第 4 层应用程序层和第 2 层核心层之间的接口界面；应用层主要是 UNIX 系统的核外支持程序，如文本编辑处理程序、编译程序、系统命令程序、通信软件包和窗口图形软件包、各种库函数及用户自编程序；UNIX 系统的最

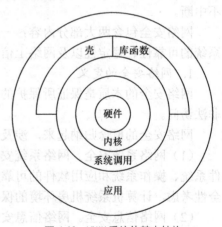

图 4-19 UNIX 系统的基本结构

外层是 Shell 解释程序，它作为用户与操作系统交互的接口，分析用户键入的命令和解释并执行命令，Shell 中的一些内部命令可不经过应用层，直接通过系统调用访问核心层。

（3）Linux 操作系统。Linux 操作系统是 UNIX 操作系统在微机上的实现，它是由芬兰赫尔辛基大学的 Linus Torvalds 于 1991 年开始开发的，并在网上免费发行。它的出发点是核心程序的开发，而不是对用户系统的支持。

Linux 系统具有以下主要特点。

- Linux 操作系统是 UNIX 在微机上的完整实现，它性能稳定、功能强大、技术先进，是目前最流行的微机操作系统之一。
- Linux 有一个基本的内核（Kernel）。一些组织或厂商将内核与应用程序、文档包装起

来,再加上安装、设置和管理工具,就构成了直接供一般用户使用的发行版本。
- 源代码公开。这使它一直得到,并将继续得到全世界范围的程序员的共同完善。
- 完全免费。Linux 从内核到设备驱动程序、开发工具等,都遵从 GPL(General Public License,通用公共许可)协议,Internet 上有大量关于 Linux 的网站和技术资料,可以免费下载,其中不包含任何有专利的代码,即不存在"使用盗版软件"的问题。
- 完全的多任务和多用户。
- 适应多种硬件平台。
- 稳定性好。运行 Linux 的服务器很少出现在其他一些常用操作系统上常见的死机现象。
- 易于移植。
- 用户界面良好。Linux 的 X Windows 系统具有图形用户界面,它可以运行 Windows 9x 下的所有操作,甚至还可以在几种不同风格的窗口之间来回切换。
- 具有强大的网络功能。支持 TCP/IP,支持网络文件系统(Network File System,NFS)、文件传送协议(Fire Transfer Protocol,FTP)、超文本传送协议(Hyper Text Transfer Protocol,HTTP)、点对点协议(Point-to-Point Protocol,PPP)、电子邮件传送和接收协议(POP/IMAP、SMTP)等,可以轻松地与其他网络操作系统互连。

4.2.4 网络安全的概念

网络安全的通用定义是:网络系统的硬件、软件及其系统中的数据受到保护,不因偶然的或者人为恶意的原因而遭到破坏、更改、泄露,系统连续、可靠、正常地运行,网络服务不中断。

网络安全包含两大部分内容:一是网络系统安全;二是网络上的信息安全。它涉及网络系统的可靠性、稳定性以及网络上信息的保密性、完整性、可用性、真实性和可控性等。

1. 网络安全的定义

网络安全的本质是保证所保护的信息对象在网络上流动或者静态存放时不被非授权用户非法访问。

网络安全的概念归纳起来,涉及以下内容。

(1)网络系统安全。网络系统安全是指保证信息处理和传输系统的安全,包括计算机硬件系统、操作系统和应用软件的可靠安全运行,数据库系统的安全,计算机结构设计上的安全性考虑,计算机系统机房环境的保护,法律、政策的保护,电磁信息泄露的防护等。

(2)网络信息安全。网络信息安全包括用户身份验证、用户存取权限控制、数据存取权限、存储方式控制、安全审计、安全问题跟踪、计算机病毒防治、数据加密等。它侧重于保护信息的保密性、真实性和完整性,避免攻击者利用系统的安全漏洞进行窃听、冒充、诈骗等有损于合法用户的行为,本质上是保护用户的利益和隐私。

(3)网络信息传播安全。网络信息传播安全即信息传播的安全性,主要是信息过滤,侧重于防止和控制非法、有害的信息进行传播;避免公用通信网络上大量自由传输的信息失控。

网络安全、信息安全和系统安全的研究领域是相互交叉和紧密相连的。因此,网络安全是通过各种计算机、网络、密码技术和信息安全技术,保护在公用通信网络中传输、交换和存储的信息的机密性、完整性和真实性,并对信息的传播及内容具有控制能力。

2. 网络安全的需求

(1)保密性。保密性是指确保非授权用户不能获得网络信息资源的性能。为此,要求网络具有良好的密码体制、密钥管理、传输加密保护、存储加密保护、防电磁泄漏等功能。

（2）完整性。完整性是指确保网络信息不被非法修改删除或增添，以保证信息正确、一致的性能。为此要求网络的软件、存储媒体以及信息传递与交换过程中都具有相应的功能。

（3）可用性。可用性是指确保网络合法用户能够按所获授权访问网络资源，同时防止对网络非授权访问的性能。为此，要求网络具有身份识别、访问控制以及对访问活动过程进行审计的功能。

（4）可控性。可控性是指确保合法机构按所获授权能够对网络及其中的信息流动与行为进行监控的性能。为此，要求网络具有相应的多方面的功能。

（5）真实性。真实性又称抗抵赖性，指确保接收到的信息不是假冒的，而发信方无法否认所发信息的性能。为此，要求网络具有数字取证、证据保全等功能。

3. 网络安全体系结构

网络安全体系结构的任务是提供有关形成网络安全方案的方法和若干必须遵循的思路、原则和标准。它给出关于网络安全服务和网络安全机制的一般描述方式以及各种安全服务与网络体系结构层次的对应关系。

OSI 安全体系结构的核心内容在于以实现完备的网络安全功能为目标，描述了 6 大类安全服务，以及提供这些服务的 8 大类安全机制和相应的 OSI 安全管理，并且尽可能地将上述安全服务配置于 OSI/RM 7 层结构的相应层之中。

由此，形成了 OSI 安全体系结构的三维空间表示，如图 4-20 所示。OSI 安全参考模型关注安全攻击、安全机制和安全服务。

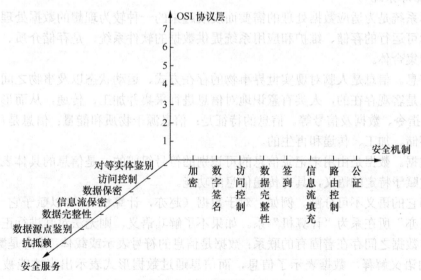

图 4-20 OSI 安全体系结构的三维空间表示

- 安全攻击：任何可能会危及机构的信息安全的行为。
- 安全机制：用来检测、防范安全攻击并从中恢复系统的机制。
- 安全服务：一种用来增强组织的数据处理系统安全性和信息传递安全性的服务。这些服务是用来防范安全攻击的，它们利用了一种或多种安全机制来提供服务。

OSI 安全体系结构描述的 6 大安全服务与 8 大类安全机制如表 4-2 所示。

表 4-2　安全服务与安全机制

服务	加密	数字签名	访问控制	数据完整性	认证交换	流量填充	路由控制	公证
对等实体认证	Y	Y			Y			
数据源认证	Y	Y						
访问控制			Y					
机密性	Y						Y	
流量机密性	Y					Y	Y	
数据完整性	Y	Y		Y				
不可抵赖性		Y		Y				Y
可用性				Y	Y			

4.3　计算机软件编程基础

4.3.1　数据库系统的基本概念

数据库技术是数据管理的技术，是专门研究如何科学地组织和存储数据、如何高效地获取和处理数据的技术。

1. 数据库系统

数据库系统是为适应数据处理的需要而发展起来的一种较为理想的数据处理系统，也是一个为实际可运行的存储、维护和应用系统提供数据的软件系统，是存储介质、处理对象和管理系统的集合体。

（1）信息。信息是人脑对现实世界事物的存在方式、运动状态以及事物之间联系的抽象反映。信息是客观存在的，人类有意识地对信息进行采集并加工、传递，从而形成了各种消息、情报、指令、数据及信号等。信息的特征是：信息源于物质和能量；信息是可以感知的；信息是可存储、加工、传递和再生的。

（2）数据。数据是由用来记录信息的可识别的符号组成的，是信息的具体表现形式。这些符号已被赋予特定的语义，具有传递信息的功能。

数据和它的语义不可分割。例如，对于数据（赵亦，计算机）：可以赋予它一定的语义，它表示"赵亦"所在系为"计算机"系。如果不了解其语义，则无法对其进行正确解释。

信息与数据之间存在着固有的联系：数据是信息的符号表示或载体；信息是数据的内涵，是对数据的语义解释。数据表示了信息，而信息通过数据形式表示出来才能被人们理解和接受。

（3）数据处理。数据处理是将数据转换成信息的过程，包括对数据的收集、管理、加工利用乃至信息输出的演变与推导等一系列活动。其目的之一是从大量的原始数据中抽取和推导出有价值的信息，作为决策的依据；目的之二是借助计算机科学地保存和管理大量复杂的数据，以便人们充分利用这些信息资源。在数据处理过程中，数据是原料，是输入，而信息是产出，是输出结果。"信息处理"的真正含义是为了产生信息而处理数据。

（4）数据管理。数据管理是指数据的收集、分类、组织、编码、存储、维护、检索和传输等操作,这些操作是数据处理业务的基本环节。

数据处理是与数据管理相联系的,数据管理技术的优劣,将直接影响数据处理的效率。通过通用、高效、使用方便的管理软件,可以有效地管理数据。

(5)数据库系统。数据库系统管理数据的特点是:结构化的数据及其联系的集合;数据共享性高、冗余度低;数据独立性高;有统一的数据管理和控制功能。

在数据库系统中,数据由数据库管理系统进行统一管理和控制。为确保数据库数据的正确、有效和数据库系统的有效运行,数据库管理系统提供了数据的安全性控制、数据的完整性控制、并发控制和数据恢复4个方面的数据控制功能。

(6)数据库系统的结构。数据库系统(DataBase System,DBS)是指在计算机系统中引入数据库后的系统。它主要由数据库、数据库用户、计算机硬件系统和计算机软件系统等几部分组成,如图4-21所示。

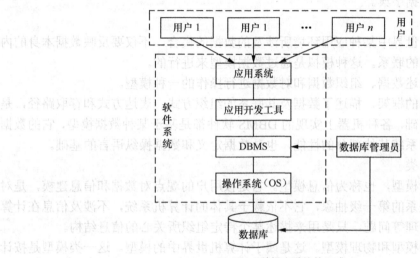

图4-21 数据库系统的组成

数据库(DataBase,DB)是存储在计算机内、有组织的、可共享的数据和数据对象的集合,该集合按一定的数据模型(或结构)组织、描述并长期存储,并以安全可靠的方法进行数据的检索和存储,具有集成性和共享性。

用户是指使用数据库的人,他们可对数据库进行存储、维护和检索。用户分为3类:最终用户、应用程序员、数据库管理员(DataBase Administration,DBA)。

软件系统主要包括数据库管理系统(DataBase Management System,DBMS)及其开发工具、操作系统和应用系统等。DBMS借助操作系统完成对硬件的访问和对数据库的数据进行存取、维护和管理。

硬件系统指存储和运行数据库系统的硬件设备,包括CPU、内存、大容量的存储设备、输入/输出设备和外部设备等。

(7)DBMS。DBMS是对数据进行管理的大型系统软件,它是数据库系统的核心组成部分,用户在数据库系统中的一切操作,都是通过数据库管理系统进行的。

DBMS的主要功能如下。

- 提供数据定义语言(Data Define Language,DDL)定义数据的模式、外模式和内模式三级模式结构，定义外模式/模式和模式/内模式二级映像，定义有关的约束条件。
- 提供数据操纵语言（Data Manipulation Language，DML）实现对数据库的基本操作，包括检索、更新等。
- 对数据库的运行进行管理。DBMS 对数据库的控制主要通过 4 个方面实现：数据的安全性控制、数据的完整性控制、多用户环境下的并发控制和数据库的恢复。
- 提供数据库的建立和维护功能。
- 提供与其他软件系统进行通信的功能。
- 负责对数据库中需要存放的各种数据（如数据字典、用户数据、存取路径等）的组织、存储和管理工作，确定以何种文件结构和存取方式物理地组织这些数据，以提高存储空间的利用率和对数据库进行增、删、改、查的效率。

一个完整的 DBMS 通常应由以下部分组成：语言编译处理程序；系统运行控制程序；系统建立、维护程序和数据字典。

2. 数据模型

数据库是模拟现实世界中某种应用环境所涉及的数据的集合，不仅要反映数据本身的内容，还要反映数据之间的联系。这种模拟是通过数据模型来进行的。

数据模型是用来描述数据、组织数据和对数据进行操作的一种模型。

数据模型是数据库的框架，描述了数据及其联系的组织方式、表达方式和存取路径，是数据库系统的核心和基础，各种机器上实现的 DBMS 软件都是基于某种数据模型，它的数据结构直接影响到数据库系统其他部分的性能，也是数据定义和数据操纵语言的基础。

（1）数据模型的分类

第一类模型是概念模型，也称为信息模型。它是按用户的观点对数据和信息建模，是对现实世界的事物及其联系的第一级抽象，它不依赖于具体的计算机系统，不涉及信息在计算机内如何表示、如何处理等问题，只是用来描述某个特定组织所关心的信息结构。

第二类模型是逻辑模型和物理模型。这是属于计算机世界中的模型。这一类模型是按计算机的观点对数据建模，是对现实世界的第二级抽象，有严格的形式化定义，以便于在计算机中实现。任何一个 DBMS 都是根据某种逻辑模型来设计的，逻辑模型主要用于 DBMS 的实现。

（2）概念模型的 E-R 表示方法。概念模型是对现实世界及其联系的抽象表示，是现实世界到计算机的一个中间层次，也称为信息模型，是数据库设计时用户和数据库设计人员之间交流的工具。在概念模型中，比较著名的是由 E.E.Chen 于 1976 年提出的实体联系模型（Entity Relationship Model），简称 E-R 模型。E-R 模型利用 E-R 图来表示实体及其之间的联系，基本成分包含实体型、属性和联系，如图 4-22 所示。
- 实体型：用矩形框表示，框内标注实体名称。
- 属性：用椭圆形框表示，框内标注属性名称，通过无向边与实体相连。
- 联系：用菱形框表示，框内标注联系名称，并

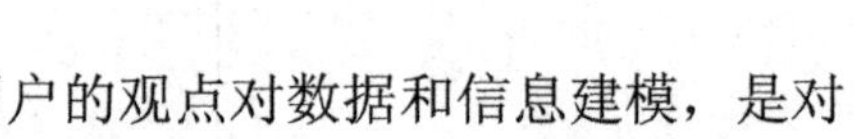

用无向边与有关实体相连，同时在无向边旁标上联系的类型，即 1:1（一对一）、1:n（一对多）或 m:n（多对多）。

图 4-22 E-R 图的构成元素

（3）4 种数据模型
- 层次模型：类似倒置树形的父子结构。一个父表可以有多个子表，而一个子表只能有

一个父表。层次模型的优点是不同层次之间的关联性直接且简单。
- 网状模型：也使用倒置树型结构。与层次结构不同的是，网状模型的结点间可以任意发生联系，能够表示各种复杂的联系。网状模型的优点是可以避免数据的重复性。
- 关系模型：这是指由行与列构成的二维表。在关系模型中，实体和实体间的联系都是用关系表示。二维表格中既存放着实体本身的数据，又存放着实体间的联系。关系不但可以表示实体间一对多的联系，通过建立关系间的关联，也可以表示多对多的联系。
- 面向对象的数据模型：即采用面向对象的方法来设计数据库。面向对象的数据库的存储对象是以对象为单位，每个对象包含对象的属性和方法，具有类和继承等特点。

3. SQL 语言

SQL（Structured Query Language）：结构化查询语言，是介于关系代数和关系演算之间的语言。SQL 具有丰富的查询功能，还具有数据定义和数据控制功能，是关系型数据库的标准语言。

（1）SQL 的特点
- 综合统一：SQL 集数据查询、数据操纵、数据定义和数据控制功能于一体，语言风格统一，可以独立地完成数据库生命周期中的全部活动，为数据库应用系统的开发提供了良好的环境。
- 高度非过程化：用 SQL 进行数据操作，只要提出"做什么"，而无需指明"怎么做"，存取路径的选择以及 SQL 语句的操作过程由系统自动完成。这大大减轻了用户的负担，有利于提高数据的独立性。
- 面向集合的操作方式：SQL 采用集合的操作方式，操作对象、查找结果是元组的集合。
- 以同一种语法结构提供两种使用方式：SQL 既是自含式语言，又是嵌入式语言。作为自含式语言，它能够独立地用于联机交互，用户可以在终端上直接用 SQL 命令对数据库进行操作；作为嵌入式语言，SQL 语句能够嵌入到高级语言程序中，供程序员设计程序时使用。这两种使用方式中的 SQL 语法结构基本上是一致的，提供了极大的灵活性与方便性。
- 语言简捷，易学易用。
- 支持三级模式结构。

（2）SQL 语言的基本概念
- 基本表：也称为关系或表，是数据库中独立存在的表，由 CREATET TABLE 命令创建。
- 属性和属性名：基本表中的每一列称为一个属性，它规定每列数据的性质；每列第一行的字符串称为列名或属性名，有时也简称属性。
- 表结构和元组：基本表属性名的集合称为表结构。基本表中除表结构以外的每一行称为一个元组或数据行。一个基本表由表结构和许多元组构成。
- 属性值：基本表中每个元组的一个数据称为一个属性值。
- 视图：是从基本表中导出的表，由 CREATE VIEW 命令创建。数据库中只存放视图的定义而不存放视图对应的数据，这些数据仍存放在导出视图的基本表中，因此视图是一个虚表。视图在概念上与基本表等同，用户可以在视图上再定义视图。
- 存储文件：也称为数据库文件，它由若干个基本表组成。存储文件的物理结构是任意的，对用户是透明的。

（3）SQL 的基本应用
- 数据定义：SQL 的数据定义功能包括定义表、定义视图和定义索引，如表 4-3 所示。

表 4-3　SQL 的数据定义语句

操作对象	操作方式		
	创建	删除	修改
数据库	CREATE DATABASE	DROP DATABASE	
模式	CREATE SCHEMA	DROP SCHEMA	
表	CREATE TABLE	DROP TABLE	ALTER TABLE
视图	CREATE VIEW	DROP VIEW	
索引	CREATE INDEX	DROP INDEX	

SQL 使用 CREATE TABLE 语句定义基本表，其一般格式如下。

CREATE TABLE <表名>（<列名> <数据类型> [列级完整性约束] [, <列名> <数据类型> [列级完整性约束]]…[, 表级完整性约束])；

- 数据查询：查询是数据库的核心操作。SQL 提供了 SELECT 语句进行数据库的查询，其一般格式如下。

SELECT [ALL|DISTINCT] <目标列表达式>[, <目标列表达式>]…
FROM <表名或视图名> [, <表名或视图名>]…
[WHERE <条件表达式>]
[GROUP BY <列名 1> [HAVING<条件表达式>]]
[ORDER BY <列名 2> [ASC| DESC]];

SELECT 语句的含义是，根据 WHERE 子句的条件表达式，从 FROM 子句指定的基本表或视图中找出满足条件的元组，再按 SELECT 子句中的目标列表达式，选出元组中的属性值形成结果表。

如果有 GROUP 子句，则将结果按<列名 1>的值进行分组，该属性列值相等的元组为一个组，通常会在每组中使用聚集函数。如果 GROUP 子句带 HAVING 短语，则只有满足指定条件的组才可输出。如果有 ORDER 子句，则结果表要按<列名 2>的值的升序或降序排序。

SELECT 语句既可以完成简单的单表查询，也可以完成复杂的连接查询和嵌套查询。

4.3.2　程序设计语言的基本概念

对互联网而言，软件同硬件一样，都是必不可少的基本组成部分。互联网的真正价值在于其为人们提供了共享信息的基础设施，而互联网共享信息的实现则离不开软件的支持。从通信协议的实现到诸如网络媒体、信息检索、即时通信、网络社区、网络娱乐、电子商务、网络金融、网上教育等互联网的应用，都需要软件。

1. 程序设计语言的概念

程序是一组有序的计算机指令，这些指令用来指挥计算机硬件系统进行工作。程序设计语言是用于书写计算机程序的语言。人们通过程序设计语言编写程序来指挥和控制计算机运行。

计算机程序设计语言经历了从低级语言到高级语言的发展历程。

指令：控制计算机执行特定操作的命令。

指令系统：一台计算机所能执行的所有指令的集合称为这个计算机的指令系统。

低级语言是指机器语言和汇编语言。它们都是面向机器的语言，缺乏通用性，执行效率较高,但程序编写效率很低。

高级语言是一种与具体的计算机指令系统表面无关,而对问题和问题求解的描述方法更接近人们习惯的自然语言,是易于被人们掌握和书写的语言。高级语言的一个语句通常由多条机器指令组成。高级语言具有共享性、独立性和通用性的优点,但执行效率低于低级语言。高级语言包括结构化程序设计语言、结构化查询语言和面向对象语言等。

- 机器语言:直接使用二进制位模式表示的指令编制程序的语言。用机器语言编写的程序能直接被计算机识别和执行,除此之外的其他语言编写的程序都不能被计算机直接执行。
- 汇编语言:用有意义的符号代表机器指令,就是汇编语言。汇编语言是符号化的机器语言,它用符号来表示指令,通常采用英文单词的缩写和符号来表示操作码,如用 ADD 表示加法、用 SUB 来表示减法、用 MOV 表示数据的传送等,而操作数可以直接用十进制数书写,地址码可以用寄存器名、存储单元的符号地址等表示。用汇编语言编写程序则比用机器语言编写程序方便多了。

用汇编语言编写的程序称为汇编语言源程序。计算机无法直接执行汇编语言源程序,需要把汇编语言源程序翻译成机器语言程序后,计算机才能执行。将汇编语言翻译成机器语言的过程称为汇编过程,而计算机上配置好的用于翻译的程序称为汇编程序。

- 高级语言:以人类日常使用的自然语言为基础的一种编程语言,从而使程序编写员编写程序更容易,亦有较高的可读性。

与汇编语言源程序一样,高级语言源程序也必须被翻译成机器语言程序后才能被计算机执行。

2. 编程模式

编程模式是指在编写计算机程序时,看待要解决问题的方式。当前的编程模式可分成 4 种:过程式、面向对象式、函数式和说明式。

- 过程式:采用与计算机硬件执行程序相同的方法编制程序,即按照计算机执行指令的过程一条一条地写语句或指令。过程式编程需要开发者清楚待解决问题的本质,仔细设计数据结构和算法,并谨慎地将算法写成程序代码。

Fortran、Basic、C、Pascal 等都是过程式语言。

- 面向对象式:这是以更符合人类思维方式的编程。它是以对象为基础,以事件或消息来驱动对象执行处理的程序设计。它以数据为中心而不是以功能为中心来描述系统,数据相对于功能而言具有更强的稳定性。它将数据和对数据的操作封装在一起,作为一个整体来处理,采用数据抽象和信息隐蔽技术,将数据结构与功能代码整体抽象成一种新的数据类型——类,并且考虑不同类之间的联系和类的重用性。类的集成度越高,就越适合大型应用程序的开发。

Smalltalk、C++、C#、Java 等都是面向对象式语言。

- 函数式:在函数式中,程序被视为一个数学函数。而函数被理解成一个黑盒,完成从一系列输入到输出的映射。函数式语言相对于过程式语言有两方面的优势:它支持模块化编程并允许程序员使用已经存在的函数来开发新函数。

LISP 和 Scheme 都是函数式语言。

- 说明式:即依据逻辑推理的原则回答查询。逻辑推理是根据已知正确的一些论断(事实),运用逻辑推理的可靠准则推导出新的论断(事实)。说明式编程中,程序员需要学习有关主题领域的知识(知道该领域内所有已知的事实),并且应该精通如何从逻辑上严谨地定义准则，这样程序才能推导并产生新的事实。说明性程序设计迄今为止只局限于人工智能领域。Prolog 是说明式语言。

3. 程序的翻译与执行

非机器语言编写的源程序只有翻译成机器语言程序，计算机才能识别和执行。常见的翻译方式有两种：一种是编译方式；另一种是解释方式。

编译方式是将整段程序进行翻译，把高级语言源程序翻译成相应的机器语言目标程序，然后连接运行。解释方式则不产生完整的目标程序，而是逐句进行的，边翻译边执行。

（1）编译方式。编译是把源程序的每一条语句都翻译成机器语言，并把翻译之后的结果保存成二进制文件。在程序执行时，计算机就直接以读取机器语言来运行翻译之后的二进制文件。翻译之后的二进制程序称为目标程序或目标代码。此种方式下，翻译与执行是分开的。由于直接执行翻译之后的机器代码，所以执行速度快。

将高级语言源程序翻译成目标代码的程序称为编译程序或编译器。C、Fortran、Pascal 等都是编译型高级语言。

（2）解释方式。解释是对源程序的语句依次翻译并执行，翻译一句执行一句，不生成可存储的目标代码。由于不存储目标代码，所以程序执行时要依次对每条语句先翻译再执行，所以速度慢。

用于解释（并执行）源程序的语言处理程序称为解释程序或解释器。Basic、JavaScript、VBScript、Perl、Python、Ruby、MATLAB 等都是解释型高级语言。

（3）目标代码与可执行文件。编译器对源代码编译后生成的二进制代码称为"目标程序"。通常，目标程序还不是直接可执行的程序，还需要与支持它运行的其他代码链接到一起之后才形成完整的可执行文件。

（4）链接程序。链接程序将编译器生成的目标程序和系统提供的库文件连接，生成可以装载入内存中运行的可执行文件。各种计算机平台都会提供一些事先编制好的程序代码，实现一些常用功能，为用户程序的运行提供支持，这些代码通常称为库代码。目标程序经过正确链接，就生成了可在计算机上执行的最终代码。

链接程序往往作为编译程序或运行时系统的一个组成部分存在。

4.3.3 软件工程的基本概念

软件工程是一门工程学科，涉及软件生产的各个方面，从最初的系统描述一直到使用后的系统维护，都属于其学科范畴。

1. 软件工程的概念

软件工程不仅涉及软件开发的技术过程，还包括软件项目管理和开发支持软件生产的工具、方法和理论等活动。早期的软件工程致力于寻找指导大型复杂软件系统的开发原则、方法和技巧，随着人们认知的深入，现在的软件工程也还包括软件项目管理和质量保证等内容。

2. 软件生命周期

软件生命周期（Systems Development Life Cycle，SDLC）又称为软件生存周期或系统开发生命周期，是软件从定义、生产、运行直到报废或停止使用的生命周期。

软件生命周期由软件定义、软件开发和软件维护 3 个时期组成，每个时期又划分为若干个阶段，各个阶段的任务相互独立。每个阶段结束时会产生一定规格的文档或程序，提交给下一个阶段作为继续工作的依据。软件生命周期的基本模型如图 4-23 所示。

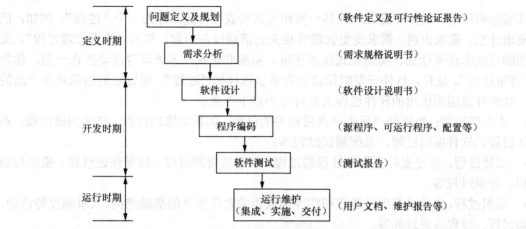

图 4-23 软件生命周期的基本模型

（1）问题定义及规划。此阶段，软件开发方与需求方共同讨论，确定软件的开发目标及其可行性，并制定一个开发计划。

（2）需求分析。此阶段，软件开发方要弄清楚客户对软件的全部需求，有疑问的地方，开发方需派代表同客户方进行沟通，尽可能地将需求明细化，并编写需求规格说明书和初步的用户手册，进行评审。

（3）软件设计。此阶段，软件开发方要根据需求分析的结果，对整个软件系统进行设计，如系统框架设计、数据库设计等。软件设计一般分为总体设计和详细设计。好的软件设计将为软件程序编写打下良好的基础。

（4）程序编码。此阶段，软件开发方要将软件设计的结果转换成计算机可运行的程序代码。在程序编码中必须要制定统一的、符合标准的编写规范，以保证程序的可读性、易维护性，提高程序的运行效率。

（5）软件测试。此阶段，软件开发方要对软件进行严密的测试，以发现软件在整个设计过程和编码过程中存在的问题并加以纠正。在测试过程中需要建立详细的测试计划并严格按照测试计划进行测试，以减少测试的随意性。

（6）运行维护。软件运行和维护是软件生命周期中持续时间最长的阶段。在软件开发完成并投入使用后，由于多方面的原因，软件不能继续适应用户的使用需求。要延续软件的使用寿命，就必须对软件进行维护。软件的维护包括纠错性维护和改进性维护两个方面。

3. 软件过程

软件工程中使用的系统化方法有时被称为软件过程。软件过程是指生产软件产品的一系列活动。所有软件过程都包含以下 4 项基本活动。

（1）软件描述活动是指客户和软件工程师定义要生产的软件及其操作限制。

（2）软件开发活动是指软件的设计和编程。

（3）软件验证活动是进行软件检查，以确保它是客户需要的。

（4）软件进化活动是指修改软件，以反映不断变化的客户需求和市场需求。

不同的软件过程以不同的方式组织以上 4 项活动的，并且被描述的详细程度也不尽相同。整个活动的进度情况是由每一个活动的结果来确定的。不同的机构可能用不同的过程生产同一类产品。当然，总有某些过程会更适用于某些类型的应用。一旦使用了不适当的过程，就很可能降低所开发的软件产品的质量和效用。

在实际应用中，软件开发组织把某一类相关活动放在一起，称为一个"过程"。例如，把制订需求计划、需求识别、需求变更管理等相关的活动放在一起，称为"需求管理过程"。又如，把制订技术评审计划、实施正式技术评审、实施非正式技术评审等活动放在一起，称为"技术评审过程"。这样，软件开发组织就会有诸多这样的"过程"，通过它们组织软件产品的生产。软件开发组织所用的软件过程大致可分为以下 3 类。

- 主生产过程：与软件产品生产直接相关的过程，如需求管理过程、技术预研过程、系统设计过程、软件编码过程、系统测试过程等。
- 支持过程：这是支持主生产过程的过程，如配置管理过程、质量保证过程、验证与确认过程、评审过程等。
- 组织过程：软件组织用于建立和实现构成相关软件生产的基础结构、人事制度等活动，如培训过程、过程改进过程等。

4.4 互联网应用技术

4.4.1 云计算技术

早在 20 世纪 60 年代，"图灵奖"得主、"人工智能之父"麦肯锡就提出了把计算能力作为一种像水和电一样的公用事业提供给用户的理念，这成为云计算思想的起源。

云计算的目标在于通过互联网把无数个节点（即计算实体）整合成一个具有强大计算能力的"巨型机"系统，把强大的计算能力提供给终端用户。

从技术角度看，云计算是分布式计算、并行计算、网格计算、多核计算、网络存储、虚拟化、负载均衡等传统计算机技术发展到一定阶段，和互联网技术融合发展的产物。

云计算的出现恰好可以解决低成本、高效、快速地解决无限增长的信息存储和计算问题这样一个摆在科学家面前的难题，同时它还使得 IT 基础设施可以资源化、服务化，使得用户可以按需定制。

1. 云计算的定义

云计算的技术、服务模式、理念均在不断演进和发展变化，对于什么是云计算，此处沿用受到业界广泛认可的 NIST（National Institute of Standards and Technology，美国国家标准与技术研究院）对云计算的定义："云计算是一种模式，能以泛在的、便利的、按需的方式通过网络访问可配置的计算资源（如网络、服务器、存储器、应用和服务），这些资源可实现快速部署与发布，并且只需要极少的管理成本或服务提供商的干预。"

云计算一般具有 5 大特征：按需获得的自助服务；广泛的网络接入方式；资源的规模池化；快捷的弹性伸缩；可计量的服务。

2. 云计算的主要服务模式

云计算的主要服务模式有以下 3 种。

（1）软件即服务（Software as a Service，SaaS）以服务的方式将应用软件提供给互联网最终用户。开发商将应用软件统一部署在自己的服务器上，客户可以根据自己的实际需求，通过互联网向开发商定购所需的应用软件服务，按定购的服务多少和时间长短支付费用，并通过互联网获得服务。

典型 SaaS 应用如 Salesforce 的 Sales Cloud（在线 CRM）、微软的 Office Online（在线办

公系统)、用友的在线财务系统等。

(2) 平台即服务 (Platform as a Service, PaaS) 以服务的方式提供应用程序开发和部署平台,就是指将一个完整的计算机平台,包括应用设计、应用开发、应用测试和应用托管,都作为一种服务提供给客户。此项服务主要面对应用开发者,在这种服务模式中,开发者不需要购买硬件和软件,只需要利用 PaaS 平台,就能够创建、测试和部署应用和服务,并以 SaaS 的方式交付给最终用户。

典型的 PaaS 服务如谷歌的 AppEngine(应用程序引擎)、微软的 Azure 平台、Salesforce 的 Force.com 等。

(3) 基础设施即服务 (Infrastructure as a Service, IaaS) 以服务的形式提供服务器、存储和网络硬件以及相关软件。它是三层架构的最底层,是指企业或个人可以使用云计算技术来远程访问计算资源,这包括计算、存储以及应用虚拟化技术所提供的相关功能。

全世界范围内知名的 IaaS 服务有亚马逊的 AWS、微软的 Azure、谷歌的谷歌云等,国内有阿里巴巴的阿里云、腾讯的腾讯云、电信的天翼云等。

3. 云计算的关键技术

支撑云计算的关键技术主要有分布式计算、分布式存储、服务器虚拟化、多租户、存储虚拟化、桌面虚拟化、云管理平台等。

(1) 分布式计算。分布式计算是让几个物理上独立的部件作为一个单独的系统协同工作,这些部件可能指多个 CPU,或者网络中的多台计算机。理想情况下,如果一台计算机能够在 5 秒内完成一项任务,那么 5 台计算机以并行的方式协同工作时就能在 1 秒内完成。而实际上,由于协同设计的复杂性,分布式计算的性能并不能随着节点数量的增加而线性增长,会有一些损失。

分布式计算要解决的核心问题是如何把一个大的应用程序分解成若干可以并行处理的子程序。有两种处理方法:一种是分割计算,即把应用程序的功能分割成若干个模块,由网络上多台机器协同完成;另一种是分割数据,即把数据集分割成小块,由网络上的多台计算机分别计算,然后对结果进行组合得出数据结论。对于海量数据分析等计算密集型问题,通常采取分割数据的分布式计算方法,对于大规模分布式系统则可能同时采取这两种方法。

(2) 分布式存储。分布式存储是指通过集群应用、网格技术或分布式文件系统等功能,将网络中大量各种不同类型的存储设备通过应用软件集合起来协同工作,共同对外提供数据存储和业务访问功能的一个系统。其核心是应用软件与存储设备相结合,通过应用软件来实现存储设备向存储服务的转变。

与传统存储相比,分布式存储具有低成本、高效率、部署灵活、扩展性好、可靠性高等优势;在降低运营成本的同时,可以提升服务质量,并且对上层应用、服务对象以及用户透明,大大简化了应用环节,节省了客户建设成本,同时提供了更强的存储和共享功能。

(3) 服务器虚拟化。服务器虚拟化也称系统虚拟化,它把一台物理计算机虚拟化成一台或多台虚拟计算机,各虚拟机间通过虚拟机监控器 (Virtual Machine Monitor, VMM) 的虚拟化层共享 CPU、网络、内存、硬盘等物理资源,每台虚拟机都有独立的运行环境。虚拟机可以看成是对物理机的一种高效隔离复制,要求同质、高效和资源受控。

(4) 多租户。多租户是支撑 SaaS 的一项核心软件架构技术。用于实现如何在多用户的环境下共用相同的系统或程序组件,仍可确保各用户间数据的隔离性。多租户的技术要点是在共用的数据中心内,以单一系统架构与服务为多个客户端提供相同甚至可定制化的服务,同时保障客户的数据隔离。

（5）存储虚拟化。存储虚拟化是将存储系统的内部功能从应用、主机或者网络资源上抽象、隐藏或者隔离的技术，其目的是进行与应用和网络无关的存储或数据管理。虚拟化为底层资源的复杂功能提供了简单、一致的接口，使得用户不必关心底层系统的复杂实现。

（6）桌面虚拟化。桌面虚拟化（也称云桌面）是典型的云计算应用，它能够在云中为用户提供远程的计算机桌面服务。云桌面技术在数据中心服务器上运行用户所需的操作系统和应用软件，然后采用桌面显示协议将操作系统桌面视图以图像的方式传送到用户端设备上。同时，服务器将对用户端的输入进行处理，并随时更新桌面视图的内容。

（7）云管理平台。此处的云管理平台特指 IaaS 云管理平台。云管理平台作为整个 IaaS 云体系的"大脑"，构建于服务器、存储、网络等基础设施及操作系统、中间件、数据库等基础软件之上，依据策略实现自动化的统一管理、调度、编排与监控。

4. 云计算系统的典型架构

云计算系统的典型架构一般包括虚拟资源池（物理资源与虚拟资源）、基础架构层、PaaS 平台层（SaaS 软件开发、管理与托管运营平台）、运营管理平台层、服务接入与门户层 5 个层次，贯穿这 5 个层次提供完善的业务活动监控与统一安全管理，如图 4-24 所示。

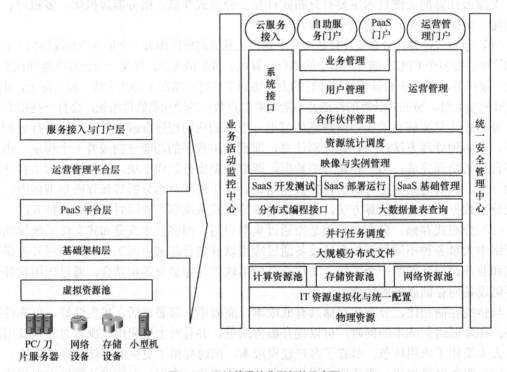

图 4-24　云计算系统典型架构示意图

- 虚拟资源池：主要实现物理资源与虚拟资源的管理，对资源的池化管理，便于资源的动态分配、再分配和回收，充分体现云计算弹性、可伸缩的特点。资源池主要分为计算资源池、存储资源池和网络资源池，同时也包括软件和数据等内容资源池。
- 基础架构层：此层体现出云计算自身独特的技术特性，主要表现在数据的存储、组织与管理，并行编程模式，并发控制与管理等方面。这一层包含大规模分布式文件系统、大数据量表查询、分布式编程接口和并行任务调度等功能。

- PaaS 平台层：提供一个 SaaS 软件开发、管理与托管运行的平台。PaaS 平台层必须依托于云计算基础架构，在云计算基础架构能力之上提供 SaaS 软件开发测试能力、部署运行能力以及基础管理能力。
- 运营管理平台层：主要实现映像与实例的全生命周期管理、资源的调度和监控、用户管理、合作伙伴管理、业务管理、平台接口管理、运营管理等功能。
- 服务接入与门户层：主要实现服务接入、自助服务门户、运营管理门户与 PaaS 平台门户等功能。

4.4.2 大数据技术

1. 大数据的定义和特征

IBM 提出的大数据的 4V 特征得到了业界的广泛认可。第一，数量，即数据巨大，从 TB 级别跃升到 PB 级别；第二，多样性，即数据类型繁多，不仅包括传统的格式化数据，还包括来自互联网的网络日志、视频、图片、地理位置信息等；第三，速度，即处理速度快；第四，真实性，即追求高质量的数据。

2. 大数据的技术体系

大数据的技术体系可以用一个层次结构描述，自低向高依次如下。

- 文件系统层：在这一层里，分布式文件系统需具备存储管理、容错处理、高可扩展性、高可靠性和高可用性等特性。
- 数据存储层：由于目前采集到的数据，十之七八为非结构化和半结构化数据，数据的表现形式各异，有文本的、图像的、音频的、视频的等，因此常见的数据存储也要对应有多种形式，有基于键值的、基于文档的，还有基于列和图表的。
- 资源管理器和资源协调器层：这一层是为了提高资源的高利用率和吞吐量，以达到高效的资源管理与调度的目的。在本层的系统需要对资源的状态、分布式协调、一致性和资源锁实施管理。
- 计算框架层：在本层的计算框架非常庞杂，有很多高度专用的框架包含在其内，有流式的、交互式的、实时的、批处理和迭代图等。
- 数据分析层：在这一层里，主要包括数据分析（消费）工具和一些数据处理函数库。这些工具和函数库可提供描述性的、预测性的或统计性的数据分析功能及机器学习模块。
- 数据集成层：在这一层里，不仅包括管理数据分析工作流中用到的各种适用工具，还包括对元数据（Metadata）管理的工具。
- 操作框架层：这一层提供可扩展的性能监测管理和基准测试框架。

3. 大数据技术

（1）数据存储

在大数据背景下，非关系型数据库 NoSQL 开始发展。这类数据库的主要特点为非关系型的、分布式的、开源的、水平可扩展的。

（2）数据分析

越来越多的应用涉及大数据，这些大数据的属性（包括数量、速度、多样性等）呈现了大数据不断增长的复杂性，所以，大数据的分析方法在大数据领域就显得尤为重要，可以说是决定最终信息是否有价值的决定性因素。

大数据分析的 6 个基本方面如下。

① 预测性分析能力。预测性分析可以让分析员根据可视化分析和数据挖掘的结果做出一些预测性的判断。

② 数据质量和数据管理。通过标准化的流程和工具对数据进行处理，可以保证一个预先定义好的高质量的分析结果。

③ 可视化分析。数据可视化是数据分析工具最基本的要求。可视化即可以直观地展示数据，让数据自己说话，让观众听到结果。

④ 语义引擎。非结构化数据的多样性带来了数据分析的新挑战，需要一系列工具去解析、提取、分析数据。语义引擎需要被设计成能够从"文档"中智能提取信息。

⑤ 数据挖掘算法。可视化是给人看的，数据挖掘就是给机器看的。集群、分割、孤立点分析还有其他的算法让人们深入数据内部，挖掘其价值。这些算法不仅要处理大数据的量，也要处理大数据的速度。

⑥ 数据存储，即数据仓库。数据仓库是为了便于多维分析和多角度展示数据按特定模式进行存储所建立起来的关系型数据库。

（3）数据可视化

数据可视化，是指将结构或非结构数据转换成适当的可视化图表，然后将隐藏在数据中的信息直接展现于人们面前。数据可视化能将数据以更加直观的方式展现出来，使数据更加客观、更具说服力。在可视化图表工具的表现形式方面，图表类型表现得更加多样化、丰富化。除了传统的饼图、柱状图、折线图等常见图形外，还有气泡图、面积图、省份地图、词云、瀑布图、漏斗图等图表，甚至还有 GIS 地图。

根据数据类型和性质的差异，数据可视化可分为以下几种类型。

- 统计数据可视化：用于对统计数据进行展示、分析。统计数据一般都是以数据库表的形式提供。
- 关系数据可视化：主要表现为节点和边的关系，如流程图、网络图、UML 图等。
- 地理空间数据可视化：地理空间通常特指真实的人类生活空间，地理空间数据描述了一个对象在空间中的位置。在移动互联网时代，移动设备和传感器的广泛使用使得每时每刻都产生着海量的地理空间数据。

（4）大数据处理过程

- 大数据采集：指利用多个数据库来接收发自客户端的数据，并且用户可以通过这些数据库来进行简单的查询和处理工作。
- 大数据导入和预处理：如果需要对海量数据进行有效的分析，还要将这些来自前端的数据导入到一个集中的大型分布式数据库，或者分布式存储集群中，并且可以在导入的基础上做一些简单的清洗和预处理工作。导入与预处理过程的特点和挑战主要是导入的数据量大，每秒的导入量经常会达到百兆，甚至千兆级别。
- 大数据统计和分析：主要利用分布式数据库，或者分布式计算集群来对存储于其内的海量数据进行普通的分析和分类汇总等，以满足大多数常见的分析需求。
- 数据挖掘：数据挖掘一般没有什么预先设定好的主题，主要是在现有数据上进行基于各种算法的计算，从而起到预测的效果，从而实现一些高级别数据分析的需求。

4.4.3 物联网技术

物联网被称为是继计算机、互联网与移动通信网之后的第 3 次信息革命浪潮。物联网是在现有各种网络基础上进行延伸和扩展形成的功能更强大的网络;网络功能延伸和完善后使得用户端扩展到了物体上,让任何物体都能够进行信息交换和通信。因此,物联网可理解为"物物相连的网络"。

1. 物联网的定义与特征

物联网是指通过传感器、射频识别技术、全球定位系统等技术,实时采集任何需要监控、连接、互动的物体或过程,采集其声、光、热、电、力学、化学、生物、位置等各种需要的信息,通过各种可能的网络接入,实现物与物、物与人的泛在链接,实现对物品和过程的智能化感知、识别和管理。

物联网的核心和基础仍然是互联网,是在互联网基础上延伸和扩展的网络;其用户端延伸和扩展到了任何物品与物品之间,进行信息交换和通信。通过物联网实现每一个物品都可以寻址,每一个物品都可以控制,每一个物品都可以通信。

物联网的 3 个主要特征为全面感知、可靠传输、智能处理。

- 全面感知:指物联网随时随地获取物体的各种信息,包括环境信息及物体本身的状态信息,如物体所处环境的温度、湿度、位置、物体的运动速度等信息。物联网通过 RFID、传感器、二维码等感知设备对物体的各种信息进行感知获取。
- 可靠传输:指物联网通过对无线网络与互联网的融合,将物体的信息实时、准确地传递给智能处理系统或用户,并将相关的控制信息向下传递到物体,以控制物体的动作或状态的改变。
- 智能处理:此部分将收集来的数据进行处理运算,然后做出相应的决策,来指导系统进行相应的改变,它是物联网应用实施的核心。

2. 物联网的技术架构

物联网的层次结构如图 4-25 所示。

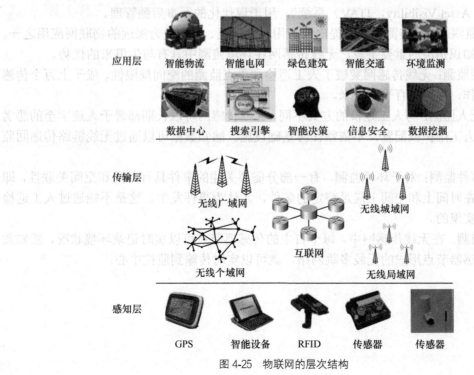

图 4-25 物联网的层次结构

- 感知层：主要实现物理世界信息的采集、自动识别和智能控制，包括传感器、RFID等数据采集设备，以及在数据传送到接入网关之前的小型数据处理设备和传感器网络。
- 传输层：是基于现有的通信网络和互联网建立的，包括各种无线网络、有线网络、接入网、核心网，主要实现感知层数据和控制信息的双向传递、路由和控制。
- 应用层：物联网应用涉及行业众多、涵盖面宽泛，总体上可分为身份相关应用、信息汇聚型应用、协同感知类应用和泛在服务应用。

3. 物联网的典型应用

（1）智能交通。智能交通系统（Intelligent Transportation Systems，ITS）是一种实时、准确、高效的交通运输综合管理和控制系统。它通过在基础设施和交通工具中广泛应用先进的感知技术、识别技术、定位技术、网络技术、控制技术等，对道路和交通进行全面分析、计算和控制，以提高交通运输系统的效率和安全，同时降低能耗和改善环境。

智能交通并非孤立的智能车辆或简单的车辆网络，而是将人、货物、车辆、道路设施有机结合，在信息交换的基础上实现交通管理、电子收费、紧急救援，甚至构建起先进的驾驶操作辅导系统、公共交通系统和货运管理系统的统一整体。

智能交通应用实例有交通检测和管理、不停车收费系统 ETC、智能停车管理等。

（2）智能物流。智能物流是现代物流发展的理想阶段，其发展呈精准化、智能化、协同化的特点。另外，智能物流还有细粒度、实时性、可靠性等特点，应体现在智能物流的各种服务中。

智能物流的应用实例如下。

- 基于物联网环境的仓储系统：采用物联网识别技术、感知技术和定位技术等，可以实时掌握物流过程中产品的品质、标识、位置等信息，实现智能化的仓储管理。
- 可视化 RFID 系统：美国国防部在全球部署了以 RFID 技术为主的"联合全资产可视化（Joint Total Asset Visibility，JTAV）系统"，用于现代化的军事后勤管理。

（3）环境监测。环境监测是最早提出的应用最为广泛、影响最为深远的物联网应用之一。作为物联网感知识别层的重要手段，无线传感网在环境监测中具有与生俱来的优势。

- 大范围监测：无线传感网突破了人工巡检和单点监测的空间局限性，成千上万个传感器节点协同工作，覆盖上百平方千米。
- 长期无人监测：与人工巡检的方式不同，无线传感网可以长期部署于人迹罕至的恶劣环境中，无需人工维护或配置，不依赖任何基础设施。感知数据可以通过无线链路传递回监控中心。
- 复杂事件监测：对于环境监测，有一部分需要关注的事件具有时间和空间关联性，即只有感知数据在时间上和空间上满足特定的条件，才认为事件发生。这是不能通过人工巡检或者单点监测实现的。
- 同步监测：在无线传感网中，每个自主的传感器节点可以实时记录环境状况，感知数据只需通过传感器节点形成的无线多跳网络，就可以实时传输到监控中心。

第 5 章 固定通信网

本章主要介绍几种传统的通信网,这几种通信网曾经在通信网发展历程中具有重要地位。随着通信技术和应用需求的快速发展与扩展,移动通信系统、互联网、物联网等新的通信系统和网络模式已成为目前通信领域的主流,早期的一些通信系统和网络逐渐淡出人们的视野。但是有些传统通信网的工作原理和工作模式为后来的新型网络奠定了深厚的技术基础,而许多诞生于传统通信网的技术原理依然在新型通信网模式中发挥作用。

5.1 固定电话网

PSTN 是我国发展最早的电信网,主要为用户提供电话业务、传真及低速数据业务。在我国通信发展的初中期,PSTN 曾经是规模最大、业务量最高的电信业务网。

1852—1972 年的 120 年间,形成了完整的 PSTN 网络形态,能够高质量地支持电话类实时业务,为电信技术的发展奠定了坚实的基础。

5.1.1 固定电话网的特点

固定电话网主要用于支持语音通信。语音业务的特点是传输速率恒定、对实时性要求高。为满足语音通信的特点,固定电话网采用电路交换方式。

PSTN 采用电路交换技术、多级分级网络结构。其中,电路交换是 PSTN 网络最有代表性的特征。早期的 PSTN 采用模拟技术,难以保证电信网络设备的性能,网络资源利用率难以提高,难以保证电信业务质量,不适合支持数据类非实时业务。

5.1.2 电路交换

1. 电路交换的含义

电路交换技术是一种为用户的每一个呼叫建立一个专用连接的技术。一个连接一旦建立,就一直被一对用户固定占用,无论他们是否通信,都不能被其他用户所共享。

在早期的电话网中,一个连接实际上就是一条物理链路(空分交换方式)。直到后来发明了时分多路复用(Time Division Multiplexing,TDM)技术,可以将一条物理链路划分为多个时隙,这样为每一个呼叫建立的连接就变成了传输链路中不同时隙之间的连接(时分交换方式)。但无论是物理传输链路还是 TDM 时隙,建立起来的连接仍然是一条专用通道,同样也只能由一对用户固定占用,而不能被其他用户共享。

完成电路交换的交换设备是电话交换机，现代电话网的电话交换机普遍采用程控数字交换系统，由硬件和软件两部分组成。

2. 电路交换通信过程

电路交换通信的过程包括以下 3 个阶段。

① 电路建立阶段：通过呼叫信令完成逐个节点的接续过程，建立起一条端到端的通信电路。

② 通信阶段：在已经建立的端到端的直通电路上透明地传送信号。

③ 电路拆除阶段：完成一次连接信息传送后，拆除该电路的连接，释放节点和信道资源。

3. 电路交换的特点

（1）采用面向连接的工作方式。当主叫摘机发起呼叫时，首先在与主被叫用户之间建立一条端到端的通话电路，即语音通路；然后在已经建立的端到端的直通电路上透明地传送语音信息；通话结束时拆除该连接，释放节点和信道资源。

（2）采用同步时分复用技术。电话网采用同步时分复用方式，固定分配带宽，多路语音信号分时使用一条物理传输链路。一个传输链路由多个时隙构成，每路语音信号占用一个时隙（带宽恒定），可依据时间位置来区分每一路语音信号。

（3）对用户信息的透明传输。为保证语音传输的实时性，电话网对用户信息不做任何处理，透明传输。

4. 电路交换的优点

电路交换在技术上的特点决定了电路交换具有以下优点。

① 信号传输的时延小，对于一次连接来说，传输时延固定不变。

② 传输效率比较高，语音信号在通路上"透明"传输，交换机对用户的信息不做任何处理，因此不需要添加用于控制的信息，在信号传输和处理方面的开销都比较小。

③ 利用电路交换网络传送数据信息时，数据信号的编码方法和信息格式不受限制。

5.1.3 固定电话网的组成

1. 电话网等级结构的概念

就全国范围内的电话网而言，很多国家采用等级结构。等级结构就是把全网的交换局划分成若干个等级，最高等级的交换局间直接互连，形成网形网。而低等级的交换局与管辖它的高等级的交换局相连，形成多级汇接辐射网即星形网。所以，等级结构的电话网一般是复合形网。

2. 等级结构的级数选择

决定等级结构级数选择的主要因素有以下两个。

（1）全网的服务质量，如接通率、接续时延、传输质量、可靠性等。

（2）全网的经济性，即网络建设与运营的总费用因素。另外，还应考虑国家幅员的大小，各地区的地理状况，政治、经济条件以及地区之间的联系程度等因素。

3. 我国电话网的等级结构

早在 20 世纪 70 年代电话网建设初期，由于当时长途话务流量的流向与行政管理的从属关系几乎一致，呈纵向的流向，原邮电部明确规定我国电话网的网络等级分为五级，由一、二、三、四级长途交换中心和一级本地网端局组成，如图 5-1 所示。

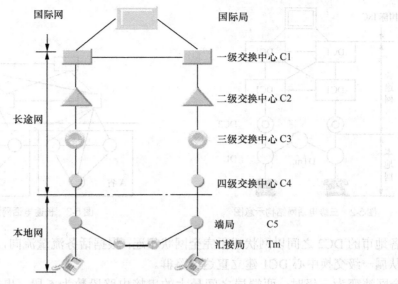

图 5-1 五级电话网结构示意图

电话网由长途网和本地网两部分组成。长途网设置一级、二级、三级、四级长途交换中心，分别用 C1、C2、C3 和 C4 表示；本地网设置汇接局和端局两个等级的交换中心，分别用 Tm 和 C5 表示，也可只设置端局一个等级的交换中心。

五级结构的电话网在网络发展的初级阶段是合理可行的，这种结构在电话网由人工向自动、模拟向数字的过渡中起了较好的作用。然而，在信息通信行业高速发展的今天，非纵向话务流量日趋增多，新技术、新业务层出不穷，多级网络结构的不足日益明显。就全网的服务质量而言表现如下。

① 有效性差。转接段数多导致接续时延长、传输损耗大、接通率低。例如，两个跨地市的县级用户之间的呼叫，需经 C4、C3、C2 等多级长途交换中心转接。

② 可靠性差。在多级长途网中，一旦某节点或某段电路出现故障，将会造成局部阻塞。

此外，从全网的网络管理、运行维护来看，网络结构划分得越细，交换等级数量就越多，导致网管工作复杂、繁重，同时也不利于新业务网的开放，难以适应支撑网的建设。

由于五级结构电话网的上述问题，我国电话网现在已经由五级过渡到了三级，即二级长途电话网加本地电话网，如图 5-2 所示。

国内长途交换中心分为两个等级，其中汇接全省转接（含终端）长途话务的交换中心为省级中心，用 DC1 表示；汇接本地网长途终端话务的交换中心用 DC2 表示。长途电话网的结构如图 5-3 所示。

（1）一级交换中心。一级交换中心（DC1）为省（自治区、直辖市）长途交换中心，其职能主要是汇接所在省（自治区、直辖市）的省际长途来去话务和一级交换中心所在本地网的长途终端话务。

DC1 之间以网状相连。地（市）本地网的 DC2 与本省（自治区）所属的 DC1 均以星形方式相连。

（2）二级交换中心。二级交换中心（DC2）是长途网的长途终端交换中心，其职能主要是汇接所在本地网的长途终端话务。

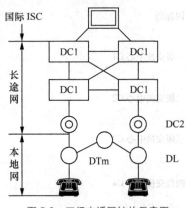

图 5-2 三级电话网结构示意图

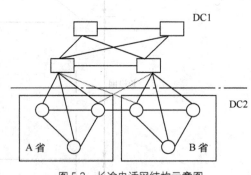

图 5-3 长途电话网结构示意图

各地市的 DC2 之间以网状或不完全网状相连；根据话务流量流向，二级交换中心也可以与非从属一级交换中心 DC1 建立直达电路群。

全网演变为三级时，两端局之间最大的串接电路段数为 5 段，串接交换中心数最多为 6 个。

4. 国际电话网

国际电话网采用三级网络结构，由 CT1、CT2 和 CT3 三级国际交换中心和它们之间的长途电路组成，用于疏通不同国家之间的国际长途话务，如图 5-4 所示。

一级国际交换中心 CT1 一般设置在较大的地理区域内，以汇接该区域的国际长途话务；二级国际交换中心 CT2 一般设置在每个 CT1 区域内的一些国际话务量较大的国家和地区；三级国际交换中心 CT3 则设置在每个国家，通常称为国际出口局或国际接口局，它将国内长途网和国际长途网连接起来。各 CT1 局之间均有直达电路，成网状连接；CT1 至 CT2、CT2 至 CT3 采用分区汇接方式。

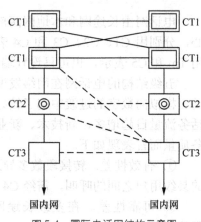

图 5-4 国际电话网结构示意图

5.2 分组交换网

1961 年，美国 Paul Baran 在美国空军兰德计划的研究报告中首先提出了分组交换技术，英国 Donald W.Davies 提出了分布式通信网和把电文分组进行存储转发的方案。1969 年，美国国防部根据上述发明和方案，建设成功了计算机网 ARPAnet。

1976 年，CCITT 通过建议 X.25 分组交换协议（原本），国际上数据分组交换网络逐步开始推广使用。1984 年，X.25 分组交换协议（修改本）取消数据报方式，只支持虚电路方式，标志着分组交换技术的成熟。

5.2.1 分组交换的基本概念

分组交换网采用分组交换方式，其核心思想是存储转发。有别于电路交换方式中一对通信用户占用一条通信链路的情况。分组交换是将用户数据进行分组打包，然后根据传输链路的忙闲状态和链路质量等因素进行路由选择,将这些数据分组经由不同的传输链路传送到目的地。

1. 分组交换的概念

分组交换中数据传输的最小单位是可变长度分组,它由分组体和分组头构成。分组头含有控制信息和选路信息等,分组体承载要传送的用户数据。

分组交换机对接收到的分组进行暂时存储,检测分组传输中有无差错,分析该分组头中有关选路的信息,进行路由选择,并在选择的路由(对应的端口)上进行排队,等待转发。

2. 分组的传输方式

分组的传输方式有两种:虚电路(Virtual Circuit,VC)和数据报(Datagram,DG)。

(1) 虚电路方式。虚电路方式是面向连接的传送方式,数据传输需要经历连接建立、数据传输和连接拆除 3 个阶段。虚电路方式有以下特点。

① 分组头简单。
② 传输效率高。
③ 对传输线路故障敏感。
④ 接收到的分组不会失序,适于传送连续的数据流。

虚电路分为两种:交换虚电路(Switching Virtual Circuit,SVC)和永久虚电路(Permanent Virtual Circuit,PVC)。SVC 方式中,在每次通信时用户需先发送呼叫请求来建立一条临时的虚电路,并在通信结束后拆除该虚电路。PVC 方式是应用户预约,在通信双方之间建立固定的虚电路,每次通信时无须呼叫申请,而是直接进入数据传送过程,在通信结束后也不会拆除该虚电路。

(2) 数据报方式。数据报方式是无连接的信息传送方式,即一个通信的每个分组经过每个节点都要独立地进行选路。

数据报方式的特点如下。

① 分组头复杂。
② 传输效率较低。
③ 选路灵活,可避开拥塞或故障线路,提高可靠性。
④ 到达分组会出现失序现象,需要重新排序,适于传输询问/响应型业务。

3. 分组交换的工作原理及技术特点

(1) 分组交换的工作原理。分组交换的核心就是将要传输的报文(或字符流)按一定规则拆分成很多小的分组,然后根据传输网络中各物理传输线路的忙闲程度,由分组交换节点(又称分组交换机)为各个分组动态分配合适的传输通道;当各传输通道上的分组传送到目的地后,再由目的地终端将分组重新组装成为完整的报文。

分组交换的基本工作过程如图 5-5 所示。假设分组交换网有 4 个交换节点,分别为节点 1、节点 2、节点 3 和节点 4。图中 A、B、C、D、E 为 5 个数据用户终端,其中 A、B、E 为一般终端(也称非分组型终端),C 和 D 为分组型终端。

一般终端不具有拆分报文和组装分组的功能,它发送和接收的是完整报文而不是分组。发送报文时需要借助分组装拆设备 PAD 将报文拆分成若干个分组,再以分组的形式在网络中进行传输和交换;接收报文时同样需要由 PAD 将接收到的多个分组重新组装成报文,再传送给该终端。

分组型终端具有拆分报文和组装分组的功能,因此在分组型终端中可直接将报文拆分成分组进行发送（如图 5-5 中的终端 C），或将分组组装成报文接收（如图 5-5 中的终端 D）。

图 5-5 中存在两种通信过程：①一般终端 A 和 B 与分组型终端 D 之间的通信；②分组型终端 C 与一般终端 E 之间的通信。

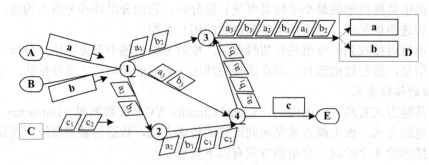

图 5-5 分组交换的基本工作过程

① 一般终端 A 发出报文 a，一般终端 B 发出报文 b，均发至分组节点 1，节点 1 将报文 a 拆分成 3 个分组 a1、a2、a3，将报文 b 拆分成 3 个分组 b1、b2、b3，经路由选择后，通过 3 条路径将上述分组传送到分组型终端 D。由终端 D 对接收到的分组进行选择与组装，从而完成分组传输与交换过程。

② 分组型终端 C 将已经拆分好的分组 c1、c2 发送到传输网络中，经路由选择后传送到分组节点 4，由分组节点 4 中的 PAD 单元将分组 c1 和 c2 组装成报文 c，再传送给一般终端 E。

这里有几个问题需要说明一下。

① 来自不同终端的不同分组可以去往分组交换机的同一出线，这就需要分组在交换机中排队等待，一般本着先进先出的原则（也有采用优先制的），等到交换机相应的输出线路有空闲时，交换机对分组进行处理并将其送出。

② 一般终端需经分组装拆设备（Packet Assembler Disassembler，PAD）才能接入分组交换网。

（2）分组交换的技术特点。分组交换的技术特点如下。

① 采用统计时分复用，实现动态分配带宽。

② 采用逐段独立的差错控制和流量控制，以保证数据通信的可靠性。

5.2.2 分组交换网协议及性能特点

1. 分组交换网协议概述

分组交换网的通信协议是由原 CCITT（现在更名为 ITU-T）制定的 X 系列建议，常用的 X 系列建议如表 5-1 所示。

表 5-1 常用的 CCITT X 系列建议

名称	作用
X.25 建议	公用数据网上以分组方式工作的数据终端设备（Data Terminal Equipment，DTE）与数据电路终接设备（Data Circuit-terminating Equipment，DCE）之间的接口规程
X.20 建议	定义了在公用数据网上提供起止式传输服务的 DTE 和 DCE 之间的接口
X.21 建议	定义了在公用数据网上提供同步工作的 DTE 和 DCE 之间的接口

续表

名称	作用
X.3 建议	规定了 PAD 的工作特性和向终端提供的基本功能
X.28 建议	规定了非分组型终端与 PAD 之间的接口规程
X.29 建议	规定了分组型终端与 PAD 之间的接口规程
X.75 建议	规定了不同的公用分组交换网之间互连的接口规程
X.32 建议	规定了经公用电话交换网等接入分组交换网的分组型终端 DTE 和 DCE（指本地分组交换机）之间的接口标准
X.121 建议	关于公用分组交换网的编号方案

2. X.25 建议

X.25 建议是分组交换网的核心协议，所以在有些情形下也把分组交换网简称为 X.25 网。

X.25 接口协议于 1976 年首次提出，它是在加拿大 DATAPAC 公用分组网相关标准的基础上制定的，在 1980 年、1984 年、1988 年和 1993 年又进行了多次修改，是使用最广泛的分组交换协议。

X.25 建议是分组型 DTE 和 DCE 之间的接口协议。该协议的制定实现了接口协议的标准化，使得各种分组型 DTE 能够自由地连接到各种分组交换网上。

作为用户设备和网络之间的接口协议，X.25 建议主要定义了数据传输链路的建立、保持和释放过程所需遵循的标准，数据传输过程中进行差错控制和流量控制的机制以及提供的基本业务和可选业务等。X.25 建议最初为 DTE 接入分组交换网提供了虚电路和数据报两种接入方式，自 1984 年之后，X.25 建议取消了数据报方式。

X.25 建议采用分层的体系结构，自下而上分为 3 层：物理层、数据链路层和分组层，分别对应于 OSI 参考模型的下 3 层，如图 5-6 所示。各层在功能上相互独立，每一层接受下一层提供的服务，同时也为上一层提供服务。在接口的对等层之间通过通信协议进行信息交换的协商、控制和信息的传输。

图 5-6 X.25 建议的分层结构

X.25 建议是标准化的接口协议，任何要接入到分组交换网的终端设备必须在接口处满足协议的规定。要接入到分组交换网的终端设备不外乎两种：一种是具有 X.25 建议的处理能力，可直接接入到分组交换网的终端，称为分组型终端（Packet Terminal，PT）；另一种是不具有 X.25 建议的处理能力必须经过协议转换才能接入到分组交换网的终端，称为非分组型终端（Non-Packet Terminal，NPT）。

（1）物理层。X.25 的物理层协议规定了 DTE 和 DCE 之间接口的电气特性、功能特性和机械特性以及协议的交互流程。与分组交换网的端口相连的设备称为 DTE，它可以是同步终端或异步终端，也可以是通用终端或专用终端，还可以是智能终端。DCE 是 DTE—DTE 远程通信传输线路的终接设备，主要完成信号变换、适配和编码功能。对于模拟传输线路，它一般为调制解调器（Modem）；对于数字传输线路，它为多路复用器或数字信道接口设备。

物理层完成的主要功能如下。

① DTE 和 DCE 之间的数据传输。
② 在设备之间提供控制信号。
③ 为同步数据流和规定比特速率提供时钟信号。
④ 提供电气地。
⑤ 提供机械的连接器（如针、插头和插座）。

X.25 物理层协议可以采用的接口标准有 X.21 建议、X.21 bis 建议以及 V 系列建议。

（2）数据链路层。X.25 数据链路层协议是在物理层提供的双向信息传输通道上，控制信息有效、可靠地传送的协议。X.25 的数据链路层协议采用的是 HDLC（高级数据链路控制规程）的一个子集——平衡链路访问规程（LAPB）协议。HDLC 提供两种链路配置：一种是平衡配置；另一种是非平衡配置。非平衡配置可提供点到点链路和点到多点链路。平衡配置只提供点到点链路。由于 X.25 数据链路层采用的是 LAPB 协议，所以 X.25 数据链路层只提供点到点的链路方式。

数据链路层的主要功能如下。

① 负责数据链路的建立、维持和拆除。数据链路层完成的主要功能就是建立数据链路，利用物理层提供的服务为分组层提供有效、可靠的分组信息。X.25 数据链路层所完成的工作主要可以分为 3 个阶段，即数据链路层所处的 3 种状态：链路建立、信息传输和链路断开。

② 差错控制，对数据帧进行检错和纠错。
③ 流量控制等。

（3）分组层。X.25 分组层是利用数据链路层提供的可靠传送服务，在 DTE 和 DCE 接口之间控制虚呼叫分组数据通信的协议。其主要功能如下。

① 支持 SVC 和 PVC。
② 建立和清除交换虚电路连接。
③ 为交换虚电路和永久虚电路连接提供有效、可靠的分组传输。
④ 监测和恢复分组层的差错。

X.25 的优点是经济实惠、安装容易、传输可靠性高、适用于误码率较高的通路。

X.25 的缺点是反复的错误检查过程颇为费时并加长传输时间，协议复杂、时延大，分组长度可变，存储管理复杂。

5.2.3 中国公用分组交换网

1989 年 11 月，中国建成第一个公用分组交换数据网试验网络。1992 年起，原邮电部开始着手建设新的公用分组交换数据骨干网（China Public Packet Switched Data Network，CHINAPAC），该网于 1993 年建成并正式投入使用。CHINAPAC 骨干网的结构如图 5-7 所示。

CHINAPAC 用 DPN-100 系列设备，由全国 31 个省、直辖市、自治区的 32 个交换中心组成（其中北京有两个）。网络管理中心设在北京；汇接中心分别设在北京、上海、南京、武汉、广州、西安、成都、沈阳 8 个城市；国际出入口局设在北京，辅助出入口局设在上海，中国港澳地区出入口局设在广州。

汇接中心采用完全网拓扑结构，网内每个交换中心都具有两个或两个以上不同汇接方向的中继电路，以确保网络安全可靠。交换中心之间根据业务量的大小和网络可靠性的要求可设置高效路由。

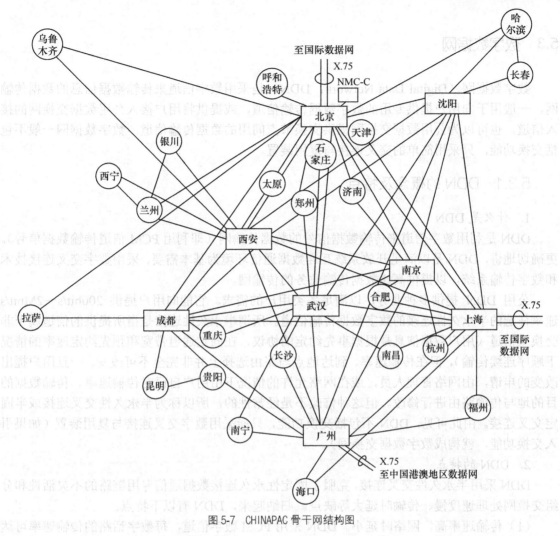

图 5-7 CHINAPAC 骨干网结构图

CHINAPAC 除了骨干网外，还有各省、市的地区网，地区网由各省、市地区交换中心组成。骨干网与各省、市地区的各交换中心采用辐射式连接。地区的每个交换机可具有两个或两个以上不同方向的中继电路。

CHINAPAC 可与 PSTN、VSAT 网、用户电报网、各地区分组交换网、国际及中国港澳地区分组交换网及局域网相连，也可以与计算机的各种主机及终端相连，可通过 PAD 与非分组终端相连。CHINAPAC 可以提供基本业务功能（交换虚电路和永久虚电路），还可提供任选业务（如闭合用户群、快速选择业务、反向计费业务、阻止呼入/呼出业务及呼叫转移）和新业务功能（如虚拟专用网、广播业务、帧中继、令牌环型局域网的智能桥功能、异步轮询接口功能及中继线带宽的动态分配等功能）。另外，CHINAPAC 上还可以开放电子邮件系统和存储转发传真系统等增值业务。

分组交换方式的重要意义在于：创建了无连接寻址方式、统计复用方式和异步传递方式，为后来发明 ATM 技术和 IP 技术体系奠定了基础。

5.3 数字数据网

数字数据网（Digital Data Network，DDN）是采用数字信道来传输数据信息的数据传输网，一般用于向用户提供专用的数字数据传输信道，或提供将用户接入公用数据交换网的接入信道，也可以为公用数据交换网提供交换节点间用的数据传输信道。数字数据网一般不包括交换功能，只采用简单的交叉连接与复用装置。

5.3.1 DDN 的概念及特点

1. 什么是 DDN

DDN 是利用数字信道来传输数据信号的数据传输网（即利用 PCM 信道传输数据信号）。更确切地讲，DDN 是以满足开放系统互连数据通信环境为基本需要，采用数字交叉连接技术和数字传输系统，以提供高速数据传输业务的传输网。

公用 DDN 提供多种业务，以满足各类用户的需求。它能向用户提供 200bit/s～2Mbit/s 速率任选的半永久性连接的数字数据传输信道。所谓半永久性连接是指所提供的信道属于非交换型信道（用户数据信息是根据事先约定的协议，在固定通道带宽和预先约定速率的情况下顺序连续传输），但在传输速率、到达地点与路由选择上并非完全不可改变。一旦用户提出改变的申请，由网络管理人员，或在网络允许的情况下由用户自己对传输速率、传输数据的目的地与传输路由进行修改。但这种修改不是经常性的，所以称为半永久性交叉连接或半固定交叉连接。由此可见，DDN 不包括交换功能，只能采用数字交叉连接与复用装置（如果引入交换功能，就构成数字数据交换网）。

2. DDN 的特点

DDN 采用半永久性交叉连接，克服了固定性永久连接数据通信专用链路的不灵活性和分组交换网处理速度慢、传输时延大等缺点。归纳起来，DDN 有以下特点。

（1）传输速率高，网络时延小。DDN 采用 PCM 数字信道，每数字话路的传输速率可达 64kbit/s。采用半永久性交叉连接可使 DDN 网络时延减小。

（2）传输质量好。DDN 采用数字信道传输，沿途可每隔一定距离设置一个再生中继器，以消除传输中的信道噪声积累和信号失真积累，可有效降低误码率。另外，由于 DDN 多采用光纤传输，进一步保证了较高的传输质量。

（3）传输距离远。采用再生中继传输方式，可有效延长通信距离。

（4）传输安全可靠。DDN 通常采用多路由的网状网或不完全网状网拓扑结构，因此中继传输段中任何一个节点发生故障（只要不是最终一段用户线），节点均会自动迂回改道，保障数据通信畅通。

（5）透明传输。在 DDN 中，数据通信的规程和协议由智能化用户终端完成，DDN 本身不受任何规程的约束，是一个全透明传输网，这也正是提高 DDN 传输速率、降低传输时延的重要前提之一。

（6）DDN 的网络运行管理简便。正是由于 DDN 把检错纠错等规程协议功能转移到智能化的数据终端设备上，因而使得网络运行中间的管理、监督等环节简化且易操作。

5.3.2 DDN 的组成及网络结构

1. DDN 的组成

DDN 由 DDN 节点、数字信道、用户环路和网络控制管理中心组成，如图 5-8 所示。

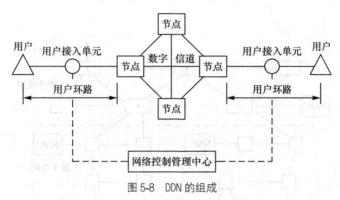

图 5-8 DDN 的组成

（1）DDN 节点。从组网功能来分，DDN 的节点可分为用户节点、接入节点和 2Mbit/s 中继节点（E1 节点）。从网络结构来分，DDN 的节点可分为一级干线网节点、二级干线网节点及本地网节点。

用户节点主要为 DDN 用户入网提供接口并进行必要的协议转换。用户节点包括小容量时分复用设备以及 LAN 通过帧中继互连的桥接器、路由器等。其中，小容量时分复用设备也可包括压缩语音/G3 传真用户接口。

接入节点主要为 DDN 的各类业务提供接入功能，主要包括 $N\times64\text{kbit/s}$（$N=1\sim31$），2 048kbit/s 数字信道的接口，$N\times64\text{kbit/s}$ 的复用，小于 64kbit/s 的子速率复用和交叉连接，帧中继业务用户的接入，压缩语音/G3 传真用户的接入功能等。

E1 节点用于网上的骨干节点，执行网络业务的转接功能，主要提供 2 048kbit/s（E1）接口，对 $N\times64\text{kbit/s}$ 进行复用和交叉连接，收集来自不同方向的 $N\times64\text{kbit/s}$ 电路，并把它们归并到适当方向的 E1 输出，或直接接到 E1 进行交叉连接。

枢纽节点用于 DDN 的一级干线网和各二级干线网。它与各节点通过数字信道相连，容量大，因而发生故障时的影响面大。在设置枢纽节点时，可考虑备用数字信道的设备，同时合理地组织各节点互连，充分发挥其效率。

（2）数字信道。各节点间数字信道的建立要考虑其网络的拓扑结构，网络中各节点间的数据业务量的流量、流向以及网络的安全。网络的安全问题主要考虑的是在网络中任一节点或与它相邻的节点相连接的数字信道发生故障时，该节点会自动转到迂回路由以保持通信正常进行。

（3）用户环路。用户环路又称用户接入系统，包括用户设备、用户线和用户接入单元。

用户设备通常是数据终端设备（如电话机、传真机、个人计算机以及用户自选的其他用户终端设备）。用户线一般采用市话电缆的双绞线。用户接入单元可由多种设备组成，对数据通信而言，通常是基带型或频带型单路或多路复用传输设备。

（4）网络控制管理中心。网络控制管理是保证全网正常运行，发挥其最佳性能效益的重要方式。网络控制管理一般应具有以下功能：用户接入管理（包括安全管理），网络结构和业务的配置，网络资源与路由管理，实时监视网络运行，维护、告警、测量和故障区段定位，网络运行数据的收集与统计，计费信息的收集与报告等。

2. DDN 的网络结构

我国 DDN 依据网络组建、运营、管理的地理区域，可分为一级干线网、二级干线网和本地网，如图 5-9 所示。不同等级的网络主要用 2 048kbit/s 的数字信道互连，也可用 $N×64kbit/s$ 的数字信道互连。

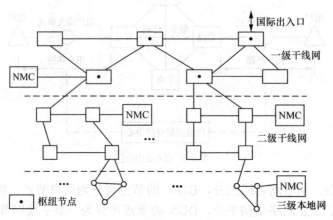

图 5-9　DDN 三级网络结构

按照网络的功能层次划分，DDN 可分成核心层、接入层和用户层。

（1）一级干线网。一级干线网由设置在各省、自治区、直辖市的节点组成，提供省间长途 DDN 业务，一级干线网可在省会和省内较大规模城市中设置节点。此外，还可根据国际电路的组织和业务需求设置国际出入口节点，国际的信道应优先使用 2 048kbit/s 数字信道，也允许采用 1 544kbit/s 数字信道，但此时该出入口节点应提供 1 544kbit/s 和 2 048kbit/s 之间的转换功能。为减少备用线的数目，或充分提高备用数字信道的利用率，在一级和二级干线网中，应根据电路组织情况、业务量和网络可靠性要求，选定若干节点为枢纽节点，连接至其他国家或地区。

一级干线网的核心层节点互连应遵照下列要求。

① 枢纽节点之间采用全网状网连接。

② 非枢纽节点应至少与两个枢纽节点相连。

③ 国际出入口节点之间、出入口节点与所有枢纽节点相连。

④ 根据业务需要和电路情况，可在任意两节点之间设置连接。

（2）二级干线网。二级干线网由设置在省内的节点组成，提供省内长途和出入省的 DDN 业务。二级干线在组成核心层网络时应设置枢纽节点，省内较大规模的地、县级城市可组建本地网。没有组建本地网的地、县级城市中所设置的中、小容量接入节点或用户接入节点，可直接连接到一级干线网节点上或经二级干线网的其他节点连接到一级干线网节点。

（3）本地网。本地网是指城市范围内的网络，在省内较大规模城市可组建本地网，为用户提供本地和长途 DDN 网络业务。

5.3.3　中国公用数字数据网

中国公用数字数据网骨干网于 1994 年 10 月 22 日正式开通，可通达各省会城市和直辖市。

全网有北京、上海和广州 3 个国际出入口局，以及北京、上海、成都、沈阳、广州、武汉、南京、西安 8 个枢纽局。中国公用数字数据网骨干网结构如图 5-10 所示。

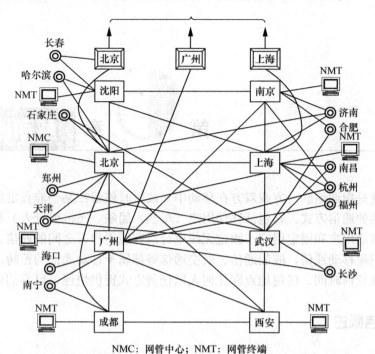

NMC：网管中心；NMT：网管终端

图 5-10　中国公用数字数据网骨干网结构

国家骨干网由传输层、用户接入层和用户层组成。传输层设备在每个枢纽局和省中心局都配置一台，负责传送来自用户接入层的数字信号。用户接入层在每个省、市和枢纽局设置若干个带宽管理器，作为用户接入设备，具有 64kbit/s 和 $N\times 64$kbit/s（N:1～31）速率的交叉连接和子速率交叉连接复用功能。国际出入口局采用带宽处理器，负责与国际 DDN 接续。这里的用户层是指进网的终端设备及其链路。

骨干网在北京设有全国网管中心，负责骨干网上的电路管理及调度。其他枢纽局设有网络管理终端。网络管理终端在网管中心授权范围内执行网络控制管理功能，并能互相交换网管的控制管理信息。骨干网的核心网管设备采用智能网管站。该网管设备为冗余配置，彩色图形显示。

第 6 章 移动通信系统

移动通信就是指通信的一方或双方在移动中（或暂时停留在某一非预定的位置上）进行信息传输和交换的通信方式。它包括移动用户（车辆、船舶、飞机或行人）和移动用户之间的通信，以及移动用户和固定用户（固定无线电台或有线用户）之间的通信。按此定义，陆地移动通信、卫星移动通信、舰船通信、航空通信等都属于移动通信的范畴。未来移动通信的目标就是能在任何时间、任何地点向任何人以任何方式提供快速、可靠的通信服务。

6.1 移动通信概述

6.1.1 移动通信的特点

移动通信与固定通信不同，它需要保障各移动用户在运动中的不间断通信，故它只能采用无线通信的方式，同时由于通信双方或一方处于运动状态，位置在不断变化，因此移动通信与固定通信相比还具有以下特点。

① 移动通信利用无线电波进行信息传输，其电波传播环境复杂，传播条件十分恶劣，特别是陆上移动通信。
② 干扰问题比较严重。
③ 移动通信可利用的频谱资源非常有限，而移动通信业务量的需求却与日俱增。
④ 移动通信系统的网络结构多种多样，系统交换控制、网络管理复杂，是多种技术的有机结合。
⑤ 移动通信设备（主要是移动台）必须适于在移动环境中使用，其可靠性及工作条件要求较高。

6.1.2 移动通信的主要技术及演进

纵观移动通信的发展历史进程，已经经历的完整发展阶段包括以下 6 个。

第一阶段是从 20 世纪 20—40 年代，移动通信的早期萌芽（起步）阶段。在此期间，在短波的几个频段上建立了一些专用的、简单的移动通信系统，如 1921 年开通的美国底特律警察车载无线电通信系统。

第二阶段是 20 世纪 40 年代中期到 20 世纪 60 年代初期，移动通信的初期发展阶段。此期间，在专用移动通信发展的基础上，开始向公用移动通信系统过渡，如 1946 年美国 Bell

公司在圣路易斯建立的被称为"城市系统"的世界上第一个公用汽车电话系统等。

第三阶段是 20 世纪 60 年代中期到 20 世纪 70 年代中期，移动通信系统的改进和完善阶段。在这一阶段，公用移动电话规模逐步扩大，采用大区制组网，中等容量，实现了无线信道自动选取和与公用电话网自动接续，并开始使用便携式移动终端，如美国的改进型移动电话系统、德国的 B 网等。

第四阶段是 20 世纪 70 年代中期至 20 世纪 80 年代中期，蜂窝移动通信诞生与蓬勃发展阶段。随着移动通信业务的发展，用户数的增长和频率资源有限的矛盾越来越尖锐。为此，美国贝尔实验室于 20 世纪 70 年代初提出了蜂窝系统的理论。据此理论，20 世纪 80 年代初 AMPS 系统首先在美国投入商用，随后英国也于 1983 年制定了 TACS 标准，并被世界上许多国家所采用。其他的系统还有日本的 HAMTS 系统、瑞典等北欧四国的 NMT-450 等。

第五阶段是 20 世纪 80 年代中期到 20 世纪 90 年代中期，数字蜂窝系统诞生、移动通信产业的成熟期。模拟蜂窝网虽然取得了很大成功，但也暴露了一些问题。例如，标准多样、不兼容、频谱利用率低、移动设备复杂、费用较高、业务种类受限制以及通话易被窃听等，更主要的问题是其容量已不能满足日益增长的移动用户需求。解决这些问题的方法是开发新一代数字蜂窝移动通信系统。数字无线传输的频谱利用率高，可大大提高系统容量。另外，数字网能提供语音、数据多种业务服务，并与 ISDN 等兼容。欧洲邮政和电信行政会议于 1982 年开始制定泛欧数字蜂窝系统标准，1991 年 GSM 数字蜂窝移动通信系统投入商用，后被世界上众多国家所采用，现已成为世界上拥有移动用户数最多的移动通信系统。除 GSM 外，还有美国的 IS-54、IS-95，以及日本的 PDC 等数字蜂窝移动通信系统等，统称为第二代蜂窝移动电话系统。

第六阶段是 21 世纪初，第三代移动通信系统的诞生期。随着多媒体通信的兴起，Internet、信息高速公路的普及，移动通信业务已不能只局限于语音通信和低速数据通信，为此 ITU 着手制定了新一代蜂窝移动通信标准。这个名为 IMT-2000 的第三代蜂窝移动通信标准于 2000 年正式颁布，欧洲提出的 WCDMA、美国提出的 cdma2000，以及我国提出的 TD-SCDMA 均被 ITU 正式确定为第三代移动通信标准。第三代移动通信承诺提供全球漫游，通过卫星和地面通信系统以无线方式接入全球电信基础设施，并为公共和专用网络的固定和移动用户提供服务。它体现了跨网络、跨领域、跨技术的个人通信特征，在全球范围提供移动终端的无缝漫游，具有支持高速多媒体业务的能力（最高速率达 2Mbit/s），并便于过渡及演进，目前已在许多国家和地区开通运营。

WCDMA 标准的演进简述如下，R99 版本中 WCDMA 依然采用 GSM/GPRS 核心网的结构，但是采用新的空中接口协议；R4 版本中完成了中国提出的 TD-SCDMA 标准化工作，同时引入了软交换的概念，将电路域的控制与业务分离，便于向全 IP 核心网结构过渡；R5 版本将 IP 技术从核心网扩展到无线接入网，形成全 IP 的网络结构，在 R4 基础上增加了 IP 多媒体子系统，同时在无线传输中引入高速下行分组接入技术，R8 版本已于 2009 年 3 月冻结。本章中介绍的内容主要基于 R99 版本。

cdma2000 是美国电信工业协会（Telecommunication Industry Association，TIA）提出的第三代 CDMA 移动通信系统的技术建议，是 IMT2000 系统的三大主流技术标准之一，也是 IS-95 标准向第三代移动通信系统演进的技术体制方案。实现 cdma2000 技术体制的正式标准名称为 IS-2000，由 TIA 制定，并经 3GPP2 批准成为第三代移动通信系统的空中接口标准。cdma2000 技术体制向下兼容 IS-95 系统。cdma2000 代表一个体系结构，可以表示一系列的子标准或不同版本的 cdma2000 标准。cdma2000 也可以代表空中接口所采用的技术。

cdma2000 系统的一个载波带宽为 1.25MHz。如果系统分别独立使用每个载波，则称为 cdma2000 1x 系统；如果系统将 3 个载波捆绑使用，则称为 cdma2000 3x 系统。cdma2000 1x 系统的空中接口技术称为 1x 无线传输技术（Radio Transmission Technology，RTT）。与此类似，cdma2000 3x 系统的空中接口技术称为 3x RTT，属于多载波技术。

近年来，在传统蜂窝移动通信技术高速发展的同时，宽带无线接入技术（如移动 WiMAX）也开始提供移动功能，试图抢占移动通信的部分市场。为了保证 3G 移动通信的持续竞争力，移动通信业界提出了新的市场需求，要求进一步加强 3G 技术，提供更强大的数据业务能力，向用户提供更好的服务，同时具有与其他技术进行竞争的实力。因此，3GPP 和 3GPP2 相应启动了 3G 技术长期演进（LTE）和空中接口演进（Air Interface Evolution，AIE）。2007 年 2 月，3GPP2 鉴于新的标准与 cdma2000 1xEV-DO 有较大差别，将新的空中接口标准命名为超移动宽带（Ultra Mobile Broadbandx，UMB），并于 2007 年 4 月正式颁布。2008 年年底，美国高通公司停止了 UMB 无线技术的研发，专注于 LTE 的开发。至此，全世界关于后 3G/4G 技术的走向，已经基本集中于 LTE。

按照 3GPP 组织的工作流程，3G LTE 标准化项目基本上可以分为两个阶段，2004 年 12 月到 2006 年 9 月为研究项目（SI）阶段，进行技术可行性研究，并提交各种可行性研究报告；2006 年 9 月到 2007 年 9 月为工作项目（WI）阶段，进行系统技术标准的具体制定和编写，完成核心技术的规范工作，并提交具体的技术规范。在 2009 年到 2010 年推出成熟的商用产品。

3GPP LTE 地面无线接入网络技术规范已通过审批，被纳入 3GPP R8 版本中，2009 年 3 月份的会议上 R8 版本基本上已经完成了。相比于传统的移动通信网络，LTE 在无线接入技术和网络结构上发生了重大变化。

从 2010 年起，移动通信的发展进入了 4G 和下一代移动通信系统（5G）的阶段。LTE 移动通信系统相对于 3G 标准在各个方面都有了不少提升，具有相当明显的 4G 技术特征，但并不能完全满足 IMT-Advanced 提出的全部技术要求，因此 LTE 不属于 4G 标准。为了实现 IMT-Advanced 的技术要求，在完成了 LTE（R8）版本后，3GPP 标准化组织在 LTE 规范的第二个版本（R9）中引入了附加功能，支持多播传输、网络辅助定位业务及在下行链路上波束赋形的增强。2010 年年底完成的 LTE（R10）版本的主要目标之一是确保 LTE 无线接入技术能够完全满足 IMT-Advanced 的技术要求，因此增强型长期演进（LTE-Advanced，LTE-A）这个名称常用于 LTE 的第 10 版（R10）。那些构成 LTE-Advanced 的功能正是 LTE 规范第 10 版（R10）的部分内容。R10 版本通过载波聚合增强了 LTE 的频谱灵活性，进一步扩展了多天线传输方案，引入了对中继的支持，并且提供了对异构网络部署下小区协调方面的改进。

LTE-A 关注于提供更高的能力，提升指标如下。增加峰值数据率，下行 3Gbit/s，上行 1.5Gbit/s。频谱效率从 R8 的最大 16bit/s/Hz 提高到 30bit/s/Hz。同一时刻活跃的用户数、小区边缘性能都有很大提高。

LTE-A 的第一个版本 R10 已被 ITU 接纳为 4G 国际标准，之后 LTE-A 又相继形成 R11、R12、R13 演进版本，后续版本继续向提升网络容量、增强业务能力、更灵活使用频谱等方面发展。

4G 技术和网络的快速演进直接推动了 5G 标准和技术发展。从技术特征、标准演进和产业发展角度分析，5G 存在新空口和 4G 演进空口两条技术路线。新空口路线主要面向新场景和新频段进行全新的空口设计，不考虑与 4G 框架的兼容，通过新的技术方案设计和引入创新技术来满足 4G 演进路线无法满足的业务需求及挑战，特别是各种物联网场景及高频段需求。4G 演进路线通过在现有 4G 框架基础上引入增强型新技术，在保证兼容性的同时实现现有系统性能的进一步提升，在一定程度上满足 5G 场景与业务需求。

此外，WLAN 已成为移动通信的重要补充，主要在热点地区提供数据分流。下一代 WLAN 标准（802.11ax）制定工作已经于 2014 年年初启动，预计将于 2019 年完成。面向 2020 年及未来，下一代 WLAN 将与 5G 深度融合，共同为用户提供服务。

制定全球统一的 5G 标准已成为业界共同的呼声，ITU 已启动了面向 5G 标准的研究工作，并明确了 IMT-2020（5G）工作计划，3GPP 作为国际移动通信行业的主要标准组织，将承担 5G 国际标准技术内容的制定工作。3GPP R14 阶段被认为是启动 5G 标准研究的最佳时机，R15 阶段可启动 5G 标准工作项目，R16 及以后将对 5G 标准进行完善增强。

6.2 第二代移动通信系统

6.2.1 GSM

欧洲各国为了建立全欧统一的数字蜂窝通信系统，于 1988 年制定出 GSM 标准，并在 1991 年率先投入商用，随后在整个欧洲、大洋洲以及其他许多国家和地区得到了普及，成为目前覆盖面最大、用户数最多的蜂窝移动通信系统，占据了全球移动通信市场 80% 以上的份额。

1. 系统组成

GSM 数字蜂窝通信系统的主要组成部分有移动台（Mobile Station，MS）、基站子系统（Base Station Subsystem，BSS）和网络子系统（Network Subsystem，NSS），如图 6-1 所示。BSS 由基站收发信机组（Bast Transceiver Station，BTS）和基站控制器（Base Station Controller，BSC）组成；网络子系统由移动交换中心（Mobile Switching Center，MSC）和操作维护中心（Operation and Maintenance Center，OMC）以及归属位置寄存器（Home Location Register，HLR）、访问位置寄存器（Visitor Location Register，VLR）、鉴权中心（Authentication Center，AUC）和设备识别寄存器（Equipment Identity Register，EIR）等组成。除此之外，GSM 网中还配有短信息业务中心（Service Center，SC），既可实现点对点的短信息业务，也可实现广播式的公共信息业务以及语音留言业务，从而提高网络接通率。

（1）NSS 主要具有交换功能以及用于进行用户数据与移动管理、安全管理等所需的数据库功能，它由一系列功能实体构成。

① MSC 是蜂窝通信网络的核心，主要功能是对位于本 MSC 控制区域内的移动用户进行通信控制、语音交换和管理，同时也为本系统连接别的 MSC 和其他公用通信网络[如公用交换电信网（Public Switched Telephone Network，PSTN）、综合业务数字网（Integrated Services Digital Network，ISDN）和公用数据网（Public Data Network，PDN）] 提供链路接口，完成交换功能、计费功能、网络接口功能、无线资源管理与移动性能管理功能等，具体包括信道的管理和分配、呼叫的处理和控制、过区切换和漫游的控制、用户位置信息的登记与管理、用户号码和移动设备号码的登记与管理、服务类型的控制、对用户实施鉴权、保证用户在转移或漫游的过程中实现无间隙的服务等。

② HLR 是 GSM 系统的中央数据库，存储着该 HLR 控制区内所有移动用户的管理信息，其中包括用户的注册信息和有关用户当前所处位置的信息等。每一个用户都应在入网所在地

的 HLR 中登记注册。

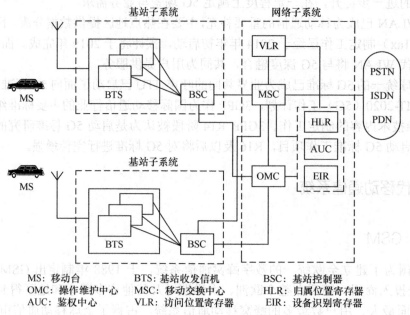

图 6-1 GSM 蜂窝移动电话系统结构示意图

③ VLR 是一个动态数据库,记录着当前进入其服务区内已登记的移动用户的相关信息,如用户号码、所处位置区域信息等。一旦移动用户离开该 VLR 服务区而在另一个 VLR 中重新登记时,该移动用户在原 VLR 服务区的相关信息即被删除。

④ AUC 存储着鉴权算法和加密密钥,在确定移动用户身份和对呼叫进行鉴权、加密处理时,提供所需的 3 个参数:随机号码(Random Number,RAND)、符号响应(Signed Response,SRES)及密钥加密键(Ciphering Key,Kc),用来防止无权用户接入系统和保证通过无线接口的移动用户通信的安全。

⑤ EIR 也是一个数据库,用于存储移动台的有关设备参数,主要完成对移动设备的识别、监视、闭锁等功能,以防止非法移动台的使用。

⑥ OMC 用于对 GSM 系统的集中操作维护与管理,允许远程集中操作维护管理,并支持高层网络管理中心的接口,具体又包括无线操作维护中心(Operation and Maintenance Center-Radio,OMC-R)和交换网络操作维护中心(Operation and Maintenance Center-Swiched,OMC-S)。OMC 通过 X.25 接口对 BSS 和 NSS 分别进行操作维护与管理,实现事件/告警管理、故障管理、性能管理、安全管理和配置管理功能。

(2)BSS 包括 BTS 和 BSC。该子系统由 MSC 控制,通过无线信道完成与 MS 的通信,主要负责无线信号的收发以及无线资源管理等功能。

① BTS 包括无线传输所需要的各种硬件和软件,如多部收发信机、支持各种小区结构(如全向、扇形)所需要的天线、连接基站控制器的接口电路以及收发信机本身所需要的检测和控制装置等。它实现对服务区的无线覆盖,并在 BSC 的控制下提供足够的与 MS 连接的无线信道。

② BSC 是 BTS 和移动交换中心之间的连接点,也为 BTS 和 OMC 之间交换信息提供接

口。一个基站控制器通常控制几个 BTS，完成无线网络资源管理、小区配置数据管理、功率控制、呼叫和通信链路的建立和拆除、本控制区内移动台的过区切换控制等功能。

（3）移动台。移动台即便携台（手机）或车载台，它包括移动终端（Mobile Terminal，MT）和用户识别模块（SIM 卡）两部分，其中移动终端可完成语音编码、信道编码、信息加密、信息调制和解调以及信息发射和接收等功能，SIM 卡则存有确认用户身份所需的认证信息以及与网络和用户有关的管理数据。只有插入 SIM 卡后移动终端才能入网，同时 SIM 卡上的数据存储器还可用作电话号码簿或支持手机银行、手机证券等 STK 增值业务。

（4）系统接口。GSM 系统在制定技术规范时对其子系统之间及各功能实体之间的接口和协议做了比较具体的定义，使不同的设备供应商提供的 GSM 系统基础设备能够符合统一的 GSM 技术规范而达到互通、组网的目的。为使 GSM 系统实现国际漫游功能和在业务上迈入面向 ISDN 的数据通信业务，必须建立规范和统一的信令网络以传递与移动业务有关的数据和各种信令信息。因此，GSM 系统引入 No.7 信令系统和信令网络，也就是说 GSM 系统的公用陆地移动通信网的信令系统是以 No.7 信令网络为基础的。

GSM 系统接口示意图如图 6-2 所示，系统内部的主要接口有 Um、Abis、A、B、C、D、E、F 及 G 等。

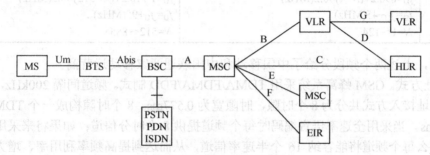

图 6-2　GSM 系统接口示意图

（5）系统接口信令。在 GSM 移动通信系统中，信令模型采用 OSI 7 层协议对应的下 3 层协议结构，从低到高依次包括物理层、数据链路层、网络层，如图 6-3 所示。

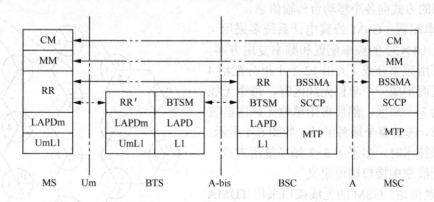

LAPDm：Dm 信道的链路接入规程　　　RR：无线资源管理
CM：连接管理　　　　　　　　　　　MM：移动管理
LAPD：D 信道的链路接入规程　　　　BTSM：BTS 管理部分
MTP：消息传送部分　　　　　　　　　SCCP：信令连接和控制部分
BSSMA：BSS 管理应用部分

图 6-3　GSM 系统接口信令模型

2. 无线空中接口

无线空中接口（Um 接口）规定了 MS 与 BTS 间的物理链路特性和接口协议，是系统最重要的接口。

（1）GSM 系统无线传输特性

① 工作频段。GSM 系统包括 900MHz 和 1 800MHz 两个频段，如表 6-1 所示。早期使用的是 GSM900MHz 频段，随着业务量的不断增长，DCS1800MHz 频段投入使用。目前，在许多地方这两个频段的网络同时存在，构成"双频"网络。

表 6-1　　　　　　　　　　GSM 使用的 900MHz、1 800MHz 频段

比较	900MHz 频段（E-GSM）	1 800MHz 频段
频率范围	890MHz～915MHz（移动台发，基站收） 925MHz～960MHz（移动台收，基站发）	1 710MHz～1 785MHz（移动台发，基站收） 1 805MHz～1 880MHz（移动台收，基站发）
频带宽度	25MHz	75MHz
信道带宽	200kHz	200kHz
频道序号	1～124	512～885
中心频率	$f_U=890.2+(N-1)\times0.2(\text{MHz})$ $f_D=f_U+45(\text{MHz})$ $N=1～124$	$f_U=1\ 710.2+(N-512)\times0.2(\text{MHz})$ $f_D=f_U+95(\text{MHz})$ $N=512～885$

在我国，上述两个频段分给了中国移动和中国联通两家移动运营商。

② 多址方式。GSM 蜂窝系统采用 TDMA/FDMA/FDD 制式。频道间隔 200kHz，每个频道采用时分多址接入方式共分为 8 个时隙，时隙宽为 0.577ms。8 个时隙构成一个 TDMA 帧，帧长为 4.615ms。当采用全速率语音编码时每个频道提供 8 个时分信道；如果将来采用半速率语音编码，那么每个频道将能容纳 16 个半速率信道，从而达到提高频率利用率、增大系统容量的目的。收发采用不同的频率，一对双工载波上下行链路各用一个时隙构成一个双向物理信道，根据需要分配给不同的用户使用。移动台在特定的频率上和特定的时隙内，以突发方式向基站传输信息，基站在相应的频率上和相应的时隙内，以时分复用的方式向各个移动台传输信息。

③ 频率配置。GSM 蜂窝电话系统多采用 4 小区 3 扇区（4×3）的频率配置和频率复用方案，即把所有可用频率分成 4 大组 12 个小组分配给 4 个无线小区而形成一个单位无线区群，每个无线小区又分为 3 个扇区，然后再由单位无线区群彼此邻接排布，覆盖整个服务区域，如图 6-4 所示。当采用跳频技术时，多采用 3×3 频率复用方式。

（2）无线空中接口信道定义

① 物理信道。GSM 的无线接口采用 TDMA 接入方式，即在一个载频上按时间划分 8 个时隙构成一个 TDMA 帧，每个时隙称为一个物理信道，通常，一个物理信道的时隙在时间上不是邻接的。每个用户在指定载频和时隙的物理信道上

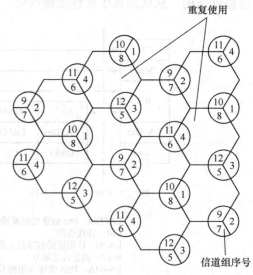

图 6-4　4×3 频率复用

接入系统并周期性地发送和接收脉冲突发序列，完成无线接口上的信息交互。每个载频的 8 个物理信道记为信道 0~7（时隙 0~7），当采用半速率语音编码后，每个频道可容纳 16 个半速率信道。当需要更多的物理信道时，就需要增加新的载波，因而 GSM 实质上是一个 FDMA 与 TDMA 的混合接入系统。

② 逻辑信道。根据无线接口上 MS 与网络间传送的信息种类，GSM 定义了多种逻辑信道传递这些信息。逻辑信道在传输过程中映射到某个物理信道上，最终实现信号的传输。

逻辑信道可分为两类，即业务信道（Traffic Channel，TCH）和控制信道（Control Channel，CCH），如图 6-5 所示。

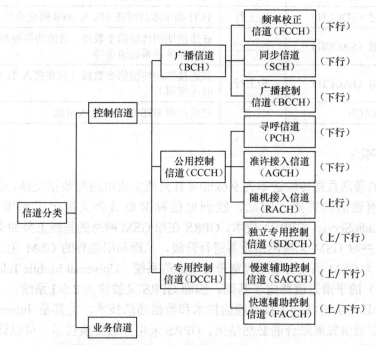

图 6-5　GSM 系统的信道分类

- TCH：主要传送数字语音或用户数据，在前向链路和反向链路上具有相同的功能和格式。GSM 业务信道又可以分为全速率业务信道（TCH/F）和半速率业务信道（TCH/H）。当以全速率传送时，用户数据包含在每帧的一个时隙内；当以半速率传送时，用户数据映射到相同的时隙上，但是在交替帧内发送。也就是说，两个半速率信道用户将共享相同的时隙，但是每隔一帧交替发送。目前使用的是全速率业务信道，将来采用低比特率语音编码器后可使用半速率业务信道，从而在信道传输速率不变的情况下，信道数目可加倍，也就是系统容量加倍。

因此，一个频道可提供 8 个全速率或 16 个半速率业务信道（或两者的组合）并包括各自所带有的随路控制信道。

- CCH：用于传送信令和同步信号。某些类型的控制信道只定义给前向链路或反向链路。GSM 系统中有 3 种主要的控制信道：广播信道、公共控制信道和专用控制信道。每个信道由几个逻辑信道组成，这些逻辑信道按时间分布提供 GSM 必要的控制功能。

CCH 信道的类型及功能如表 6-2 所示。其中，小区广播信道（Cell Broadcast Channel，CBCH）在图 6-5 中没有列出，是因为该信道重用 SDCCH，用于下行发送小区广播信息，每个小区只有一个 CBCH。

表 6-2   CCH 信道的类型及功能

信道名称	方向	功能与任务
频率校正信道（FCCH）	下行	给移动台提供 BTS 频率基准
同步信道（SCH）	下行	BTS 的基站识别及同步信息（TDMA 帧号）
广播控制信道（BCCH）	下行	广播系统信息
准许接入信道（AGCH）	下行	SDCCH 信道指配
寻呼信道（PCH）	下行	发送寻呼消息，寻呼移动用户
小区广播信道（CBCH）	下行	发送小区广播消息
独立专用控制信道（SDCCH）	下/上行	TCH 尚未激活时在 MS 与 BTS 间交换信令消息
慢速随路控制信道（SACCH）	下/上行	在连接期间传输信令数据，包括功率控制、测量数据、时间提前量及系统消息等
快速随路控制信道（FACCH）	下/上行	在连接期间传输信令数据（只在接入 TCH 或切换等需要时才使用）
随机接入信道（RACH）	上行	移动台向 BTS 的通信接入请求

6.2.2 GPRS

GSM 系统的最高数据传输速率为 9.6kbit/s 且只能完成电路型数据交换，远不能满足迅速发展的移动数据通信的需要。因此，欧洲电信标准委员会又推出了通用分组无线业务（GeneralPacketRadioServie，GPRS）技术。GPRS 在原 GSM 网络的基础上叠加支持高速分组数据业务的网络，并对 GSM 无线网络设备进行升级，从而利用现有的 GSM 无线覆盖提供高速分组数据业务。为 GSM 系统向第三代宽带移动通信系统（Universal Mobile Telecommunication Service，UMTS）的平滑过渡奠定了基础，因而 GPRS 又被称为 2.5G 系统。

GPRS 技术较完美地结合了移动通信技术和数据通信技术，尤其是 Internet 技术，它是 GSM 网络和数据通信发展融合的必然结果。GPRS 采用分组交换技术，可以让多个用户共享某些固定的信道资源，也可以让一个用户占用多达 8 个时隙。如果把空中接口上的 TDMA 帧中的 8 个时隙捆绑用来传输数据，可以提供高达 171.2kbit/s 的无线数据接入，并可向用户提供高性价比业务并具有灵活的资费策略。GPRS 可以将网络服务提供与业务提供有效地分开。此外，GPRS 能够显著地提高 GSM 系统的无线资源利用率，它在保证语音业务质量的同时，利用空闲的无线信道资源提供分组数据业务，并可对它采用灵活的业务调度策略，大大提高了 GSM 网络的资源利用率。

1. GPRS 网络的结构

GPRS 网络的结构简图如图 6-6 所示。

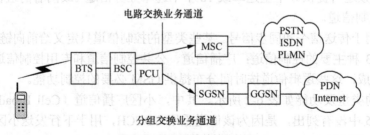

图 6-6 GPRS 网络的结构简图

GPRS 在现有的 GSM 网络的基础上增加了新的网络实例，如 GPRS 网关支持节点（Gateway GPRS Supporting Node，GGSN）、GPRS 服务支持节点（Serving GSN，SGSN）和分组控制单元（Packet Control Unit，PCU）等，并对部分原 GSM 系统设备进行升级，以满足分组数据业务的交换与传输。同原 GSM 网络相比，新增或升级的设备如下。

（1）SGSN 的主要功能是对 MS 进行鉴权、移动性管理和进行路由选择，建立 MS 到 GGSN 的传输通道，接收 BSS 传送来的 MS 分组数据，通过 GPRS 骨干网传送给 GGSN 或反向工作，并进行计费和业务统计。

（2）GGSN 主要起网关作用，充当与外部多种不同数据网的相连，如 ISDN、PSPDN 及 LAN 等。对于外部网络它就是一个路由器，因而也称为 GPRS 路由器。GGSN 接收 MS 发送的分组数据包并进行协议转换，从而把这些分组数据包传送到远端的 TCP/IP 或 X.25 网络，或进行相反的操作。另外，GGSN 还具有地址分配和计费等功能。

（3）PCU 通常位于 BSC 中，用于处理数据业务，将分组数据业务在 BSC 处从 GSM 语音业务中分离出来，在 BTS 和 SGSN 间传送。PCU 增加了分组功能，可控制无线链路，并允许多个用户占用同一无线资源。

（4）原 GSM 网设备升级。GPRS 网络使用原 GSM 基站，但基站要进行软件更新：GPRS 要增加新的移动性管理程序，通过路由器实现 GPRS 骨干网互连；GSM 网络系统要进行软件更新和增加新的 MAP 信令和 GPRS 信令等。

（5）GPRS 终端。网络必须采用新的 GPRS 终端。GPRS 移动台有 A、B、C 3 种类型。

• A 类：可同时提供 GPRS 服务和电路交换承载业务的能力。即在同一时间内既可进行 GSM 语音业务又可以接收 GPRS 数据包。

• B 类：可同时侦听 GPRS 和 GSM 系统的寻呼信息，同时附着于 GPRS 和 GSM 系统，但同一时刻只能支持其中的一种业务。

• C 类：要么支持 GSM 网络，要么支持 GPRS 网络，通过人工方式进行网络选择更换。GPRS 终端也可以做成计算机 PCMCIA 卡，用于移动 Internet 接入。

2. GPRS 的特点

GPRS 系统具有以下特点。

（1）传输速率快。GPRS 支持 4 种编码方式并采用多时隙（最多 8 个时隙）合并传输技术，使数据速率最高可达 171kbit/s，而初期速率为 9kbit/s～50kbit/s。

（2）可灵活地支持多种数据应用。

（3）网络接入速度快。GPRS 网本身就是一个分组型数据网，支持 IP 协议，因此它与数据网络建立连接的时间仅几秒钟，且支持一个用户占用多个信道，提供较高的接入速率，远快于电路型数据业务。

（4）可长时间在线连接。由于分组型传输并不固定占用信道，因此用户可以长时间保持与外部数据网的连接（"永远在线"），而不必进行频繁的连接和断开操作。

（5）计费更加合理。

（6）高效地利用网络资源，降低通信成本。GPRS 在无线信道、网络传输信道的分配上采用动态复用方式，支持多用户共享一个信道（每个时隙允许最多 8 个用户共享）或单个用户独占同一载频上的 1～8 个时隙的机制。并且仅在有数据通信时占用物理信道资源，因此大大提高了频率资源和网络传输资源的利用率，降低通信成本。

（7）利用现有的无线网络覆盖，提高网络建设速度，降低建设成本。在无线接口，GPRS

采用与 GSM 相同的物理信道，定义了新的用于分组数据传输的逻辑信道。可设置专用的分组数据信道，也可按需动态占用语音信道，实现数据业务与语音业务的动态调度，提高无线资源的利用率。因此，GPRS 可利用现有的 GSM 无线覆盖，提高网络建设速度，降低建设成本，提高网络资源利用率。

（8）GPRS 的核心网络顺应通信网络的发展趋势，为 GSM 网向第三代演进打下基础。GPRS 核心网络采用了 IP 技术，一方面可与高速发展的 IP 网（Internet 网）实现无缝连接，另一方面可顺应通信网的分组化发展趋势，是移动网和 IP 网的结合，可提供固定 IP 网支持的所有业务，在 GPRS 核心网的基础上逐步向第三代移动通信网核心网演进。

3. GPRS 的业务

GPRS 是一个应用业务承载平台，提供的是手机（数据终端）到业务平台的传输通道。真正的业务是依靠业务开发平台实现的，提供丰富的基于 IP 和移动的业务，GPRS 几乎可以支持除交互式多媒体业务以外的所有数据应用业务。

GPRS 业务可分为点对点业务和点对多点业务，提供的主要业务如下。

（1）Internet 业务向用户提供便捷和高速的移动 Internet 业务，如 Web 浏览、E-mail、FTP 文件传输、Telnet 远程登录等。

（2）移动办公、移动数据接入业务（提供与企业内部网 Intranet 互通）。

（3）WAP 业务、聊天、移动 QQ、在线游戏等。

（4）GPRS 短消息。

（5）远程操作（在线股票交易、移动银行等）。

（6）定位业务（GPS 定位信息传输）。

（7）信息服务 GPRS 可向用户提供丰富多彩的信息服务，如新闻、时刻表、交通信息、账户查询、股市行情、调度管理、订票、天气预报、业务广告等。

6.3 第三代移动通信系统

6.3.1 WCDMA 系统

1. WCDMA 网络的特点

（1）工作频段和双工方式。WCDMA 支持两种基本的双工工作方式：FDD 和 TDD。在 FDD 模式下，上行链路和下行链路分别使用两个独立的 5MHz 的载频，发射和接收频率间隔分别为 190MHz 和 80MHz。此外，也不排除在现有的频段或别的频段使用其他的收发频率间隔；在 TDD 模式下只使用一个 5MHz 的载频，上、下行信道不是成对的，上、下行链路之间分时共享同一载频。

（2）多址方式。WCDMA 是一个宽带直扩码分多址系统，通过用户数据与扩频码相乘，从而把用户信息比特扩展到更宽的带宽上去。

WCDMA 系统中，数据流用正交可变扩频码（Orthogonal Variable Spreading Factor，OVSF）来扩频，扩频后的码片速率为 3.84Mchip/s，OVSF 码也被称为信道化码。扩频后的数据流使用 Gold 码为数据加扰，Gold 码具有很好的互相关特性，适合用来区分小区和用户。WCDMA 系统中 Gold 码在下行链路区分小区，在上行链路区分用户。为支持高的比特速率（最高 2Mbit/s），WCDMA 采用了可变扩频因子和多码连接。

（3）语音编码。WCDMA 中的声码器采用自适应多速率（Adaptive Multi-Rate，AMR）技术。多速率声码器是一个带有 8 种信源速率的集成声码器，8 种信源码速率分别为 12.2kbit/s（GSM-EFR）、10.2kbit/s、7.95kbit/s、7.40kbit/s（IS-641）、6.70kbit/s（PDC-EFR）、5.90kbit/s、5.15kbit/s 和 4.75kbit/s。

（4）信道编码。WCDMA 系统中使用的信道编码类型有卷积编码和 Turbo 编码两种。

WCDMA 系统中，当业务信道（公用和专用传输信道上）的数据传输速率小于或等于 32kbit/s 时，采用卷积编码，码率为 1/2 或 1/3，约束长度 $k=9$；当数据传输速率大于或等于 64kbit/s 时，采用 Turbo 编码。

（5）功率控制。快速、准确的功率控制是保证 WCDMA 系统性能的基本要求。

功率控制解决的基本问题是远近效应，即解决接收机接收到近距离发射机的信号比较容易，而接收到远距离发射机的信号比较困难的问题。功率控制通过调整发射机的发射功率，使得信号到达接收机时，信号强度基本相等。为了能够及时地调整发射功率，需要快速地反馈，从而减少系统多址干扰，同时也降低了传输功率，可有效地满足抗衰落的要求。WCDMA 系统采用的快速功率控制速率为 1 500 次/s，称为内环功率控制，同时应用在上行链路和下行链路，控制步长 0.25～4dB 可变。

相对于内环功率控制，为了保证服务质量，无论针对上行链路还是下行链路，误块率必须低于设定值，而信干比（Signal to Interference Ratio，SIR）必须高于预定的目标值。功率控制的目的就是找到合适的目标 SIR，保证每条无线链路都能达到要求的服务质量。通常处于较差无线信道条件中的用户要比处于较好无线信道条件中的用户需要更高的目标 SIR。寻找合适的目标 SIR 的机制称为外环功率控制。外环功率控制的速率要低得多，最多为 100 次/s。

（6）切换。切换的目的是为了当 UE 在网络中移动时保持无线链路的连续性和无线链路的质量。WCDMA 系统支持软切换、更软切换、硬切换和无线接入系统间切换，也可以表述为同频小区间的软切换、同频小区内扇区间的更软切换、同一无线接入系统内不同载频间的硬切换和不同无线接入系统间的切换。

（7）同步方式。WCDMA 不同基站间可选择同步和异步两种方式，异步方式可以不采用 GPS 精确定时，支持异步基站运行，室内小区和微小区基站的布站就变得简单了，使组网的实现方便、灵活。

（8）可变数据速率。WCDMA 系统支持各种可变的用户数据速率，适应多种速率的传输，可灵活地提供多种业务，并根据不同的业务质量和业务速率分配不同的资源。在每个 10ms 期间，用户数据速率是恒定的，然而这些用户之间的数据容量帧与帧之间是可变的。同时对多速率、多媒体的业务可通过改变扩频比（对于低速率的 32kbit/s、64kbit/s、128kbit/s 的业务）和多码并行传送（对于高于 128kbit/s 的业务）的方式来实现。这种快速的无线容量分配一般由网络来控制，以达到分组数据业务的最佳吞吐量。

此外，WCDMA 空中接口还采用一些其他的技术，如自适应天线、多用户检测、下行发射分集、分集接收和分层式小区结构等来提高整个系统的性能。

2. WCDMA 网络结构与接口

UMTS 网络系统的结构如图 6-7 所示，包括的网元和接口功能如下。

（1）UE。UE 完成人与网络间的交互，通过 Uu 接口与无线接入网相连，与网络进行信令和数据交换。UE 用来识别用户身份和为用户提供各种业务功能，如普通语音、数据通信、移动多媒体、Internet 应用等。UE 主要由移动设备（Mobile Equipment，ME）和通用用户识别模块（Universal Subscriber Identity Module，USIM）两部分组成。Cu 接口是 USIM 和 ME 之间的接口，Cu 接口采用标准接口。

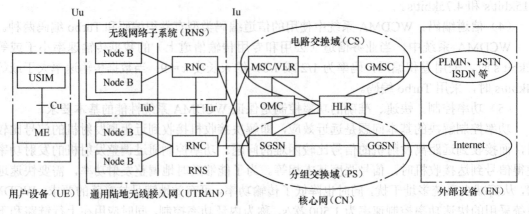

图 6-7　UMTS 网络系统的结构

（2）通用地面无线接入网（Universal Terrestrial Radio Access Network，UTRAN）。UTRAN 位于两个开放接口 Uu 和 Iu 之间，完成所有与无线有关的功能。UTRAN 的主要功能有宏分集处理、移动性管理、系统的接入控制、功率控制、信道编码控制、无线信道的加密与解密、无线资源配置、无线信道的建立和释放等。UTRAN 由一个或几个无线网络子系统（Radio Network Subsystem，RNS）组成，RNS 负责所属各小区的资源管理。每个 RNS 包括一个无线网络控制器（Radio Network Controller，RNC）、一个或几个 Node B（即通常所称的基站，GSM 系统中对应的设备为 BTS）。RNC 主要完成连接的建立和断开、切换、宏分集合并和无线资源管理控制等功能。Node B 的主要功能是 Uu 接口物理层的处理。UTRAN 接口均为开放的标准接口，Uu 接口是 WCDMA 系统的无线接口，Iu 接口是连接 UTRAN 和 CN 的接口，类似于 GSM 系统的 A 接口和 Gb 接口。Iub 接口是连接 Node B 与 RNC 的接口。Iur 接口是 RNC 之间连接的接口，Iur 接口是 UMTS 系统特有的接口，用于对 UTRAN 中移动台的移动管理。

（3）核心网。核心网承担各种类型业务的提供以及定义，包括用户的描述信息、用户业务的定义及相应的一些其他过程。UMTS 核心网负责内部所有的语音呼叫、数据连接和交换，以及与其他网络的连接和路由选择的实现。不同协议版本核心网之间存在一定的差异。

R99 版本的核心网完全继承了 GSM/GPRS 核心网的结构，由电路交换域（Circuit Switched，CS）和分组交换域（Packet Switched，PS）组成，兼容 2G 无线接入和 WCDMA 无线终端接入。CS 域负责电路型业务，由 GMSC、MSC 和 VLR 等功能实体组成。PS 域实现移动数据分组业务，由 SGSN 和 GGSN 组成，而 HLR、AUC 等功能实体由电路域和分组域共用。R4 版本在电路域提出了承载独立的核心网，运用分层设计的思想，实现业务逻辑与控制、承载之间的分离，引入了软交换技术，达到了 CS 域传输和 PS 域分组传输的相互独立和统一，保证网络层的协议能独立于不同的传输方式（ATM、IP、STM 等传输方式）。R5 版本则叠加了 IP 多媒体子系统，包括提供 IP 多媒体业务的所有实体。R6 以后的版本，网络结构方面变化不大，主要是对已有功能的增强，或增加一些新的功能。

（4）外部网络。核心网的 CS 域通过 GMSC 与外部网络相连，如 PSTN、ISDN 及其他公共陆地移动网（Public Land Mobile Network，PLMN）。

核心网的 PS 通过 GGSN 与外部的 Internet 及其他 PDN 等相连。

3. WCDMA 网络中的编号计划

（1）UMTS 网络的服务区域划分。在蜂窝移动通信网络中，为了向用户提供服务，网络需要随时掌握移动用户所在的位置，网络需要进行位置和服务区域管理。UMTS 网络的服务区域划分如图 6-8 所示。

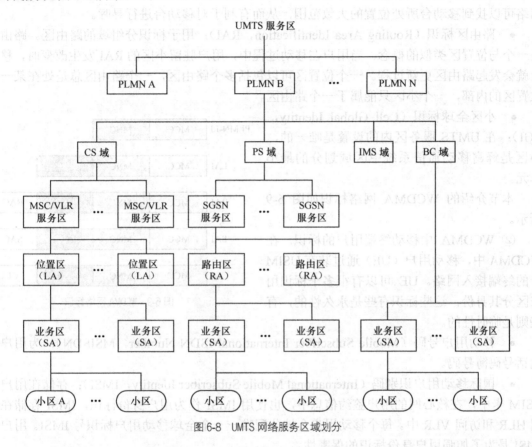

图 6-8 UMTS 网络服务区域划分

与 GSM 网络的服务区域相比，UMTS 网络分为 CS 域、PS 域、广播域（Broadcast，BC）及 IMS 域（R5 版本），新增了业务区的概念。网络实体的编号和用户编号对于呼叫处理过程以及用户的移动性管理过程都是非常重要的。网络的编号计划与网络结构、网络功能及移动性管理等紧密相关。

（2）WCDMA 网络中的编号计划。

① 与服务区有关的编号。蜂窝移动通信最基本的区域单位就是小区，而根据网络结构、网络提供服务的需要，多个小区的集合可以使用不同的网络标识来表示。下面给出 WCDMA 网络中与服务区划分有关的一些网络标识。

- PLMN 标识：PLMN 是通过 PLMN-Id 来进行标识的。一个小区只能属于一个 PLMN。
- 核心网的域标识：用于在迁移过程中识别核心网的结点。WCDMA 网络在空中接口上传输的信令通过 RNC 传送到核心网，RNC 同时与核心网的电路域和分组域相连，RNC 负责将来自 UE 发往核心网的信令消息发送出去。这些信令消息有些是经由电路域的，有些则是经由分组域的，经由不同域的信令消息在空中接口上是通过不同的域标识来实现消息的正确路由的。

- 服务区标识（Service Area Identifier，SAI）：用于标识同一个位置区下的一个或多个小区，用于核心网络识别移动用户的位置。
- 位置区标识（Location Area Identity，LAI）：用于标识位置区。位置区的大小从范围上来说是指用户在移动的过程中不需要对 VLR 中的位置信息进行更新的区域。通过位置区，网络可以找到移动台所处位置的大致范围，从而有利于对移动台进行寻呼。
- 路由区标识（Routing Area Identification，RAI）：用于标识分组域的路由区。路由区是一个与位置区类似的概念。当用户在移动过程中，用户驻留小区的 RAI 发生改变时，移动台就会发起路由区更新过程。一个位置区可以包括多个路由区，一个路由区总是处在某一个位置区的内部，一个小区只能属于一个路由区。
- 小区全球标识（Cell Global Identity，CGI）：在 UMTS 服务区内的设置是唯一的，小区是蜂窝移动通信系统中区域划分的最小单元。

本节介绍的 WCDMA 网络标识如图 6-9 所示。

② WCDMA 中移动终端用户的标识。在 WCDMA 中，移动用户（UE）通过装有 USIM 卡的终端接入网络。UE 可以有很多个标识用来区分其身份，这些标识有些是永久性的，有些则是临时性的。

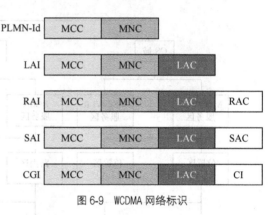

图 6-9 WCDMA 网络标识

- 移动用户号码（Mobile Subscriber International ISDN Number，MSISDN）：为用户的电话号码簿号码。
- 国际移动用户识别码（International Mobile Subscriber Identity，IMSI）：存储在用户的 USIM 卡中，在核心网的用户签约信息中，也使用 IMSI 作为用户身份标识，IMSI 存储在归属 HLR 和访问 VLR 中。每个移动用户会被分配唯一一个全球移动用户标识号 IMSI。用户的 IMSI 是为了加强用户身份标识的保密性。
- 临时用户身份识别：为了避免 IMSI 在空中接口频繁传送，防止 IMSI 被盗用，保证移动网络的安全，系统采用了临时用户身份识别（Temporary Mobile Subscriber Identities，TMSI）的保护手段。
- 国际终端设备识别号（International Mobile station Equipment Identity，IMEI）和国际终端设备与软件版本号（International Mobile Station Equipment Identity and Software Version Number，IMEISV）：用于标识一个移动台设备。
- 移动用户漫游号码（Mobile Station Roaming Number，MSRN）：是由用户在漫游时由访问网络 VLR 临时分配的一个号码，MSRN 用于在访问网络中标识移动用户。一旦 MSRN 释放后，该 MSRN 由 VLR 重新分配使用。MSRN 与用户的 MSISDN 具有相同的格式。
- 无线网络临时标识（Radio Network Temporary Identity，RNTI）：是接入网 UTRAN 在接入网层次上为用户分配的临时身份标识，用于在 UTRAN 中及 UE 与 UTRAN 间的信令消息中标识 UE。

- IP 地址：当 UE 发起一个分组呼叫时，UE 会使用一个 IP 地址，IP 地址可以是一个 IPv4 地址，也可以是一个 IPv6 地址。

WCDMA 网络中的编号计划还包括与网络节点有关的编号（MSC、GSN、HLR 等）、信令点编码、与 IP 多媒体域有关的编号、UTRAN 专用资源的编号等。这些编号的正确使用都是网络正常运行的保证，限于篇幅不一一介绍了。

4. WCDMA 系统中的切换

根据切换发生时移动台与源基站和目标基站连接方式的不同，WCDMA 系统采用的切换方式有软切换、更软切换和硬切换，如图 6-10 所示。

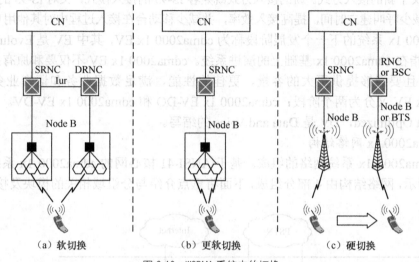

图 6-10 WCDMA 系统中的切换

软切换同时与多个小区保持通信，接收端利用宏分集技术降低了接收信号衰落的概率，减少了移动台的发射功率，在小区边缘采用软切换有助于降低掉话率。更软切换是软切换的一种特殊情况，这种切换发生在同一基站具有相同频率的不同扇区之间。

软切换和更软切换的区别在于，更软切换发生在同一个 Node B 范围内，分集信号在 Node B 做最大增益合并，而软切换发生在两个 Node B 之间，分集信号在 RNC 做选择合并。

WCDMA 系统中硬切换包括同频、异频和异系统之间 3 种情况。

6.3.2 cdma2000 系统

1. cdma2000 1x 的特点

相比 IS-95 系统，cdma2000 1x 系统在空中接口部分引入的以下新技术。

（1）前向链路采用快速功率控制。移动台向基站发出调整基站发射功率的指令，闭环功率控制速率可以达到 800bit/s，这样可以对功率进行更为精确的调整，降低了前向链路的干扰，从而降低了移动台信噪比要求，最终可以起到增大系统前向信道容量、节约基站耗电的作用。

（2）增加了反向导频信道。基站利用反向导频信道发出扩频信号捕获移动台的发射，再用 Rake 接收机实现相干解调。与 IS-95 采用非相干解调相比，提高了反向链路性能，降低了移动台的发射功率，提高了反向链路的容量。

（3）前向链路采用发射分集技术。发射分集技术提高了系统的抗衰落能力，改善了前向信道的信号质量，系统容量也会有进一步的增加。

（4）前向链路引入快速寻呼信道。基站使用快速寻呼信道向移动台发出指令，决定移动台是处于监听寻呼信道还是处于低功耗状态的睡眠状态。移动台不必长时间连续监听前向寻呼信道，可减少移动台的激活时间，减小了移动台的功耗，提高了移动台的待机时间。

（5）编码采用 Turbo 码。cdma2000 1x 中，数据业务信道可以采用 Turbo 编码，Turbo 码仅用于前向补充信道和反向补充信道。

（6）灵活的帧长。cdma2000 1x 支持 5ms、10ms、20ms、40ms、80ms 和 160ms 多种帧长，根据不同类型信道选择不同的帧长。

（7）定义了新的接入方式。新的接入方式既兼容 IS-95 的接入模式，又对 IS-95 的不足进行了改进，可以减少呼叫建立时间，提高接入效率，并减少移动台在接入过程中对其他用户的干扰。

cdma2000 1x 系统的下一个发展阶段称为 cdma2000 1x EV，其中 EV 是 Evolution（演进）的缩写，意指在 cdma2000 1x 基础上的演进系统。cdma2000 1x EV 不仅要和原有系统保持后向兼容，而且要能够提供更大的容量、更佳的性能，满足数据业务和语音业务的需求。cdma2000 1x EV 又分为两个阶段：cdma2000 1x EV-DO 和 cdma2000 1x EV-DV。DO 指 Data Only 或 Data Optimized，DV 是 Data and Voice 的缩写。

2. cdma2000 1x 网络结构

（1）cdma2000 1x 系统网络的组成。基于 ANSI-41 核心网的 cdma2000 1x 系统网络结构如图 6-11 所示，网络结构由 4 部分组成，下面将重点介绍与分组域相关的模块及接口的功能。

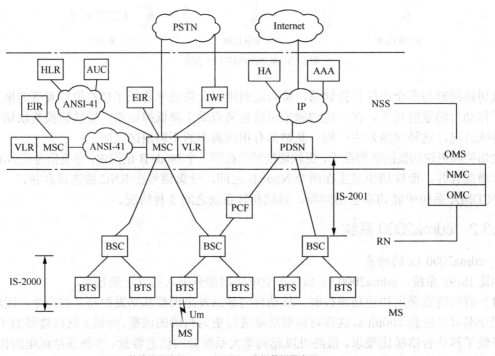

BTS：基站收发信机　　　　　　PDSN：分组数据服务器
BSC：基站控制器　　　　　　　MSC/VLR：移动交换中心/拜访位置寄存器
PCF：分组控制功能　　　　　　HLR/AUC：归属位置寄存器/鉴权中心
HA：归属代理　　　　　　　　　AAA：鉴权、授权与计账服务器

图 6-11　cdma2000 1x 系统的网络结构

① MS：通过空中接口为用户提供服务的设备。按照不同的射频能力，移动台可以分为车载台、手提式及手机3种类型。

② 无线网络（Radio Network，RN）：为移动用户提供服务的无线接入点，实现无线信息传输到有线信息传输的互换，完成无线资源的管理和控制，并与网络交换系统交换信息，包括有 BTS、BSC 和分组控制功能（Packet Control Function，PCF）。

③ 网络交换系统（Network Switching System，NSS）：分为电路域和分组域两部分，为移动用户提供基于电路交换和分组交换的业务，所有的业务都在无线网络中分流。

核心网电路域与 IS-95 一样，包括 BTS、BSC、MSC/VLR 和 HLR/AUC 等网元。网络结构中核心网分组域新增的网元为分组数据服务节点（Packet Data Serving Node，PDSN）、归属代理（Home Agent，HA）、鉴权授权与计账服务器（Authentication Authorization Accounting，AAA）。

④ 操作维护系统（Operation Maintenance System，OMS）：提供在远端操作、管理和维护 CDMA 网络的能力，包括 NMC 和 OMC 两部分。

（2）新增模块及功能。相对于 IS-95 网络，cdma2000 1x 网络中新增的模块及功能如下。

① PCF 通常作为无线网络设备设置于 BSC 内，也可以与 BSC 同址外置。作为实现分组业务所必备的功能单元，PCF 主要用来建立、保持和终结与 PDSN 的连接，与 PDSN 之间进行互操作支持休眠切换，用来保持无线资源状态（如激活、休眠等），缓存和转发由 PDSN 到达的分组数据，请求无线资源管理等。

② PDSN 是连接 RN 和分组数据网的接入网关。主要功能是提供移动 IP 服务，使用户可以访问公共数据网或专有数据网。PDSN 可以为每一个用户终端建立、终止 PPP 连接，以向用户提供分组数据业务。PDSN 与 RADIUS 服务器配合向分组数据用户提供认证功能、授权和计费功能。PDSN 从 AAA 服务器接收用户的特性参数，从而区分不同业务和不同安全机制。

③ HA 提供用户漫游时的 IP 地址分配、路由选择和数据加密等功能，主要负责用户分组数据业务的移动管理和注册认证，包括鉴别来自移动台的移动 IP 的注册信息，将来自外部网络的分组数据包发送到外地代理（Foreign Agent，FA），通过加密服务建立、保持或终止 FA 与 PDSN 之间的通信，接收从 AAA 服务器得到的用户身份信息，为移动用户分配动态或静态的归属 IP 地址等。

④ AAA 主要负责管理分组交换网的移动用户的权限，开通的业务，提供身份认证、授权以及计费服务。因为 AAA 主要采用的协议为 RADIUS，所以 AAA 有时也被称为 RADIUS 服务器。

3. cdma2000 1x 接口简介

IS-2000 是 cdma2000 技术的接口标准或规范，定义了 MS 和 BSC 之间的接口。IS-2000 物理层规范定义了无线传输部分的内容，包括频率参数、扩频参数、系统定时、射频调制、差错控制及物理信道的配置参数等。IS-2001 是第三代移动通信系统采用的互操作性规范，定义了无线网络与网络交换系统的接口，如 BSC 与 MSC 的接口、PCF 与 PDSN 及 BSC 与 PCF 等。

MSC/VLR 与 HLR/AUC 之间的接口基于 ANSI-41 协议。BTS 在小区建立无线覆盖区域用于移动台通信，移动台可以是基于 IS-95 或 cdma2000 1x 制式的手机。BSC 可对多个 BTS 进行控制，Abis 接口用于连接 BTS 和 BSC，A1 接口用于传输 MSC 与 BSC 之间的信令信息，A2 接口用于传输 MSC 与 BSC 之间的语音信息，A3 接口用于传输 BSC 与业务数据单元（Service Data Unit，SDU）之间的用户业务（包括语音和数据）和信令，A7 接口用于传输 BSC

之间的信令,支持 BSC 之间的软切换。电路域完成用户基于电路交换技术的传统服务,如语音业务、低速的电路数据业务等,同时提供这些服务所需的呼叫控制、移动性管理和用户管理等功能。

PCF 用于转发无线子系统和 PDSN 分组控制单元之间的信息,PDSN 节点为 cdma2000 1x 接入 Internet 的接口模块。A8 接口用于传输 BSC 和 PCF 之间的用户业务,A9 接口用于传输 BSC 和 PCF 之间的信令信息,A10 和 A11 接口都是无线接入网和分组核心网之间的开放接口,A10 接口用于传输 PCF 和 PDSN 之间的用户业务,A11 接口用于传输 PCF 和 PDSN 之间的信令信息。PCF 和 PDSN 通过支持移动 IP 的 A10、A11 接口互连,可以支持分组数据业务传输。

6.3.3 TD-SCDMA 系统

1. TD-SCDMA 系统的主要特点

TD-SCDMA 标准是中国信息产业部电信科学研究院在国家主管部门的支持下,根据多年的研究提出的具有一定特色的第三代移动通信系统标准。TD-SCDMA 于 2001 年 3 月被第三代移动通信合作伙伴项目组织(3GPP)列为第三代移动通信采用的 5 种技术中的 3 大主流技术标准之一,与 UMTS 和 IMT-2000 的建议完全融合,其标准包含在 3GPP 的 R4 版本中,成为 TD-SCDMA 可完全商用版本的标准。

TD-SCDMA 核心网与 WCDMA 核心网基本相同,所不同的地方在于无线接入网络部分。与 WCDMA 和 cdma2000 标准比较,TD-SCDMA 拥有以下特点。

(1)混合多址方式。TD-SCDMA 系统采用混合多址接入方式。TD-SCDMA 无线传输方案是 FDMA、TDMA 和 CDMA 3 种基本多址技术的结合应用,如图 6-12(a)所示,图 6-12(b)所示为 WCDMA/cdma 2000 多址方式示意图。鉴于智能天线与联合检测技术相结合应用在 TD-SCDMA 系统,相当于引入了空分多址技术,所以也可以认为 TD-SCDMA 系统综合运用了 TDMA/CDMA/FDMA/SDMA 多址接入技术。TD-SCDMA 采用的混合多址方式降低了小区间的干扰,允许更为密集的频谱复用,提高了传输容量和频谱利用率,增加了规划的灵活性,支持单载波和多载波方式。

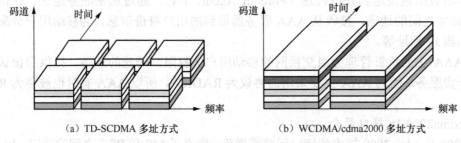

(a)TD-SCDMA 多址方式 　　　　　(b)WCDMA/cdma2000 多址方式

图 6-12　TD-SCDMA 和 WCDMA/cdma2000 多址方式

(2)TDD 双工方式。TD-SCDMA 采用 TDD 双工方式。在 TDD 模式下,通过周期性地转换传输方向,允许在同一个载波上交替地进行上、下行链路传输。TDD 方案的优势在于,可以改变上、下行链路间转换点的位置,当进行对称业务时,选择对称的转换点位置;当进行非对称业务时,可在一个适当的范围内选择转换点位置。这样,对于对称和非对称两种业务,TDD 模式都可提供最佳的频谱利用率和最佳的业务容量,特别适合移动 Internet 业务。

TD-SCDMA 系统采用 TDD 双工方式,系统收发信使用同一频段,上、下行链路的无线环境一致性好,适合使用智能天线技术,但也存在一定的不足,如要求基站间必须同步,需要较大的瞬时发射功率等。

TD-SCDMA 的信号带宽为 1.28MHz，载波间隔为 1.6MHz，码片速率为 1.28Mchip/s。采用 TDD 方式，仅需单载波 1.6MHz 的频带就可提供速率达 2Mbit/s 的 3G 数据业务。若带宽为 5MHz 则支持 3 个载波，使频率规划灵活，频谱利用更充分，组网能力增强，频谱利用率远远高于采用 FDD 方式的其他 3G 技术。

（3）TD-SCDMA 的物理信道。TD-SCDMA 的基本物理信道特性由频率、码和时隙决定。其帧结构将 10ms 的无线帧分成两个 5ms 的子帧，每个子帧中有 7 个常规时隙和 3 个特殊时隙。信道的信息速率与符号速率有关，符号速率由 1.28Mchip/s 的码片速率和扩频因子所决定。

（4）TD-SCDMA 核心网络。TD-SCDMA 核心网络基于 GSM/GPRS 网络的演进，并保持与它们的兼容性。TD-SCDMA 支持多种通信接口，与 WCDMA 的 Iu、Iub、Iur 等多种接口相同，可以单独组网或作为无线接入网和 WCDMA 混合组网，具有较好的网络兼容性和灵活的组网方式，支持 2G 向 3G 的演进和平滑过渡。

（5）TD-SCDMA 网络中的关键技术。TD-SCDMA 作为 CDMA TDD 的一种，具备 TDD 的所有优点，如混合多址方式、上下行链路特性的一致、时隙按上下行链路所需数据量进行动态分配等。TD-SCDMA 独特的帧结构保证它可以采用一些先进的物理层技术，主要有智能天线技术、联合检测技术、上行同步、接力切换和动态信道分配等，从而提高系统的性能。这些关键技术也是 TD-SCDMA 和其他 3G 标准竞争的核心竞争力。

由于 TD-SCDMA 标准源于 3GPP 标准，采用的很多标准和 UMTS 相同。TD-SCDMA 系统的空中接口物理层与 WCDMA 不同，高层结构及功能与 3GPP 协议一致。下面重点介绍 TD-SCDMA 空中接口的协议结构、物理层及物理层的主要工作。

2. TD-SCDMA 空中接口

（1）TD-SCDMA 空中接口的协议结构。与 WCDMA 的空中接口协议结构一样，TD-SCDMA 系统的空中接口（Uu）协议结构也分为 3 层：物理层、数据链路层和网络层，其中数据链路层由 MAC 子层、无线链路控制（Radio Link Control，RLC）子层、分组数据汇聚协议（Packet Data Convergence Protocol，PDCP）子层和广播/多播控制（Broadcast/Multicast Control，BMC）子层组成。从不同协议层如何承载用户各种业务的角度将信道分成 3 类：逻辑信道、传输信道和物理信道。

① 逻辑信道。逻辑信道是 MAC 子层向 RLC 子层提供的数据传输服务，表述承载的任务和类型。逻辑信道根据不同数据传输业务定义逻辑信道的类型。逻辑信道通常分为两大类：用来传输控制平面信息的控制信道和传输用户平面信息的业务信道。控制信道包括广播控制信道（Broadcast Control Channel，BCCH）、寻呼控制信道（Paging Control Channel，PCCH）、公共控制信道（Common Control Channel，CCCH）、专用控制信道（Dedicated Control Channel，DCCH）和共享控制信道（Share Control Channel，SHCCH）。业务信道包括公共业务信道（Common Traffic Channel，CTCH）和专用业务信道（Dedicated Traffic Channel，DTCH）。TD-SCDMA 逻辑信道的分类与 WCDMA 基本一致，只是在控制信道里增加了 SHCCH，作为在网络和终端之间传输控制信息的双向信道，完成对上下行共享信道控制功能。

② 传输信道。传输信道是由物理层向 MAC 子层提供的数据传输服务，定义了信息通过无线接口进行传输的方式。传输信道可分为两类：某一时刻信道上的信息是发送给所有用户或一组用户的公共传输信道，以及信道上的信息在某一时刻只发送给单一用户的专用传输信道。考虑到 TD 增强技术，公共传输信道有以下 7 类。

- 广播信道（Broadcast Channel，BCH）：用于广播系统和小区的特有信息的下行传输信道。
- 寻呼信道（Paging Channel，PCH）：当系统不知道移动台所在的小区时，用于向移动台发送控制信息的下行传输信道。
- 前向接入信道（Forward Access Channel，FACH）：当系统知道移动台所在的小区时，用于向移动台发送控制信息的下行传输信道，也可以承载一些短的用户信息数据分组。
- 随机接入信道（Random Access Channel，RACH）：用于承载来自移动台信息的上行传输信道，也可以承载一些短的用户信息数据分组。
- 上行共享信道（Uplink Share Channel，USCH）：由几个 UE 共享的上行传输信道，用于承载专用控制数据或业务数据。
- 下行共享信道（Downlink Share Channel，DSCH）：由几个 UE 共享的下行传输信道，用于承载专用控制数据或业务数据。
- 高速下行共享信道（High Speed Downlink Share Channel，HS-DSCH）：由几个用户共享的下行传输信道，对应一条或多条共享控制信道。
- 专用传输信道：仅有一类专用传输信道（Dedicated Channel，DCH）可用于上下行链路和特定 UE 之间的用户信息或控制信息的承载网络。

③ 物理信道。TD-SCDMA 系统中，物理信道是由频率、时隙、码字共同定义的，建立一个物理信道的同时，也就给出了它的初始结构。按其承载的不同信息被分成了不同的类别，有用于承载传输信道数据的物理信道，也有仅用于承载物理层自身信息的物理信道。

物理信道分为两大类：专用物理信道（Dedicated Physical Channel，DPCH）和公共物理信道（Common Physical Channel，CPCH），共有 12 种不同的物理信道。

（2）逻辑信道、传输信道和物理信道之间的映射关系。逻辑信道位于 RLC 子层和 MAC 子层之间。传输信道承载逻辑信道的内容，位于 MAC 子层和物理层之间。物理信道在物理层中，承载传输信道的内容，将传输信道的内容变换为适合在空中接口传输的形式进行传输，使用特定的载波频率、扩频码及时隙来标识物理信道。

逻辑信道和传输信道之间、传输信道和物理信道之间有特定的映射关系，如图 6-13 所示。逻辑信道与传输信道的映射可以为一对一的映射关系，也可以为一对多或多对一的映射关系。传输信道的数据通过物理信道来承载，除 FACH 和 PCH 为两传输信道映射到同一物理信道 S-CCPCH 外，其他传输信道到物理信道的映射都为一对一的映射关系，所有的传输信道都有一个物理信道来与之相对应，而部分物理信道与传输信道并没有映射关系，这些物理信道仅传输物理层自身的信息。

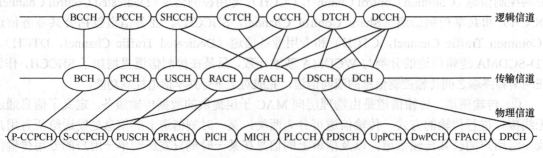

图 6-13 逻辑信道、传输信道与物理信道之间的映射关系

6.4 LTE 系统

LTE 是 3GPP 主导的一种先进的空中接口技术，被认为是准 4G 技术。LTE 区别于以往的移动通信系统，它完全是为了分组交换业务来优化设计的，无论是无线接入网的空中接口技术还是核心网的网络结构都发生了较大的变化。LTE 的基本特点包括只支持分组交换的结构和完全共享的无线信道。

3GPP LTE 的主要性能指标描述如下。

① 支持 1.25MHz～20MHz 带宽，提供上行 50Mbit/s、下行 100Mbit/s 的峰值数据速率。
② 提高小区边缘的比特率，改善小区边缘用户的性能。
③ 频谱效率达到 3GPP R6 版本中频谱效率的 2～4 倍。
④ 降低系统延迟，用户面延迟（单向）小于 5ms，控制面延迟小于 100ms。
⑤ 支持与现有 3GPP 和非 3GPP 系统的互操作。
⑥ 支持增强型的广播多播业务。
⑦ 实现合理的终端复杂度、成本和耗电。
⑧ 支持增强的 IP 多媒体子系统和核心网。
⑨ 取消 CS 域，CS 域业务在 PS 域实现，如采用 VoIP。
⑩ 以尽可能相似的技术同时支持成对和非成对频段。
⑪ 支持运营商间的简单邻频共存和邻区域共存。

6.4.1 LTE 系统结构

1. LTE/SAE 的网络结构

LTE/SAE 的整个网络结构如图 6-14 所示。图中不仅包含演进的分组核心网（Evolved Packet Core Network，EPC）和演进的通用地面无线接入网络（Evolved UTRAN，E-UTRAN），还包含了 3G 系统的核心网和 UTRAN。为了叙述方便，结构图只画出了信令接口。在 3G 系统中，电路交换核心网和分组交换核心网分别连接电话网和互联网，IMS 位于分组交换核心网之上，提供互联网接口，通过媒体网关连接公共电话网。

2. E-UTRAN 的结构及接口

（1）E-UTRAN 结构与 UTRAN 结构的比较。传统的 3GPP 接入网 UTRAN 由无线收发器（Node B）和 RNC 组成，如图 6-14 所示。Node B 主要负责无线信号的发射和接收，RNC 主要负责无线资源的配置，网络结构为星形结构，即 1 个 RNC 控制多个 Node B；另外为了支持宏分集（不同 RNC 的基站间切换），在 RNC 之间定义了 Iur 接口。这样，在 UTRAN 系统中 RNC 必须完成资源管理和大部分的无线协议工作，而 Node B 的功能相对比较简单。

在考虑 LTE 技术架构时，大家一致建议将 RNC 省去，采用单层无线接入网络结构，有利于简化网络结构和减小延迟。E-UTRAN 无线接入网的结构比较简单，只包含网络节点 eNodeB，取消了 RNC，eNodeB 直接通过 S1 接口与核心网相连，因此原来 RNC 的功能就被重新分配给了 eNodeB 和核心网中的移动管理实体（Mobility Management Entity，MME）或是服务网关实体（Serving Gateway entities，S-GW）。S-GW 实际上是一个边界节点，如果将它视为核心网的一部分，则接入网主要由 eNodeB 构成。

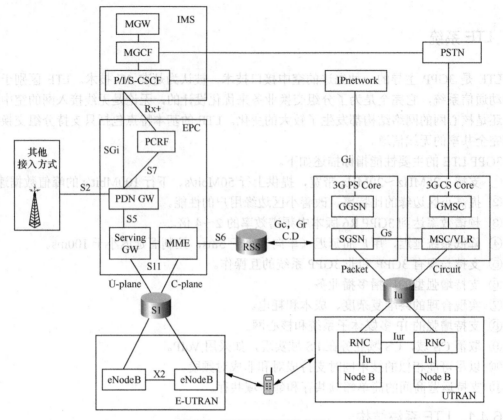

图 6-14 LTE/SAE 的网络结构图

LTE 的 eNodeB 除了具有原来 Node B 的功能外，还承担了传统 3GPP 接入网中 RNC 的大部分功能，如物理层、MAC 层、无线资源控制、调度、无线准入、无线承载控制、移动性管理和小区间无线资源管理等。eNodeB 和 eNodeB 之间采用网格的方式直接互连，这也是对原有 UTRAN 结构的重大修改。核心网采用全 IP 分布式结构。

LTE 采用扁平的无线接入网络架构，将对 3GPP 系统的未来体系架构产生深远的影响，逐步趋近于典型的 IP 宽带网络结构。

（2）E-UTRAN 主要网元的功能及接口。

① eNodeB 实现的功能。

• 无线资源管理方面包括无线承载控制（Radio Bearer Control，RBC）、无线接纳控制（Radio Admission Control，RAC）、连接移动性控制（Connection Mobility Control，CMC）和 UE 的上、下行动态资源分配。

• 用户数据流的 IP 头压缩和加密。

• 当终端附着时选择 MME，无路由信息利用时，可以根据 UE 提供的信息来间接确定到达 MME 的路径。

• 路由用户平面数据到 S-GW。

• 调度和传输寻呼消息（来自 MME）。

• 调度和传输广播信息（来自 MME 或者 O&M）。

• 用于移动和调度的测量和测量报告的配置。

② E-UTRAN 主要的开放接口。在 eNodeB 之间定义了 X2 接口，以网格（Mesh）的方式相互连接，所有的 eNodeB 可能都会相互连接。S1 接口是 MME/S-GW 与 eNodeB 之间的接口，只支持分组交换。而 3G UMTS 系统中 Iu 接口连接 3G 核心网的分组域和电路域。LTE-Uu 接口是 UE 与 E-UTRAN 之间的无线接口。

- X2 接口：实现 eNodeB 之间的互连。X2 接口的主要目的是为了减少由于终端的移动引起的数据丢失，即当终端从一个 eNodeB 移动到另一个 eNodeB 时，存储在原来 eNodeB 中的数据可以通过 X2 接口被转发到正在为终端服务的 eNodeB 上。
- S1 接口：连接 E-UTRAN 与 CN。开放的 S1 接口使得 E-UTRAN 的运营商有可能采用不同的厂商设备来构建 E-UTRAN 与 CN。
- LTE-Uu 接口：Uu 是 UE 接入到系统固定部分的接口，是终端用户能够移动的重要接口。

3. 核心网结构

（1）SAE 架构的演进。在 3GPP 的 LTE 标准的制定过程中，初期 SAE 的概念特指核心网的演进。但随着时间的推移，SAE 概念的外延在逐渐扩大，某种意义上 SAE 的范围已经涵盖了无线接入网络和核心网络。严格说来，SAE 是不包括无线接入网络的。SAE 的具体含义要根据具体情况而定。演进的 SAE 架构示意图如图 6-15 所示。

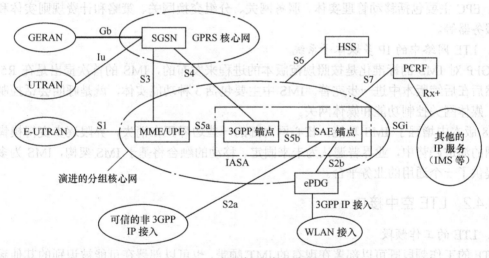

图 6-15 演进的 SAE 架构示意图

（2）SAE 架构的主要网元。

① 3GPP 锚点（3GPP Anchor）支持 UE 在 2G/3G 系统和 LTE 系统之间移动。

② SAE 锚点（SAE Anchor）支持 UE 在 3GPP 系统和非 3GPP 系统之间移动。

③ 互访锚点（Inter Access System Anchor，IASA）由 3GPP 锚点和 SAE 锚点组成。

④ 演进的分组数据网关（evolved Packet Data Gateway，ePDG）是一个转换实体，其功能相当于网关。

⑤ 用户平面实体（User Plane Entity，UPE）负责管理和存储 UE 的上/下文。

（3）SAE 架构的参考点。

① S1 参考点，提供对 E-UTRAN 无线资源的接入功能，负责传输用户平面业务和控制平面业务。S1 参考点可以实现 MME 和 UPE 的分离部署和合并部署。

② S2a 参考点，在可信的非 3GPP IP 接入网络和 SAE 锚点之间提供与控制和移动性有关的用户平面支持。

③ S2b 参考点，在 ePDG 和 SAE 锚点之间提供与控制和移动性有关的用户平面支持。

④ S3 参考点，在 IDLE 和 ACTIVE 模式下，为了实现不同 3GPP 系统之间的移动性，利用该接口进行用户和承载信息的交换。

⑤ S4 参考点，在 GPRS 核心网和 3GPP 锚点之间提供与控制和移动性有关的用户平面支持。

⑥ S5a 参考点，在 MME/UPE 和 3GPP 锚点之间提供与控制和移动性有关的用户平面支持。

⑦ S5b 参考点，在 SAE 锚点和 3GPP 锚点之间提供与控制和移动性有关的用户平面支持。

⑧ S6 参考点，提供认证/鉴权数据的传递，实现对用户接入的鉴权和授权。

⑨ S7 参考点，提供 QoS 策略和计费规则的传输。

⑩ SGi 参考点，在 SAE 锚点和分组数据网络之间提供接口。分组数据网络可以是运营商的公网、私网或运营商内部的一个网络。

（4）EPC 主要网元的功能。在 LTE 中，核心网也称为演进的分组核心（Evolved Packet Core, EPC）。EPC 主要包括移动管理实体、服务网关、分组交换网关、策略和计费规则实体和归属用户服务器等。

4．LTE 网络中的 IP 多媒体子系统

3GPP 对 IMS 的标准化是按照规范版本的进程来发布的，IMS 的首次提出是在 R5 版本中，然后在后续版本中进一步完善。IMS 中主要包括 3 种功能实体，就是呼叫会话控制功能实体、媒体网关控制功能和媒体网关。

R8 版本中增强了 IMS 功能，核心网内部的一些边界正在消失，界限逐步变得模糊。在核心网的演进趋势中，业界普遍认为未来固定、移动的融合将基于 IMS 架构，IMS 为多媒体应用提供了一个通用的业务平台。

6.4.2 LTE 空中接口

1．LTE 的工作频段

LTE 的工作频段既可以部署在现有的 IMT 频带，也可以部署在可能被识别的其他频带之上。从规范的角度来看，不同频带的差异主要是因为具体的射频要求的不同，如允许的最大发送功率、允许或限制的带外泄露等。为了使 LTE 可以工作在成对和非成对频谱下，就需要双工操作方式具有一定的灵活性。LTE 同时支持 FDD 和 TDD 的双工方式。

R8 版的 LTE 规范定义了 FDD 和 TDD 频带，分别如表 6-3 和表 6-4 所示。

表 6-3　　　　　　　　　　　　　　LTE 的 FDD 工作频带

频带	上行范围（MHz）	下行范围（MHz）	主要区域、国家
1	1 920～1 980	2 110～2 170	欧洲、亚洲
2	1 850～1 910	1 930～1 990	美国、亚洲
3	1 710～1 785	1 805～1 880	欧洲、亚洲、美国
4	1 710～1 755	2 110～2 155	美国

续表

频带	上行范围（MHz）	下行范围（MHz）	主要区域、国家
5	824～849	869～894	美国
6	830～840	875～885	日本（只有UTRA）
7	2 500～2 570	2 620～2 690	欧洲、亚洲
8	880～915	925～960	欧洲、亚洲
9	1 749.9～1 784.9	1 844.9～1 879.9	日本
10	1 710～1 770	2 110～2 170	美国
11	1 427.9～1 447.9	1 475.9～1 495.9	日本
12	698～716	728～746	美国
13	777～787	746～756	美国
14	788～798	758～768	美国
17	704～716	734～746	美国
18	815～830	860～875	日本
19	830～845	875～890	日本
20	832～862	791～821	欧洲
21	1 447.9～1 462.9	1 495.9～1 510.9	日本

表 6-4　　　　　　　　　　　　　LTE 的 TDD 工作频带

频带	频率范围（MHz）	主要区域、国家
33	1 900～1 920	欧洲、亚洲（不包括日本）
34	2 010～2 025	欧洲、亚洲
35	1 850～1 910	美国
36	1 930～1 990	美国
37	1 910～1 930	—
38	2 570～2 620	欧洲
39	1 880～1 920	中国
40	2 300～2 400	欧洲、亚洲
41	2 496～2 690	美国

WRC'07 为 IMT 确定了附加频带，包括了 IMT-2000 和 IMT-A 的额外频带。

① 450MHz～470MHz 用于全球 IMT，已经被分配给全球移动业务，但它只有 20MHz 带宽。

② 698MHz～806MHz 被分配到移动业务，并在一定程度上分配给 IMT 在所有地区部署。与 WRC-2000 确定的 806MHz～960MHz 频带一起，形成了一个 698MHz～960MHz 的宽频范围。

③ 2 300MHz～2 400MHz 被指定为 IMT 在全球范围内所有 3 个地区进行部署。

④ 3 400MHz～3 600MHz 被分配给欧洲和亚洲以及美洲一些国家的移动业务，现在也用于卫星通信频带。

2. 中国的 LTE 工作频段

工作在不同频带的 LTE 基本要求本身对无线接口设计并没有什么特殊需求，然而对射频需求和如何定义存在一些要求。中国的 LTE 工作频段根据不同的运营商和不同的工作方式进行了规划。

（1）中国的 TD-LTE 工作频段。2013 年 11 月 19 日，世界电信展期间，在"TD-LTE 技术与频谱研讨会"上，各家运营商 TD-LTE 的工作频段分配如下。

中国移动，1 880MHz～1 900MHz，2 320MHz～2 370MHz，2 575MHz～2 635MHz。

中国联通，2 300MHz～2 320MHz，2 555MHz～2 575MHz。

中国电信，2 370MHz～2 390MHz，2 635MHz～2 655MHz。

TD-LTE 工作频段的分布如图 6-16 所示。

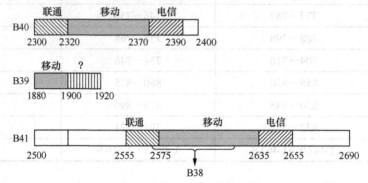

图 6-16　中国的 TD-LTE 工作频段分布（单位：MHz）

（2）中国的 FDD LTE 工作频段。中国的 FDD LTE 可供分配的频段都集中在 2GHz 附近，也就是 B1 和 B3 频段，使用情况如图 6-17 所示。

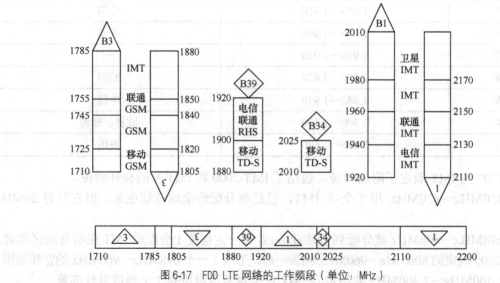

图 6-17　FDD LTE 网络的工作频段（单位：MHz）

B1 频段，目前用于 3G，其中低端的 20MHz 分配给了中国电信的 3G 网络，中间的 20MHz 分配给了中国联通的 WCDMA 网络，高端的 20MHz 标记为 IMT，代表是未来要分给 FDD LTE

系统或者 WCDMA 系统使用的。标记为卫星 IMT 的用于卫星通信，还不会用于地面通信。

B3 频段，目前用于 2G，其中低端的 15MHz 分配给了中国移动的 GSM1800 网络，中间的 10MHz 分配给了中国联通的 GSM1800 网络，两者之间有 20MHz 没有明确分配，但是已经被各地的移动和联通的 GSM 网络使用了。B3 高端的 30MHz 标记为 IMT，代表是未来要分给 FDD LTE 系统或者 WCDMA 系统使用的。

3. 空中接口协议

空中接口是指终端和接入网之间的接口，一般称为 Uu 接口。空中接口协议主要是用来建立、重配置和释放各种无线承载业务的。空中接口是一个完全开放的接口，只要遵守接口规范，不同制造商生产的设备就能够互相通信。

LTE 系统中 FDD 和 TDD 无线传输技术的区别体现在物理层。由于在设计高层时会尽量考虑不同标准的兼容性，因此对两者而言，高层没有明显不同，差异集中在描述物理信道相关的消息和信息元素方面。所以，本章介绍无线接口协议时不会区分是 FDD 还是 TDD。LTE 系统无线接口协议的结构如图 6-18 所示。

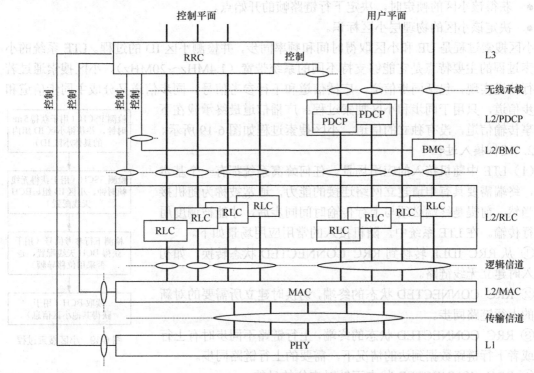

图 6-18 无线接口协议的结构

与 R99/R4 协议层的分层结构基本一致，空口接口的协议结构分为两面三层，垂直方向分为控制平面和用户平面，控制平面用来传送信令信息，用户平面用来传送语音和数据；水平方向分为 3 层。

第一层（L1）为物理层。物理层向高层提供数据传输服务，可以通过 MAC 子层并使用传输信道来接入这些服务。

第二层（L2）为数据链路层。数据链路层（层 2）主要由 MAC 子层、RLC 子层、PDCP 子层和 BMC 子层组成。层 2 标准的制定没有考虑 FDD 和 TDD 的差异。LTE 的协议结构进行了简化，RLC 和 MAC 层都位于 eNodeB。

第三层（L3）为网络层。

6.4.3 LTE 系统的基本工作过程

1. 小区搜索

LTE 终端与 LTE 网络能够通信之前，终端必须寻找并获得与网络中一个小区的同步。终端不仅在开机时，即初始接入系统时需要执行小区搜索，接入 LTE 网络后，为了支持移动性，仍需要不断地搜索相邻小区，与之同步并且估计其接收质量。需要不断地对小区系统信息进行接收并解码，比较相邻小区的接收质量与当前小区的接收质量，评估以决策是否需要执行切换（对于连接模式下的终端）或者小区重选（对于空闲模式下的终端），进而保证小区内通信和正常操作。

LTE 小区搜索的主要内容如下。

- 获得与一个小区的频率和符号同步。
- 获得该小区的帧定时，决定下行链路帧的开始点。
- 决定该小区的物理层小区标识。

小区搜索过程是 UE 和小区取得时间和频率同步，并检测小区 ID 的过程。LTE 系统的小区搜索过程的主要特点是它能够支持不同的系统带宽（1.4MHz～20MHz）。小区搜索通过若干下行信道实现，包括同步信道、广播信道和下行参考信号。同步信道又分成主同步信道和辅同步信道，只用于同步和小区搜索过程；广播信道最终承载在下行共享传输信道，没有独立的信道。小区搜索过程如图 6-19 所示。

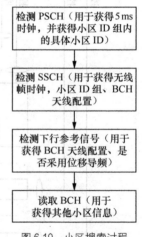

图 6-19 小区搜索过程

2. 随机接入过程

（1）LTE 中随机接入的应用场景。任何蜂窝系统都有一个基本需求，终端需要具有申请建立网络连接的能力，通常被称为随机接入。当然，前提是终端必须与上行传输时间同步后，才能被调度用于上行传输。在 LTE 系统中，随机接入的常用应用场景如下。

① 从 RRC_IDLE 转移到 RRC_CONNECTED 状态转换，如初始接入时建立无线链路。

② RRC_CONNECTED 状态的终端，切换时建立所需要的对新小区的上行链路同步。

③ RRC_CONNECTED 状态的终端，上行链路不同步时有上行链路或者下行链路数据到达的情况下，需要的上行链路同步。

④ RRC_CONNECTED 状态下针对定位的目的。

⑤ 没有在 PUCCH 上配置专用调度请求资源时作为调度请求。

⑥ 无线链路建立失败后进行无线链路重建。

（2）随机接入前导的结构。随机接入前导的结构如图 6-20 所示，包含循环前缀 CP、承载 ZC 序列的 OFDM 符号和保护时间 GT，在保护时间 GT 内不发送内容。

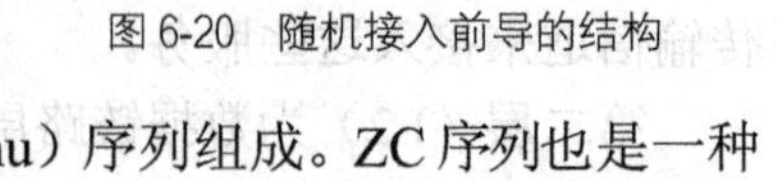

图 6-20 随机接入前导的结构

① 随机接入前导的 ZC 序列。PRACH 信道上承载的内容称为随机接入前导，随机接入前导主要由 ZC（Zadoff-Chu）序列组成。ZC 序列也是一种伪随机序列，类似于 Gold 码，性能更优，LTE 系统也因此引入了 ZC 序列。在 LTE 系统中，

除了随机接入前导外,同步信号以及上行参考信号也采用了 ZC 序列。

在随机接入前导中,ZC 序列的长度为 839 个码元,连续映射到子载波上,每个子载波上放置 1 个码元,共有 839 个子载波,子载波间隔为 1.25kHz,子载波占用的总带宽为 1.05MHz,相当于 6 个连续 RB 的带宽,对应 LTE 频点的最小带宽。各个子载波叠加后得到随机接入序列对应的 OFDM 符号,承载有随机接入序列的 OFDM 符号时长等于 800μs,正好是 LTE 系统的普通 OFDM 符号时长的 12 倍。

ZC 序列的长度还可以选择 139 个码元,OFDM 符号时长为 133μs,子载波占用的总带宽仍旧为 1.05MHz,还是相当于 6 个连续 RB 的带宽,这种 ZC 序列仅用于 TD-LTE 系统。

至于 839 和 139,都是为了配合总带宽而得到的最大质数,以满足 ZC 序列的要求。

② 随机接入前导的前缀(CP)。不同格式下 CP 和序列的时长是可变的,随机接入前导的 5 种格式如表 6-5 所示。表中 TCP 代表 CP 部分的时长,TSEQ 代表承载 ZC 序列的 OFDM 符号时长,而 TSEQ 等于 1 600μs 时该 OFDM 符号会重复一次,子帧数代表随机接入前导持续多少个子帧。格式 4 仅用于 TD-LTE 的特殊子帧上,这时随机接入前导占用 UpPTS。

表 6-5 随机接入前导的结构

格式	码元长度	TCP(μs)	TSEQ(μs)	总时长	往返延迟(μs)	最大覆盖半径(km)
0	839	103	800	1 个子帧	48.5	15
1	839	684	800	2 个子帧	258	80
2	839	203	1 600	2 个子帧	98.5	30
3	839	684	1 600	3 个子帧	358	100
4	139	15	133	2 个 OFDM 符号	5	1.4

保护时长 TGT 折半后可以得到最大往返延迟,利用最大往返延迟我们就可以计算出基站的最大覆盖半径。

(3)随机接入前导的处理过程。随机接入前导的处理过程如图 6-21 所示,经过加扰、BPSK 调制、资源映射以及 SC-FDMA 信号发生等处理过程。在上行方向上,理论上发生 SC-FDMA 信号前需要经过 DFT 和 IFFT 两个过程。

(4)PRACH 信道的资源映射。PRACH 信道的资源映射分为频域和时域两个方面,图 6-22 所示为 PRACH 时频映射的示意图。

在 FDD 工作模式下,1 个子帧只能放置 1 个 PRACH 信道;在 TDD 工作模式下,由于上行资源较少,因此允许在 1 个子帧中放置多个 PRACH 信道,这些 PRACH 信道在频率上要错开。在时域上,PRACH 信道以 2 个无线帧(20ms)为周期循环出现,PRACH 信道的数量和位置可以变化。

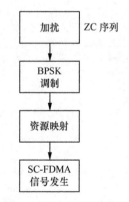

图 6-21 随机接入前导的处理过程

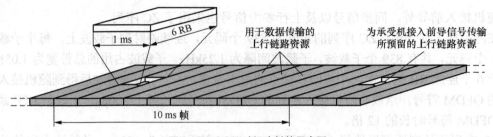

图 6-22 PRACH 时频映射的示意图

（5）随机接入过程。随机接入过程分为基于冲突的随机接入和基于非冲突的随机接入两个过程，区别在于针对两种流程其选择随机接入前导的方式不同。基于冲突的随机接入前导中依照一定算法随机选择一个随机前导；基于非冲突的随机接入是基站侧通过下行专用信令给 UE 指派非冲突的随机接入前导。

3. 寻呼

寻呼用于终端在 RRC_IDLE 状态时与网络建立初始连接，也可以用于在 RRC_IDLE 以及 RRC_CONNECTED 状态时通知终端系统信息需要改变，被寻呼的终端知道系统信息会改变。一般不知道终端的位置在哪个小区，所以寻呼信息一般会在跟踪区域的多个小区上发送。

4. 跟踪区域更新

为了确认移动台的位置，LTE 网络覆盖区将被分为许多个跟踪区（Tracking Area，TA）。TA 是 LTE 系统中位置更新和寻呼的基本单位，用 TA 码（Tracking Area Code，TAC）标识，1 个 TA 可包含 1 个或多个小区，网络运营时用 TAI 作为 TA 的唯一标识，TAI 由 MCC、MNC 和 TAC 组成。当移动台由一个 TA 移动到另一个 TA 时，必须在新的 TA 上重新进行位置登记以通知网络来更改它所存储的移动台的位置信息，这个过程就是跟踪区域更新（Tracking Area Update，TAU）。

第 7 章 交换与网管

随着交换技术的飞速发展，很多传统的交换技术都已经退出历史舞台，而新的交换技术不断涌现，互联网的快速发展更是给我们带来了更多的交换技术以及交换模式，计算机技术、通信技术、互联网技术和 IT 技术的发展和融合将带给交换技术以及网络管理技术全新的定义，也将出现许多新的创新，可以说交换技术的本质已经发生了重大变化。本章简单介绍了各种交换技术的发展历史，并全面介绍了现在运行的各种交换技术、网络管理与网络控制相关的技术。

7.1 交换技术概述

7.1.1 交换技术的发展、基本概念和系统架构

通信系统的 3 个要素分别是终端、传输和交换系统，而交换系统是通信系统的核心，在通信系统里有着重要的地位。

1. 交换技术的发展

电信网络从发展至今，交换技术基本经历了从人工到自动，从机械到电子再到光交换，从早期的电路交换逐渐过渡到分组交换，再随着互联网的发展发展到 IP 交换。交换技术经过了很大的技术演进。从业务的角度来说，数据业务经过了报文交换网络、分组 X.25 交换网络、帧中继网络到互联网的 IP 技术；语音业务经过了固定电话 PSTN 网络、N-ISDN 网络、移动通信网络、IP 电话技术。在发展过程中，电路交换、分组交换两大类技术在融合发展，语音数据图像的综合业务从 N-ISDN 网络到 ATM 网络进而面向全 IP 网络发展，业务呈现数字化、移动化、智能化的趋势。本章将介绍以上提到的主要交换方式。

2. 交换的基本概念和系统架构

交换设备：在一定地域范围内的用户终端连接到一台公用的设备，这就是交换设备。最初的交换设备是人工来控制的，主叫用户的去话分析、被叫用户的来话分析、主被叫通信链路的接通以及拆线等各项功能都由人工话务员完成。今天的交换机为程序自动控制，交换机的控制系统负责终端用户到终端用户之间语音、数据等信息的交换，根据主叫用户终端所发出的选择信号（这种控制信号也称为用户信令）来确定被叫用户终端，将这两个终端建立连接。

有了交换设备，以同步网、信令网、管理网为支撑的电信网络基本架构就逐步发展起来。如图 7-1 所示，交换设备提供了复用功能与寻址功能。在局间（交换设备之间）的中继线路

上，通过复用传输技术提高了传输效率，通过寻址技术解决了寻找目的端（信宿）的问题。同步网为整个网络提供了频率、相位、比特、数据帧、时间等各种传输级别的同步信号。信令网为网络上任意终端之间的连接建立提供了支撑。管理网为整个网络的性能、计费、安全运行等提供了保障。

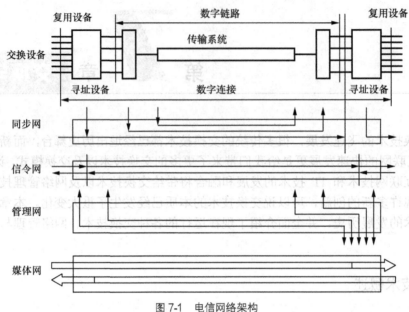

图 7-1　电信网络架构

7.1.2　电路交换与分组交换技术

现代电信网络中主要有两种交换方式：电路交换和分组交换。电路交换即在网络上的交换机之间为两个通信终端提供了专用的连接通路，交换的基本单位是时隙，实时性高。应用最广泛的电路交换网络是电话通信网。分组交换采用存储-转发的方式工作，数据分组在每台分组交换机上进行处理时，CRC 校验、排队等工作会产生时延，应用最广泛的分组交换网络就是 Internet。

1. 电路交换技术

电路交换是典型的面向连接，如图 7-2 所示，它分为 3 个阶段：建立连接、数据传输、拆除连接。

在建立连接阶段，源端向交换机发出连接请求，沿途的交换机为这个连接分配资源。最基本的资源是时隙，如 64kbit/s 的一个时隙，需要在沿途中继线的 PCM30/32 系统中申请空闲时隙；资源还包括在交换机内部交换芯片，如 TST 交换网络的内部通道；资源也可能是一个 DSP 资源，如通信中的回波消除器。总之，通过信令消息在沿途交换机的传递，交换机之间逐段分配资源，建立起端到端的专用通道（即电路）。当然，如果这个阶段没有足够的资源，那么呼叫就无法建立。

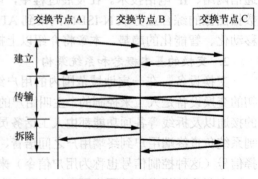

图 7-2　面向连接的 3 个阶段

在数据传输阶段，用户在通话期间自始至终占用这条电路。这条电路是独占的资源，不被其他连接共享，不能用于其他的语音或数据呼叫。专用的连接有时会造成资源浪费，即使是在本连接没有数据传送时也不能传送其他呼叫的数据，但电路交换的实时性很高。电路交换设备将入端口时隙来的数据通过交换芯片送到出端口时隙，这个过程中只有传输时延，不存在排队处理的时延，适合对时延敏感的语音通信等业务。

在拆除连接阶段，用户终端发出挂机信号等这样的拆线请求，沿途的交换机将这个连接占用的资源释放，完成时隙示闲、交换 TST 网络连接清除等工作。这样，再有新的呼叫请求进入网络，就可以使用这些资源了。

2. 分组交换技术

分组交换采用"存储——转发"的工作方式，提高了中继线路的利用率。但是这个工作方式不是分组交换首先采用的，之前的报文交换就采用了这种"存储—转发"的工作方式。不同于电路交换对中继资源的独享，报文交换采用"先来先服务"的原则实现各个支路共享中继电路。当然，为了让接收端一侧能区分出各个支路信号，每个支路信号都添加了报文头标示。报文交换的缺点就是要求交换机处理整个报文，这个方式不利于资源的使用，尤其交换一个长报文时，要占用大量存储空间。

分组交换针对整个用户报文进行了改进，引入了分组。分组就是将用户的报文分割为若干个短的小数据段，即分组，每个数据段同样添加数据头信息，用于标示目的地址。分组便于交换机存储和处理，同时使用分组后，在线路上传送的各个分组可以按照类似流水线的方式进行传输，降低了交换时延。

分组交换的示意图如图 7-3 所示。图中，包括 3 个分组交换机与 A、B、C、D 4 个终端。其中，B、C 两个终端为分组型终端，具备将用户数据进行分段重组的能力；A、D 两个终端为一般型终端，不具备将用户数据进行分段重组的能力。终端 A 发送目的地为终端 C 的 "C" 报文信息，在分组交换机 1 经过处理分为 "C1" 和 "C2" 2 个分组，每个分组各自携带目的地信息经由分组交换机 2 和分组交换机 3 到达终端 C，由终端 C 将这 2 个分组进行重组。终端 B 发送目的地为终端 D 的报文在发出前分为了 3 个分组，经由分组交换机 3、分组交换机 2 送往目的地终端 D，由于终端 D 为一般型终端，分组交换机 2 需要将 3 个分组重组为一个用户报文送给终端 D。

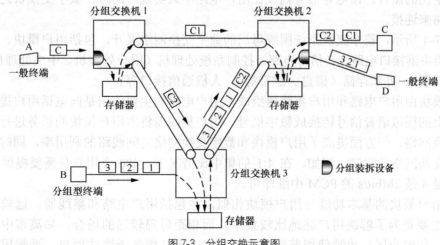

图 7-3 分组交换示意图

从图中可以看出，在两个用户之间存在多个路由的情况下，一份报文的多个分组可各自在不同的路由上传输。所以，分组交换网可以并行传输报文，而电路交换和报文交换只能串行传输报文。

上述的分组交换系统采用的是数据报的工作方式，这是无连接的方式；在分组交换系统中，还有一种虚电路的工作方式，是面向连接的方式。

虚电路要求两个用户终端设备在开始互相发送和接收数据之前，要通过信令交互建立逻辑上的连接；当连接建立之后，用户发送的数据就可以沿网络提供的资源而顺序到达目的地，用户发送的也是分组，只是这种分组头中只含有少量的标识，能区分出是哪个连接；当用户拆除这个连接时，也需要通过信令完成资源的释放。

虚电路可以进一步分为交换虚电路与永久虚电路。SVC 需要呼叫建立的过程，在通信之前必须建立虚电路，通信结束后就拆除虚电路；PVC 是由用户预约该项服务，在两个网络终端之间建立永久的虚连接，用户之间的通信可以直接进入数据传输阶段，这条虚拟的专线可随时传送数据。

分组交换方式的主要特点有以下几个方面。

（1）可靠性高。电路交换系统在接续的某一段中继电路或交换设备出现故障时，连接会产生中断。而在分组交换系统中，每个分组有足够的选路控制信息，在中继电路或交换设备发生故障时，分组可经过其他路由到达终点，不致引起通信中继。

（2）按信息量比例计费。电路交换系统中，用户数据在建立好的通路中透明传输，交换系统对用户数据不做处理，数据量的大小无法准确掌握，计费适合采用按照通信时长的方式。

分组交换系统中，用户数据经由交换机存储、传送，信息量的大小能够确切地掌握，在计费上能够采用与信息量成比例的方式。

7.1.3 程控交换原理

1. 程控数字交换机的基本组成

程控数字交换机的系统结构从功能上分为话路部分与控制部分两大块，与模拟交换机的区别主要是数字交换、数字传输。数字交换机的交换网络实现了时分语音信号的数字交换，而无法数字化的振铃、馈电等信号则放在用户电路中来实现。同时，数字交换机之间使用数字中继电路来连接。

如图 7-4 所示，整个交换系统围绕母局的数字交换网络展开，包括用户模块、远端用户模块、各类中继接口电路、音信号电路、控制系统处理机（用户处理机、中央处理机）、内部存储（存储器）、外部存储（磁盘、磁带等）、人机通信接口等。

用户模块由用户电路和用户集线器组成。用户电路的主要作用是向电话用户提供接口，将用户线上的模拟语音信号转换成数字信号。用户集线器将本用户模块的话务进行集中，送至数字交换网络，一方面提高了用户模块和数字交换网络之间线路的利用率，同时也有效利用了数字交换网络的端口。例如，在 4:1 的集中比情况下，480 个用户只需要提供 120 个话路，也就是 4 条 2Mbit/s 的 PCM 中继即可。

远端用户模块的基本功能与用户模块相似，也包括用户电路和集线器。远端用户模块的设置，主要是为了解决用户驻地比较集中，而相距母局较远的场合，如离市中心较远的大型厂矿、住宅小区。单独使用普通用户接入线，无法服务于这些用户。远端用户模块对话务进行集中，通过数字中继连接中央母局模块，扩展了交换设备的服务距离，提高了语音质量。

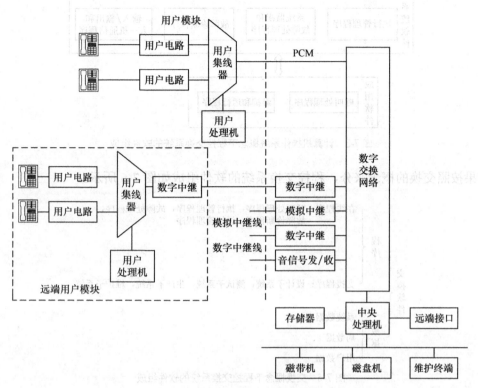

图 7-4　程控数字交换机的系统结构

中继接口包括模拟中继接口、数字中继接口。模拟中继器是数字交换机与其他交换机之间采用模拟中继线相连接的接口电路，它是为数字交换机适应对端局模拟接口而设置的。模拟中继线可以是传送音频信号的实线环路中继线，或是传送频分复用的模拟载波信号的中继线。数字中继接口一般采用 PCM 系统进行传输。

在数字交换网络的端口上，还连接着音信号收发器。数字交换机中信号音发生器将拨号音、忙音等音频信号进行抽样和编码后存放在只读存储器 ROM 中，在计数器的控制下发出数字化信号的编码，经由数字交换网络发送到所需的话路上去。音信号接收器则通过数字交换网络连接相应的话路，实现 DTMF 按键号码、局间记发器信号的接收。

控制系统的处理机在用户模块、远端用户模块上都有部署，在中央母局也有设置，每个处理机负责控制各自范围内的电路，在进行呼叫处理时，配合完成电路扫描、驱动、话务接续、呼叫复原等工作。

2. 程控交换机的软件组成

程控交换系统的软件是完成各项功能而运行于交换系统各处理机中的程序和数据的集合。如果按照计算机操作系统的概念来分，程控交换系统的运行软件分为系统软件和应用软件两大类。这里的系统软件相当于一个通用计算机的操作系统，是交换机硬件同应用软件之间的接口。按照上述概念，程控交换系统的软件组成如图 7-5 所示。

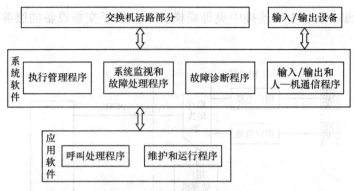

图 7-5　计算机操作系统概念下程控交换系统的软件组成

如果按照交换的概念来分，程控交换系统的软件组成如图 7-6 所示。

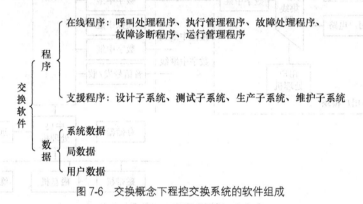

图 7-6　交换概念下程控交换系统的软件组成

7.1.4　电话信令的概念

因为电话通信网将不同类型和不同业务的交换机连成一个整体，为了完成全程全网的接续工作，必须在用户与交换机之间以及交换机与交换机之间传送相互间能够接受的各种相关的控制信息，这些信息称为信令。

1. 信令的基本概念

信令是电话用户操纵的电话机与交换机、交换机与交换机之间完成呼叫接续的通信信息。两个用户通过两台交换机进行电话接续时，所应传送的基本信令如图 7-7 所示。

从图 7-7 中可以看到，在电话接续过程中有以下基本信令。

① 主叫用户摘机呼出，用户话机向交换机发送呼叫信令。

② 发端交换机完成去话接续后向主叫用户送拨号音。

③ 主叫用户拨号，即向交换机发送被叫用户号码。

④ 发端交换机根据局号选择局向路由及空闲的中继线，然后从所选好的中继线上向终端交换机发送占用信令，再把局向选择信令及被叫用户号码发送给终端交换机。

⑤ 终端交换机根据局号和被叫用户号接至被叫话机，随后向被叫用户发送振铃信令和向主叫用户发送回铃音（或通知发端交换机，由发端交换机向主叫发送回铃音）。

⑥ 被叫听振铃声后摘机，向终端交换机发送应答信令，然后终端交换机向发端交换机转发应答信令，使发端交换机开始统计通话时长并开始计费。

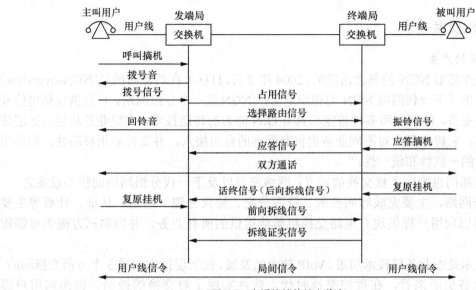

图 7-7　电话接续的基本信令

⑦ 用户双方通话,这时在用户线和中继线上所传送的是讲话信号,语音信号不属于信令系统的内容。

⑧ 主、被叫通话完毕,本例为被叫先挂机,话终信号由终端局发送给发端局,发端局给主叫发送忙音信号后,主叫挂机,全程电路释放。

现代电信网络的信令消息内容远比上述丰富、复杂。信令网已经成为现代电信网络重要的支撑网之一,没有信令网,电信网络就无法正常运行。

2. No.7 信令

No.7 信令最初为数字电话网而设计,以实现综合业务数字网为目标,是一个多功能且比较复杂的信令系统。在 1980 年原 CCITT 黄皮书中提出了 No.7 信令应用于电话网和电路交换数据网的建议,之后又在 1984 年红皮书中提出了应用于 ISDN 的建议。经过多年的应用发展,No.7 信令网可以为多种业务网传送与电路无关的各种数据信息,实现网络的运行管理维护和开放各种补充业务。

No.7 信令系统的信令传输通道与话路完全分开,因此称为"公共信令数据链路"。一条公共信令数据链路可以承载多条话路的信令,这种设置方式有以下优点。

① 增加了信令系统的灵活性。信令系统不受话路系统的约束,灵活性高。

② 信令传送速度快,呼叫建立时间短,提高了传输和交换设备的使用效率,可节省投资。

③ 具有提供大规模信令传送的潜力,便于增加新的网管和维护信令,适应新业务要求。

④ 利于向综合业务数字网过渡。

因此,No.7 信令在一个时期内成为了被世界各国广泛的应用信令,No.7 信令网也成为电话网、移动通信网和智能网等多种业务网的重要支撑网之一。

7.2 现代交换技术

现代交换技术发展迅速,各种新技术纷纷出现,在这里我们介绍几种目前被广泛采用的现代交换技术,分别为软交换技术、IP 交换技术、IMS 技术和路由技术等。

7.2.1 软交换技术

1. 软交换的产生

软交换是伴随着 NGN 的概念出现的。2004 年 2 月，ITU-T 在新颁布的《Y.NGN-overview》建议草案中给出了下一代网络 NGN 的初步定义："NGN 是一个分组网络，它提供包括电信业务在内的多种业务，能够利用多种带宽和具有 QoS 能力的传送技术，实现业务功能与底层传送技术的分离；它提供用户对不同业务提供商网络的自由接入，并支持通用移动性，实现用户对业务使用的一致性和统一性。"

电信管理部门也给出了软交换的定义：网络演进以及下一代分组网络的核心设备之一。它独立于传送网络，主要完成呼叫控制、资源分配、协议处理、路由、认证、计费等主要功能，同时可以向用户提供现有电路交换机所能提供的所有业务，并向第三方提供可编程能力。

软交换技术是由业务层技术演进、VoIP 技术的发展、控制层技术演进 3 个方面来推动的。

首先从业务层面来看，在程控交换时代，软件实现了对交换的控制。但是向用户提供的每一项业务都与交换机直接有关，业务提供和控制都由交换机来完成。因此，每增加一项新的业务都需要先制定规范，再对网络中所有交换机进行升级改造，新业务提供周期长。为满足用户对新业务的需求，智能网技术将呼叫控制和业务提供相分离，交换机只完成基本的呼叫控制和接续功能，而业务提供则由叠加在电话网上的智能网设备来提供。但是，智能网也存在一些问题：各个承载网（固话网络、移动网络的智能网标准各不相同）捆绑、业务执行环境技术封闭、网络资源不能共享。原有垂直管理的网络结构需要扁平化改造。

第二个方面，VoIP 技术的发展促进了分组网络上语音交换的应用，支持 VoIP 的 H.323、SIP、MGCP 等各种协议受到各大厂商与运营的支持。但是，这些众多的协议之间在互联互通上，需要统一的控制中心实现协议转换；并且一些 VoIP 设备承担媒体转换功能与协议转换功能，设备实现复杂。这些同样促进了软交换控制平台的出现。

第三个方面，控制层技术随着网络的发展出现了将控制功能进行分离的趋势，如原来的移动交换中心 MSC，在移动通信网络出现电路域、分组域的划分后，MSC 的功能分解为 MSC-CALL-Server、MGW 两个设备，分别负责呼叫控制、呼叫承载。

2. NGN 的体系架构

NGN 的网络功能分成 4 层，即边缘接入层、核心传送层、网络控制层和业务层。

NGN 的分层结构具有开放性和标准接口。在控制层与业务层之间采用标准的接口来实现业务提供和呼叫控制的分离，便于新业务的快速提供。控制层的核心功能实体就是软交换，通过呼叫控制与传送承载的分离，便于在传送层采用新的网络技术。通过传送层与接入层的分离，便于现有各种网络的接入。

图 7-8 将传统电路交换机体系结构与软交换体系结构进行了对比。NGN 中的接入层对应着传统电路交换机的外围模块，如用户模块、远端用户模块、中继模块；NGN 的传送交换层对应着传统电路交换机的交换矩阵，如 TST、TTT 等这样的交换网络，只是在 NGN 中以分组交换网的形式出现；NGN 中呼叫控制层的软交换机对应着传统电路交换机的呼叫控制模块，如控制模块的主 CPU 系统；NGN 中的业务控制层对应着传统电路交换机系统中的网络管理与业务控制，如 TMN 电信管理网的网管中心、智能网的 SCP 业务控制点。

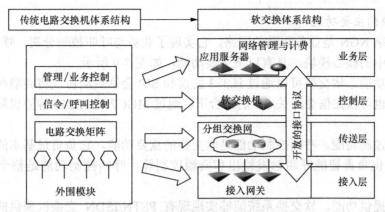

图 7-8　传统电路交换机体系结构与软交换体系结构的对比

可以看出，软交换体系采用开放的网络构架，将传统交换机的功能模块分离成为独立的网络模块，各个模块可以按相应的功能划分，各自独立发展；各模块之间的协议接口基于相应的标准，原有的电信网络逐步走向开放，运营商可以根据业务的需要，组合相应的功能模块，灵活配置网络。

NGN 分层结构的各层模块如下。

（1）边缘接入层。边缘接入层的工作就是将各种不同类型的终端设备接入软交换网络。接入层的设备包括各种终端设备（如各种 IP 电话软硬终端及模拟终端）以及各种网关，网关可以将公众交换电话网、移动网络等各类终端转换实现接入。

① 媒体网关。媒体网关负责电路交换网络与 VoIP 分组交换网络之间的媒体格式转换，如将电路交换 PCM 的 64kbit/s 语音业务和分组网络（如 G.723r53，即 5.3kbit/s）媒体流之间进行转换，包括语音压缩、传真中继、回声消除和数字检测等。

② 信令网关。信令网关可以分为两类：一类是完成 SS7、PRI 等电路交换信令与 VoIP 信令（H.323 或 SIP 信令）的转换；另一类是通过 SIGTRAN 协议栈完成电路交换网 SS7 信令网底层（如 MTP2、MTP3）和分组网传送层的适配转换，这样保持 SS7 上层协议（如综合业务用户部分 ISUP、事务处理应用部分 TCAP 等）不变。

（2）核心传送层。核心传送层提供公共的传送平台，主要是基于分组 IP 骨干网。NGN 各层（如业务层、控制层、接入层）的设备都连接在 IP 网上，设备之间的业务流和信令流都是通过 IP 传输的。

（3）网络控制层。网络控制层提供呼叫控制、认证、路由、资源管理等功能，其主要实体为软交换设备 Softswitch，有时也称为媒体网关控制器 MGC。软交换使用 MGCP 或 H.248/Megaco 实现对媒体网关的承载控制、资源控制及管理，软交换通过 SIGTRAN 协议连接信令网关，还可以通过 SIP、H.323 连接各种设备。

软交换既提供基本的电信业务，也提供补充业务服务。

（4）业务层。业务层是在呼叫控制的基础上向用户提供各种增值业务，同时提供业务和网络的管理功能。该层的主要功能实体包括应用服务器（Application Server，AS）、AAA 服务器、目录服务器、数据库服务器、SCP（业务控制点，此时软交换设备作为 SSP）、网管及安全系统（提供安全保障）。应用服务器提供各种增值业务的服务，并提供开放的应用编程接口，为第三方业务的开发提供统一的平台；AAA 服务器负责提供接入认证和计费功能。

3. 软交换的主要功能

下一代网络 NGN 是业务驱动的网络，它实现了业务与呼叫控制分离、呼叫与承载分离。软交换是网络中的核心模块，具有以下主要功能，如图 7-9 所示。

（1）接入功能。软交换可以通过 H.323 协议和 SIP 会话启动协议将终端和中继网关接入软交换系统，也可以在信令网关 SG 的配合下，通过 MGCP 或 H.248 等协议将媒体网关接入软交换系统。

（2）呼叫控制功能。呼叫控制功能是软交换的重要功能。它负责最基本的呼叫建立与呼叫拆除功能，也负责智能呼叫触发检出和资源控制等。呼叫控制功能是整个软交换网络的核心。

（3）业务提供功能。软交换系统能够实现现有 PSTN/ISDN 交换机提供的全部业务，包括基本业务和补充业务，负责与现有网络业务的互通；同时软交换通过开放的、标准的 API 或协议，可以实现第三方业务的快速接入。

（4）互联互通功能。软交换可以提供各种 VoIP 协议、电路交换信令等之间的互通，包括分组网络上支持实时多媒体业务的协议（如 H.323、SIP、MGCP、H.248 等协议），也包括 SS7、PRI 等电路信令。现有的 PSTN 与 PLMN 网络可以通过软交换与这些分组网络上的设备实现互通。

（5）资源管理功能。软交换可以对 IP 网络中的带宽等资源进行分配和管理。

（6）认证和计费。软交换可以对接入软交换系统的设备进行认证、授权和地址解析，同时还可以向计费服务器提供呼叫详细话单。

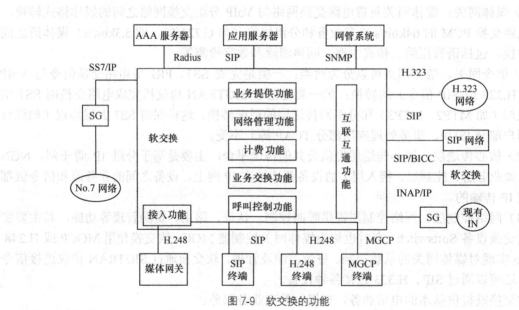

图 7-9 软交换的功能

4. 软交换的相关协议

软交换支持众多的协议，按协议功能划分有 ISUP、BICC、SIP-T、SIP、H.323 等呼叫控制协议；H.248、MGCP、SIP 等媒体控制协议；PARLAY、SIP、INAP、MAP、LDAP、RADIUS 等应用支持协议；SNMP、COPS 等维护管理协议。

下面主要介绍一下 H.323、SIP、H.248/Megaco 等协议。

H.323 协议是 ITU-T 为在分组网络上开展多媒体业务制定的，在 IP 电话领域得到广泛应用，同时也用于多媒体会议系统。H.323 系统包括网守、网关、终端等设备。网守负责呼叫控制、带宽资源管理等控制功能。软交换支持 H.323 协议，相当于网络中的网守设备。

SIP 协议是国际互联网工程任务组 IETF 制定的多媒体会话协议，RFC3261 对 SIP 的基本会话过程进行了描述，除此之外还有多个 RFC 对其进行补充说明。SIP 系统包括用户代理、呼叫服务器和代理服务器等。SIP 是一个基于文本的应用层控制协议，独立于底层传输协议（可以使用 UDP、TCP），用于建立、修改和终止 IP 网络上的双方或多方多媒体会话。SIP 协议沿用了 IETF 的 C/S 模式，借鉴了 HTTP 及 SMTP 等协议，支持代理、重定向、登记定位等功能，支持用户移动，与 RTP、SDP、DNS 等协议配合，支持语音、视频、数据、呈现、文字聊天、即时消息等业务。

在 VoIP 发展期间，H.323 和 SIP 是相互竞争的两个呼叫控制协议，各大厂商的 IAD、中继网关 TG 和软交换可以同时支持 H.323 和 SIP。这两大体系结构的软交换有所区别。H.323 系统对呼叫状态和网络资源都要管理，因而 H.323 的软交换设备要复杂一些。SIP 体系是分散的，它不管理系统状态，运行 SIP 协议的软交换设备承担的工作量相对要小一些。

对 SIP 和 H.323 进行比较，它们具有不同的优势。

① SIP 是文本型的消息，最开始没有考虑信令消息的压缩，当 SIP 用于空口信令传输时，需要进行 SIP 消息压缩。H.323 是二进制的 ASN.1 编码，传输效率高，节省带宽，但是需要收发端进行编解码。

② SIP 主要采用 UDP 消息传送，适合于提供即时消息和呈现功能，而 H.323 采用 TCP 传输，不便于提供此类功能。当用户环境需要 NAT 私网穿越时，SIP 更便于实现。

③ ITU-T 制定的 H.323 协议在提供电信增补业务时，有完善的 H.450X 协议进行了详尽的定义。IETF 定义的 SIP 协议在提供增补业务时，定义比较灵活。

H.248 协议，又称为 H.248/Megaco，是由 IETF 和 ITU-T 制定的媒体网关控制协议，其前身是 MGCP 协议（RFC2705），用于媒体网关控制器（即软交换）和媒体网关之间的通信。H.248 不同于 H.323 与 SIP 协议，后两者是呼叫控制协议，用于 IAD、中继网关、软交换之间的呼叫控制。H.248/Megaco 协议用于软交换对网关进行控制，这个控制可以理解等同于程控交换系统中主控 CPU 对用户模块的控制，以及主控 CPU 对中继模块的控制。H.248/Megaco 提供媒体流的建立、修改和释放机制，同时也可携带某些随路呼叫信令，支持传统网络终端的呼叫。

图 7-10 给出了软交换网络与电路交换网互通的示例。SG 信令网关与 TMG 媒体网关将两个网络连接，其中信令网关负责将电路 SS7 信令通过 SIGTRAN 协议传送至软交换；中继媒体网关负责电路 64kbit/s 的语音与 IP 分组语音的转换。软交换在收到呼叫信令后，通过 H.248 协议控制中继媒体网关在电路侧的 PCM 中继的相应时隙、IP 侧的相应端口以及语音编码完成转换。

5. 软交换网络的组网技术

从软交换组网来看，软交换网络可分为两种：无级网络和分级网络。无级网络是指网络中各节点的级别相同，任何两个节点都可以直达的网络。分级网络是指网络中各个节点的级别不相同，在没有直接连接时需要经过其他级别的节点进行转接的网络。

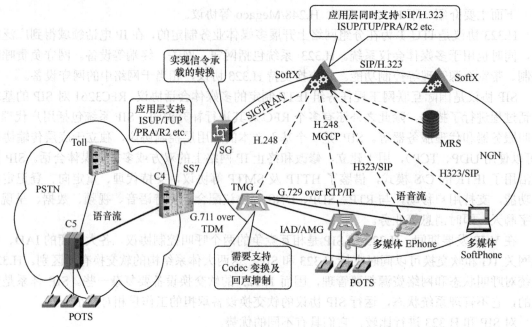

图 7-10　软交换网络与电路交换网互通的示例

在软交换无级网络中，主叫用户所在的软交换通过被叫号码进行分析就可得到目的软交换的 IP 地址。无级网络的路由设置方式可以有两种：软交换机本身的设置和设置专门的路由服务器。软交换机本身的设置方式用于网络建设初期，这时软交换设备数量较少，可通过本地配置完成路由查询。当网络中软交换节点增加时，网络中所有软交换节点都需要做相应的路由数据修改，这时可使用专门路由服务器方式。设置路由服务器就是把路由数据从软交换中分离出来，类似 DNS 服务器，当本软交换没有路由数据时，由路由服务器告知目的软交换机地址的 IP 地址，主叫用户所在的软交换机向目的软交换机发送呼叫信令。图 7-11 是软交换无极组网示意图（图中省略了路由服务器）。

图 7-11　软交换无级组网

软交换分级网络沿用现有的组网模式，采用端局/汇接局/长途局的等级结构，可分为端局/汇接、长途软交换两层。端局软交换设备负责连接 AG、IAD 用户，类似于 PSTN 端局，上连汇接软交换或长途软交换。汇接局软交换设备主要位于 PSTN 网络的汇接层，通过中继网关与信令网关接入 PSTN 交换端局。高一级的软交换在网络中起到目录服务器的作用，主叫用户所在的软交换在获知目的软交换地址后，可以直接进行信令消息的交互。图 7-12 是软交换分级组网示意图。

6. 软交换的业务提供

以软交换为核心的下一代网络是提供包括语音、数据和多媒体等各种业务的综合开放的网络构架。软交换为下一代网络提供具有实时性要求的业务的呼叫控制和连接控制功能，是下一代网络呼叫与控制的核心，它的业务提供方式有以下几种。

（1）由软交换设备直接提供业务。此方式延续 4 类和 5 类电路交换机模式，直接为终端提供各种基本业务和补充业务，包括 PSTN/ISDN 基本语音业务、PSTN/ISDN 补充业务，同时能够对这些业务的功能做一定的扩展。

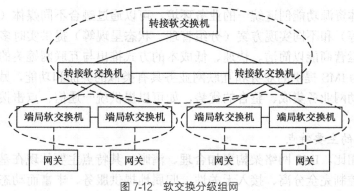

图 7-12　软交换分级组网

（2）通过接入智能网 SCP 提供业务。此方式下智能业务仍旧由传统智能网的 SCP 来提供，软交换实现业务交换功能，负责智能业务的触发，然后通过信令网关与传统智能网的 SCP 互通，接受 SCP 对智能呼叫的控制，完成呼叫接续以及与用户的交互作用，为 IAD 用户、SIP 用户、H.323 用户及 PSTN 用户等提供智能网业务。

（3）通过 SIP 应用服务器提供业务。利用 SIP 应用服务器向 NGN 用户提供个性化、多媒体增值业务，这种方式下主要由运营商自行开发并运行业务。

（4）通过 Parlay 应用服务器提供业务。通过 Parlay 应用服务器和 Parlay 网关，由第三方开发业务。智能业务是由第三方应用来提供的。软交换收到用户的呼叫以后，根据呼叫信息向应用服务器发送 SIP 消息，应用服务器根据收到的呼叫信息，通过 API 接口调用第三方的应用，由第三方应用来控制智能业务的执行。

软交换主要用于固话网组网，在移动与固定融合中，主要使用 IMS 系统，其中采用 IETF 的 SIP 协议作为呼叫会话控制协议。IMS 是移动和固定融合比较适合的架构，基于 IMS 的网络体系对移动性管理、承载网控制、接入控制等有了清晰的关系定义。

7.2.2　IP 交换技术

IP 网络是一个由多种传输网络互连而成的网络，IP 网络中的交换功能需要实现不同终端之间不同进程跨越不同网络之间的远程通信。IP 网络采用的是 TCP/IP 体系结构，也是互联网的核心技术。IP 网络中的交换功能由多个不同的协议层来完成。

由于 IP 交换技术最早是以计算机通信网为基础发展起来的，随着通信技术和计算机技术的不断融合，它也成为新一代通信网的核心交换技术。由于这在本系列教材中已有详细介绍，在此不再赘述。

7.2.3　IMS 技术

1. IMS 技术概述

随着技术的进步和竞争的加剧，电信业务从基本的通话服务转为全面的信息服务，运营商也面临着从传统的电信运营商向综合信息服务提供商的转变。

正是基于这样的背景，IP 多媒体子系统（IP Multimedia Subsystem，IMS）技术应运而生。IMS 技术首先由国际标准组织 3GPP 在 R5 版本中提出，基于 SIP 的开放业务体系架构，是提升网络多媒体业务控制能力的重要手段。除了可以降低普通业务的成本外，IMS 还具备开发全新业务的能力。IMS 采用 SIP 协议可以为应用服务器整合、呼叫会话控制功能、归属用户服务器以及多媒体资源功能创造统一的业务环境，可以通过融合不同媒体（语音、文本、图片、音频、视频等）和不同实现方案（分组管理、状态呈现等）提供实时多媒体业务。

IMS 技术让运营商能以简洁、快速、低成本的方式推出与互联网媲美的创新业务来吸引用户，一方面因为 IMS 提供的业务和互联网业务具有类似的界面和功能，另一方面因为 IMS 具有与固网和移动网业务集成、整合的优势，如可以提供统一通信、点击拨号、融合视频会议等功能。

2. IMS 技术的主要特点

与传统网络相比，IMS 网络架构更加合理、清晰，其特点主要体现在基于 SIP 协议的会话控制、业务和控制完全分离、接入无关性、归属地提供服务、丰富而动态的组合业务、统一的用户数据管理方面。

3. IMS 核心网元设计

IMS 网络核心网设备包括 S/P/I-CSCF、HSS、ENUM/DNS、MGCF、IM-MGW、MRFC/MRFP、AGCF、SBC 等。

IMS 是 3GPP 在 R5 版本中提出的。IMS 实现了承载层、控制层、业务层相分离。承载层主要完成 IMS 信令及媒体流量的承载和路由选择；控制层主要完成呼叫控制、用户管理、业务触发、资源控制、网络互通；业务层可细分为业务能力层和应用层，其中业务能力层主要提供各种各样的业务能力，通过 IMS 能力的开放业务体系架构（Open Service Architecture，OSA）向应用层进行能力开放，提供的业务能力主要包括即时消息、状态呈现、群组等，应用层通过能力层开放的接口，实现对业务能力层能力的调用；同时应用层也可直接通过 SIP 协议，调用 IMS 控制层的会话控制能力。

3GPP IMS 只定义 IMS 架构，业务规范由开放移动联盟（Open Mobile Alliance，OMA）组织制定，但 OMA 主要制定了状态呈现、即时消息等更多偏向于通信业务能力层的多媒体业务规范，而面向企业办公所需的 IMS 业务应用层规范，目前并无相关 IMS 标准组织制定。由于 IMS 承载层、控制层、业务层相互分离，IMS 定位于开放的网络架构，任何个人和组织都可以发布 IMS 新业务，用户可根据需要使用多个业务（语音、视频、消息等）融合的多媒体业务；基于 IMS 开放的网络架构，用户可以很容易地选择第三方，根据用户的具体业务需求，开发丰富多样的业务应用，并且业务应用还可以与办公需求紧密结合，以提升企业综合办公能力；另外，IMS 继承了因特网的业务模式优点，采用类似于 HTTP 的 SIP 协议，更简单易用，拥有众多的潜在开发者，这无疑降低了基于 IMS 的应用开发难度、开发周期和开发成本，减小了项目实施风险。

3GPP 标准组织设计 IMS 网络的初衷，旨在融合当前的公众通信网和因特网，希望解决 IP 网络中的电信业务所面临的运营问题，主要包括电信网络用户增长缓慢，利润持续下降；业务更新缓慢，新业务部署困难；QoS、安全、计费和网络互联互通的问题，逐步实现固网和移动网的融合。IMS 开放的网络架构使得用户容易选择第三方应用系统丰富企业的业务，能相对快速、灵活地部署业务。

7.2.4 路由技术

由于网络发展很快，网络节点迅速增多，可以说网络的交换功能也在日益分散，那么路由选择的问题也越来越重要。从网络中快速地选择出合适通道的技术称为路由技术。下面，我们介绍路由技术的相关内容。

1. 路由

路由器提供了异构网络互连的机制,实现了将数据包从一个网络发送到另一个网络。路由就是指导路由器发送数据包的路径信息。

根据路由的目的地不同,可以将路由分为子网路由和主机路由。其中,子网路由的目的地为子网,主机路由的目的地为主机。

根据目的地与该路由器是否直接相连,可将路由分为直接路由和间接路由。其中,直接路由的目的地所在网络与路由器直接相连,间接路由的目的地所在网络与路由器不是直接相连。

根据路由的生成方式,可将路由分为静态路由和动态路由。其中,静态路由由管理员手工配置而成,适合拓扑结构简单的网络,但当一个网络故障发生后,静态路由不会自动修正;动态路由由动态路由协议发现和生成,适合拓扑结构复杂的网络,但动态路由协议开销大、配置复杂。

2. 路由的优先级

到相同的目的地,不同的路由协议(包括静态路由)可能会发现不同的路由。由于在某一时刻,到某一目的地的路由仅能由唯一的路由协议来决定,因此,各路由协议需要被赋予一个优先级。这样,当存在多条路由信息时,具有较高优先级的路由协议发现的路由将成为最优路由被加入到路由表中。

除了直接路由外,各动态路由协议的优先级都可根据用户需求进行手工配置。另外,每条静态路由的优先级也可以不相同。

3. 路由的度量值

路由的度量值(Metric)指出了到达某条路由所指目的地址的代价。路由的度量值通常会受到跳数、带宽、线路延迟、线路可信度、线路占有率、最大传输单元等因素的影响。不同的动态路由协议会选择上述一种或几种因素来计算度量值,如 RIP 用跳数来计算度量值。路由的度量值只在同一种路由协议内有比较意义,不同的路由协议之间的路由度量值不具备可比性,也不存在换算关系。静态路由的度量值为0。

4. 路由收敛

网络的状态是不断变化的。路由协议的重要作用就是在变化的网络中及时地计算并更新路由信息。当网络中所有路由器都感知到网络变化,并通过路由算法生成与新的网络拓扑结构一致的稳定的路由表的过程,称为路由收敛。

路由收敛的速度是指网络变化到网络上所有路由器重新计算和更新最优路径所花费的时间。可见,路由收敛的速度是衡量路由协议优劣的一个重要指标。

5. 路由算法

路由表中的条目需要通过路由协议来获得,而路由协议的核心是路由算法。一个理想的路由算法应具备以下特点。

(1)算法必须是正确和完整的。沿着路由表所指的路由,分组一定能够到达目的网络或者目的主机。

(2)算法在计算上应简单。由于进行路由选择的计算必然要增加分组的时延,路由算法的计算不应使网络通信量增加太多的额外开销。

(3)算法应具有自适应性,也就是能够适应通信量和网络拓扑的变化。当网络中的通信量发生变化时,算法能自适应地改变路由以均衡各链路的负载。当某个或者某些节点、链路发生故障不能工作，或者恢复运行时，算法也能及时地改变路由。

（4）算法应具有稳定性。即在网络通信量和网络拓扑相对稳定的情况下，路由算法收敛于一个可以接受的解。

（5）算法应该是公平的。即算法对所有用户（除少数优先级高的用户）是平等的。

（6）算法应是最佳的。即能够以最小的路由度量值来实现路由算法。

一个实际的路由选择算法，应尽可能接近理想的算法。但在不同的应用条件下，对上述 6 个方面可有不同的侧重。

6. IP 路由协议的分类

按路由算法能否随着网络的通信量或拓扑自适应地进行调整，路由协议分为静态路由协议和动态路由协议。静态路由协议也称为非自适应路由协议，其特点是简单和开销较小，但不能及时适应网络状态的变化。动态路由协议也称为自适应路由选择协议，能够较好地适应网络状态的变化，但实现较为复杂，开销也大。

按照工作区域，路由协议可以分为内部网关协议（Interior gateway protocol，IGP）和外部网关协议（Exterior Gateway Protocol，EGP）。IGP 用于在同一个自治系统内发现、计算和交换路由信息，如 RIP 和 IS-IS。EGP 则用于不同的自治系统之间交换路由信息，使用路由策略和路由过滤等控制路由信息在自治域间的传播，如 BGP。

按照路由的寻径算法和交换路由信息的方式，路由协议可以分为距离矢量协议和链路状态协议。距离矢量协议包括 RIP 和 BGP，链路状态协议包括 OSPF、IS-IS 等。

7.3 网络管理

网络管理系统（Network Management System，NMS）是一种通过结合软件和硬件来对网络状态进行调整的系统，以保障网络系统能够正常、高效地运行，使网络系统中的资源得到更好的利用，是在网络管理平台的基础上实现各种网络管理功能的集合。传统的电信系统和现代网络系统都需要功能完善的网管系统。在本节我们将介绍网络管理的基本概念、体系架构、OSI 网络管理模型、管理方式以及常用的网络管理协议 SNMP，最后简单介绍电信管理网。

7.3.1 管理信息体系结构

1. 面向对象的方法

为了有效地定义被管资源，TMN 运用了 OSI 系统管理中被管对象的概念。由被管对象表示资源在管理方面的特性的抽象视图。被管对象也可以表示资源或资源组合（如网络）之间的关系。被管对象与资源之间的关系如下。

- 被管对象和实际资源之间不一定一一对应。
- 一个资源可以由一个或多个被管对象表示。
- 被管对象不止表示电信网资源，还可以表示 TMN 逻辑资源。
- 如果资源没有用被管对象表示，就不能通过管理接口对它进行管理。
- 一个被管对象可以为其他被管对象表示的多个资源提供一个抽象视图。
- 被管对象能够被嵌入在其他被管对象中。

M.3100 建议定义了一组被管对象，由此构成了一个一般网络信息模型。这个模型涵盖整个 TMN，并可在所有网络中通用。但是，要用 TMN 传送网络设备的细节数据，还需要对这个模型进行扩充。

2. 管理者与代理者

如图 7-13 所示，在建立的管理联系中，一个管理进程或者担当管理者角色，或者担当代理者角色。管理者发出管理操作指令和接收代理者发来的通报；代理者管理被管对象，应答管理者发出的指令，向管理者反映被管对象的视图，发出通报以反映被管对象的行为。

管理者和代理者之间在以下意义上存在"多对多"关系。

- 一个管理者可以加入到与多个代理者的信息交换中。在这种情况下，它将以多个管理者角色同对应的代理者角色相互作用。
- 一个代理者可以加入到与多个管理者的信息交换中。在这种情况下，它将以多个代理者角色同对应的管理者角色相互作用。

代理者可以由于多种原因（例如安全、信息模型一致性等）拒绝管理者的指令。因而，管理者必须准备处理来自代理者的否定应答。

管理者和代理者之间所有的管理信息交换都要利用通用管理信息服务（Common Management Information Service，CMIS）和通用管理信息协议（Common Management Information Protocol，CMIP）实现。

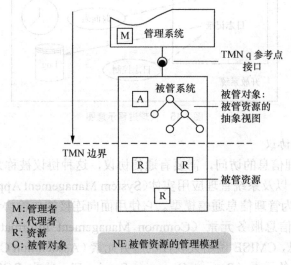

图 7-13 管理者和代理者

7.3.2 OSI 网络管理模型

1. OSI 系统管理体系结构

传统的网络管理基本上是本地管理、现场操作，一般采用的是事件驱动策略，而现代网络管理一般采用远程监控的方式，管理功能可转化为数据库的操作。

图 7-14 所示为 OSI 系统管理体系结构。它定义了 OSI 管理的基本内容，包括管理者与代理的关系，操作、通报等消息传递机制，以及与管理对象之间的关系。

系统管理实体为管理者和代理，管理者和代理的角色可以互换，被管对象（Managed

Object，MO）对外提供一个管理接口，可接收操作和发出通报。

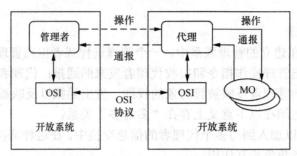

图 7-14　OSI 系统管理体系结构

图 7-15 所示为代理进程示意图，显示了它的各项功能以及与其他模块的接口。

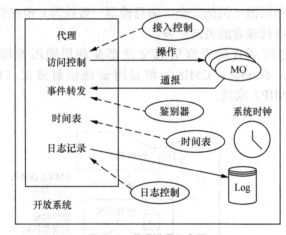

图 7-15　代理进程示意图

2. 公共管理信息协议

要实现对远程管理信息的访问，需要有通信协议，这种协议被称为管理信息通信协议。

OSI 提出了 CMIP 以及系统管理应用实体（System Management Application Entity，SMAE）的概念。图 7-16 所示为管理信息通信模型。它使用面向连接的传输协议，管理者和代理（对等实体）用公共管理信息服务元素（Common Management Information Service Element，CMISE）交换管理信息，CMISE 调用关联控制服务元素（Association Control Service Element，ACSE）和远程操作服务元素（Remote Operation Service Element，ROSE）。

应用层与系统管理应用有关的 3 个元素包括：ACSE、ROSE、CMISE。

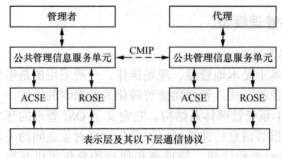

图 7-16　管理信息通信模型

CMISE 为管理者和代理提供以下 7 种服务。
- M-Event-Report：向对等实体报告发生或发现的有关被管对象的事件。
- M-Get：通过对等实体提取被管对象的信息。
- M-Cancel-Get：通知对等实体取消前面发出的 M-Get 请求。
- M-Set：通过对等实体修改被管对象的属性值。
- M-Action：通过对等实体对被管对象执行指定的操作。
- M-Create：通过对等实体创建新的被管对象实例。
- M-Delete：通过对等实体删除被管对象的实例。

CMISE 的服务通过功能单元的组合来实现，包含以下两类功能单元。
- 核心功能单元：每个单元对应一种服务，描述目的对象的基本参数，如标识符、操作类型、时间等。
- 扩充功能单元：提供附加功能，选择若干个被管对象、同步对象上的操作、有选择地发出请求等。

每种服务由一个核心功能单元或一个核心功能单元加若干扩充功能单元组成。各种服务用服务原语来调用。

每种服务有以下 4 个服务原语：Request、Indication、Response、Confirm。

在管理通信协议中，CMIS 是向上提供的服务，CMIP 是 CMIS 实体之间的信息传输协议。CMIS 的元素和 PDU 之间存在一个简单的关系，即用 PDU 传送服务请求、请求地点和它们的响应。CMIP 的所有功能都要映射到应用层的其他协议上实现。管理联系的建立、释放和撤销通过联系控制协议（Association Control Protocol，ACP）实现。操作和事件报告通过远程操作协议（Remote Operation Protocol，ROP）实现。

3. 管理信息模型

基于远程监控的管理框架，要求必须对多厂商设备及异构网络的信息进行统一、一致和规范的描述，否则管理者就无法读取、设置和理解远程信息。OSI 提出了基于 CMIP 的管理信息模型（Management Information Model，MIM）。

对 MIM 的基本要求如下。
- 对资源进行管理的定义与 CMIS 兼容。
- 有一个公共的全局命名结构，使系统可以管理不同的资源，并且唯一地标识各个资源。
- 类似的信息以类似的方法定义。
- 类似的操作以类似的方法定义。
- 用标准方法扩充对管理资源的定义和"借用"说明片段。

基于 MIM 的被管对象 MO 是被管资源的一个视图，是根据管理目的对被管资源的抽象。根据对管理信息模型的要求，MO 的定义应该有统一性、一致性和可重用性。

MO 的定义应以类为单位进行。一个 MO 类可以对资源的多个类似特性或多个类似资源进行描述，如图 7-17 所示。

定义 MO 类，要描述其实例的下列特性。
- 可见的属性（Attribute）。
- 可以运用的管理操作。
- 控制 CMIS 过滤器适用性的匹配规则。
- 应答管理操作时体现的行为。

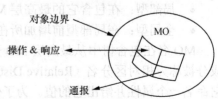

图 7-17 被管对象的概念图

- 发出的通报。
- 所包含的包。
- 在 MO 类继承层次中的位置。

包和继承是保证管理信息定义的统一性、一致性和可重用性的两个关键技术。包是属性、通报、操作和行为的集合。条件包在 MO 描述中满足条件就出现，不满足条件就不出现。必要包的元素一定出现在类的所有实例中。包有助于限制需要用对象标识符定义和命名的事物的数量，防止组合爆炸。

继承是指在定义新类时指定某个或某些现有的类作为父类，继承其部分或全部特性。它包括以下特征。

- 现有 OM 类升级的自然机制。
- 子类/父类（相对的概念）。
- 严格继承。
- 多重继承。

属性是 MO 的一个用值表示的特性，是通过 MO 界面可见的。其取值范围为允许值集合或要求值集合，其标识符（Identifier）是全局唯一的 ASN.1 标识符。其属性组（Attribute Group）由多个属性组成，被赋予标识符，使多个属性能够被整体操作，包括固定属性组和可扩充的属性组。

可对属性进行的操作如下。

- Get。
- Replace。
- Replace with default。
- 两个附加操作：Add、Remove，对集合类型属性操作。

可对被管对象进行的操作如下。

- Create。
- Delete。
- Action。

多操作是指一个操作对多个属性或多个对象进行，这时需要同步，包括以下两种同步模式。

- 尽量同步：操作在每个被选出的 MO 上独立进行。
- 原子同步：或者所有操作都成功完成，或者都不完成。

在特定事件发生时 MO 发出通报。通报中包含的参数及触发事件在有关的 MO 定义中说明。系统管理功能标准已经定义了许多一般用途的通报，如 MO 的建立和删除、状态变化、一般属性变化、告警报告、安全告警报告等。MO 的命名以 MO 实例（Instance）的包含关系为基础。一个 MO 不能直接被包含在一个以上的 MO 中，因此 MO 的包含结构是树型的。

MO 的名字结构包括以下类型。

- 局部型：在包含它的最高层 MO 内的名字。
- 全局型：在局部型前增加所在系统的全局标识。

MO 名在包含树中从最高层 MO 开始逐步向下构造。每一步给出名字的一个成分，这个成分被称为相对区分名（Relative Distinguished Name，RDN）。RDN 由一个属性值断言构成，它命名一个属性并给出它的值。为了使名字唯一，数据对（Attribute-Id，Attribute Value）在包含 MO 的范围内必须是唯一的。

名字绑定：名字在 MO 类定义时定义，定义对象类之间的关系，指出 A 类对象包含 B 类对象时利用的命名属性。

兼容性要求：随着设备升级等情况的发生，管理系统应该能适应被管系统的简单升级。

兼容的 MO：一个 MO 的定义是另一个 MO 定义的一个子集。

4. OSI 网络管理功能

网管中心应实现的管理功能为故障管理、性能管理、配置管理、安全管理和计费管理等功能。

（1）故障管理。维护并检查错误日志，形成故障统计；接受错误检测报告并做出反应；跟踪、辨认错误；执行诊断测试；纠正错误。

（2）配置管理。创建并维护一个数据库，其中包含网络设备、软件、操作级别、负责维护设备的人员等信息；可以访问被管理设备的配置文件，并在必要时分析和编辑；可以比较网管中心数据库中两个配置文件的内容，以便将设备当前使用的配置和数据库中存放的配置局限进行比较；网络节点设备部件、端口的配置；网络节点设备系统软件的配置；网络业务配置，网络节点各种数据的配置与修改，网络各种业务政策的配置与管理；对配置操作过程的记录统计。

（3）性能管理。自动发现网络拓扑结构及网络配置，实时监控设备状态；通过对被管理设备的监控或轮询，获取有关网络运行的信息及统计数据；对历史统计数据的分析功能；优化网络性能，消除网络中的瓶颈，实现网络流量的均匀分布。

（4）安全管理。网管系统采取高级别、多层次的安全防护措施；对各种配置数据、统计数据采取备份、保护措施；网管系统应提供严格的操作控制和存取控制；当网管系统出现故障时，能自动及人工恢复正常工作，不影响网络的正常运行。

（5）计费管理。计费管理包括费率管理功能、计费方式管理、账单管理功能等。其作用是根据网络运行成本和资源利用情况，合理地设定和调整各种服务的资费标准和计费方式，以利于网络服务获得较好的经济效益。

计费的方式包括按流量计费、按时间计费、按次计费、包租计费等。

账单管理功能作用是收集计费数据、计算客户应付的网络服务费用、保存和维护账单。

主要计费数据包括客户标识、开始时间、结束时间、服务类型、服务量等内容。

（6）其他。网管系统应能提供灵活的通告方法，通告方法可以包括电子邮件、声音及显示警告的方法；网管系统应具有用户友好性，易于使用，以有组织、简明的方式显示信息，允许用户配置环境；网管系统应提供编程接口，使其能得到方便、灵活的扩展；用户能控制网管系统所生成的报告中的内容和形式。

7.3.3 网络管理方式

网络管理方式主要分为集中式网络管理与分布式网络管理。

1. 集中式网络管理

集中式网管是借助现代网络通信技术，通过集中式管理系统建立企业决策完善的数据体系和信息共享机制，集中式管理系统集中安装在一台服务器上，每个系统的用户通过广域网来登录使用系统，实现共同操作同一套系统，使用和共享同一套数据库，通过严密的权限管理和安全机制来实现符合现有组织架构的数据管理权限。

集中式管理的优点如下。

（1）实现数据的实时共享。在目前的网络环境下，企业已经可以以非常合理的成本享受到以前其他行业数据的实时共享和完美应用。

（2）集中式管理成本低。企业只需要安装一套软件在服务器上，其他用户就可以在任何地点通过网络访问服务器，实现相应的功能。只要保证服务器的运行稳定和定期备份，就解决了整个系统的维护问题。

（3）集中式管理真正实现了信息扁平化管理。数据集中管理、集中使用，也帮助企业实现了信息扁平化，解决了以前基层掌握大量详细数据，而总部只掌握汇总统计数据的局面。总部的管理人员可以随时了解被管网元的每个细节。

（4）集中式管理通过权限管理实现数据分权管理。在一套严谨、完善的权限管理机制的支持下，信息扁平化并不意味着企业组织也一定扁平化，企业仍然保持自己原有的总部、公司、项目、售楼处多级管理架构，通过权限来显现信息分级管理，这对应用来说是没有变化的。

2. 分布式网络管理

分布式网络管理模式是将地理上分布的网络管理客户机与一组网络管理服务器交互作用，共同完成网络管理的功能。

分布式网络管理技术一直是推动网络管理技术发展的核心技术，也越来越受到业界的重视。其技术特点在于分布式网络与中央控制式网络对应，它没有中心，因而不会因为中心遭到破坏而造成整体的崩溃。在分布式网络上，节点之间互相连接，数据可以选择多条路径传输，因而具有更高的可靠性。

7.3.4 SNMP 网络管理协议

简单网络管理协议（Simple Network Management Protocol，SNMP）是由互联网工程任务组（Internet Engineering Task Force，IETF）定义的一套网络管理协议。该协议基于简单网关监视协议（Simple Gateway Monitor Protocol，SGMP）。利用 SNMP，一个管理工作站可以远程管理所有支持这种协议的网络设备，包括监视网络状态、修改网络设备配置、接收网络事件警告等。虽然 SNMP 开始是面向基于 IP 的网络管理，但作为一个工业标准也被成功地用于各种网络管理。

SNMP 便于设备间的网络信息的交换。

1. SNMP 的基本组成

一个 SNMP 管理的网络包含 3 个主要部分：被管理设备、代理和网络管理系统。

一个被管理设备是包含一个 SNMP 代理并处于被管理的网络中的一个网络节点。被管理设备收集和存储管理信息，并使用 SNMP 使这些信息对网络管理系统有用。被管理设备有时被称为网络元素，可能是路由器和访问服务器、交换机和网桥、集线器、计算机主机或打印机。

代理是处于被管理设备中的一个网络管理软件模块。代理有管理信息的本地知识，并能将其转化为与 SNMP 一致的格式。

网络管理系统执行应用程序监控被管理设备。网络管理系统为网络管理提供大量的处理和内存资源。在任何被管理的网络中至少存在一个网络管理系统。

图 7-18 描述了这 3 个组成的关系。

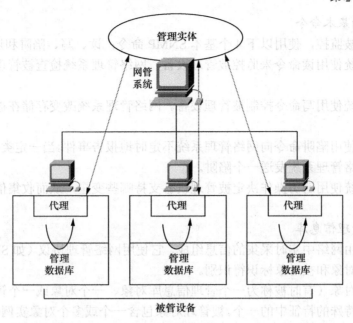

图 7-18 SNMP 的基本组成

2. SNMP 的工作原理

SNMP 采用特殊的客户机/服务器模式，即代理/管理站模型，对网络的管理与维护是通过管理工作站与 SNMP 代理间的交互工作完成的。每个 SNMP 代理负责回答 SNMP 管理工作站（主代理）关于 MIB 定义信息的各种查询。

SNMP 的应用场景如图 7-19 所示。

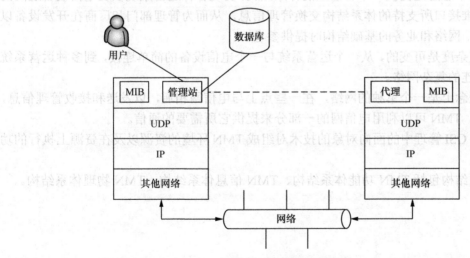

图 7-19 SNMP 的应用场景

管理站和代理端使用 MIB 进行接口统一，MIB 定义了设备中的被管理对象。管理站和代理都实现相应的 MIB 对象，使得双方可以识别对方的数据，实现通信。管理站向代理请求 MIB 中定义的数据，代理端识别后，将管理设备提供的相关状态或参数等数据转换成 MIB 定义的格式，最后将该信息返回给管理站，完成一次管理操作。

3. SNMP 的基本命令

被管理设备被监控，使用以下 4 个基本 SNMP 命令：读、写、陷阱和遍历操作。

网络管理系统使用读命令来监控被管理设备。网络管理系统检查被管理设备维持的不同的变量。

网络管理系统使用写命令控制被管理设备。网络管理系统改变存储在被管理设备中的变量值。

被管理设备使用陷阱命令向网络管理系统不定时地报告事件。当一定类型的事件发生时，被管理设备向网络管理系统发送一个陷阱。

网络管理系统使用遍历操作决定被管理设备支持哪些变量，从而收集信息到变量表（如路由表）中。

4. SNMP 管理信息库

管理信息库由网络中实时采集的信息组成，它使用网络管理协议（如 SNMP）进行访问，一般包含被管理对象和被对象标识符识别。

一个被管理对象（有时被称为一个管理信息库对象、一个对象或一个管理系统库）是被管理设备中所有特殊的特征中的一个。被管理对象包含一个或多个对象实例（实质上是变量）。

7.3.5 电信管理网

TMN 是 Telecommunication Management Network 的简称，是 ITU-T 从 1985 年开始制定的一套电信网络管理国际标准。世界企业团体及标准化组织目前仍在进一步充实 TMN，对 M.3000 系列定义的 TMN 的体系结构、模型、定义、功能进行修改。

TMN 为电信网和业务提供管理功能，并提供与电信网和业务进行通信的能力。

TMN 的基本思想是提供一个有组织的体系结构，实现各种运营系统以及电信设备之间的互连，利用标准接口所支持的体系结构交换管理信息，从而为管理部门和厂商在开发设备以及设计管理电信网络和业务的基础结构时提供参考。

TMN 的复杂度是可变的，从一个运营系统与一个电信设备的简单连接，到多种运营系统和电信设备互连的复杂网络。

TMN 在概念上是一个单独的网络，在一些点上与电信网相通，以发送和接收管理信息，控制它的运营。TMN 可以利用电信网的一部分来提供它所需要的通信。

TMN 采用 OSI 管理中的面向对象的技术对组成 TMN 环境的资源以及在资源上执行的功能块进行描述。

TMN 体系结构包括 TMN 功能体系结构、TMN 信息体系结构、TMN 物理体系结构。

第 8 章 电信支撑网

支撑网是指保障电信业务网络正常运行并能增强网络功能、提高网络服务质量的网络。传统的电信支撑网包括信令网、同步网和电信管理网。

8.1 信令网

8.1.1 信令与信令网的基本概念

信令是通信网中的控制指令，在终端与交换机之间、交换机与交换机之间进行传递，用以保障终端、交换系统和传输系统的协同运行，并维护通信网络的正常运行。在通信网中，承担信令控制的软件系统和硬件设备的集合即为信令系统，对通信网起重要的支撑作用。

1. 信令的分类

信令可以根据信令的工作区域和所完成的功能两个角度进行分类。

（1）按信令的工作区域划分。按信令的工作区域，可将信令分为用户线信令和局间信令两类。

① 用户线信令：在终端与交换机之间的用户线上传输，根据用户线的类型又分为模拟用户线信令和数字用户线信令。用户线信令是用户电话机与电话局交换机之间传送的信令，这类信令与交换设备的类型以及电话网的结构无关。

② 局间信令：传递于交换机与交换机之间以及交换机与业务控制节点之间，在局间中继线（或长途电路）上传送。局间信令的功能比用户线信令丰富且复杂，是信令系统中最重要的内容。

（2）按信令所完成的功能划分。按信令所完成的功能，可将信令分为监视信令、路由信令和维护管理信令 3 类。

① 监视信令：用于监视用户线和中继线的状态变化。

② 路由信令：具有选择路由的功能，也称选择信令。

③ 维护管理信令：表示线路拥塞、计费以及故障告警等信息。

（3）按传送方向划分。按传送方向，可将信令分为前向信令和后向信令。

① 前向信令：主叫方发往被叫方的信令。

② 后向信令：被叫方发往主叫方的信令。

（4）按信令信道与用户信息传送信道的关系划分。按信令信道与用户信息传送信道的关系，可将信令分为随路信令（Channel Associated Signaling，CAS）和公共信道信令（Common Channel Signaling，CCS）。

① 随路信令：是由话路本身来传递信令信息的方式。在随路信令方式中，各话路所传送的信令只为本话路服务。我国电话网络曾经使用过的随路信令称为"中国 1 号信令"，它是根据我国电话网实际情况规范的随路信令。目前，我国公众电话网已经广泛使用公共信道信令，但部分专用网还使用随路信令。

② 公共信道信令：与随路信令完全不同，公共信道信令方式是将话路信道和信令信道分开，话路信道只传送语音信号，信令信息在专门设置的信令信道中传送。由于信令信息量小，一条信道可以传送多个话路的信令信息，这种方式就称为公共信道信令方式，简称共路信令方式。

2. 信令方式

信令方式包括信令编码方式、传送方式和控制方式。信令方式的选择将直接影响通信质量、业务实现及投资成本。

（1）编码方式。编码方式包括未编码方式和已编码方式。未编码方式的信令主要用在模拟电话网的随路信令系统中，编码容量小、传输速度慢，目前已不再使用。已编码方式包括模拟编码方式、二进制编码方式和信令单元方式。

① 模拟编码方式：有起止式单频编码、双频二进制编码和多频编码方式。其中，多频编码方式使用最多，具有自检能力，可靠性较好，曾广泛用于随路信令系统。

② 二进制编码方式：其典型代表是数字型线路信令，使用 4bit 二进制编码来表示线路的状态信息。

③ 信令单元方式：采用不定长分组形式，用由二进制编码的若干字节构成的信令单元来表示各种信令。这种方式编码容量大、传输速度快、可靠性高、可扩充性强，是公共信道信令系统广泛采用的方式，其典型代表是 No.7 信令系统。

（2）传送方式。信令的传送方式包括端到端方式、逐段转发方式和混合方式。

① 端到端方式：将长途区号和用户号码分别发送。发端局先向转接局只发送所需的长途区号，并逐级转发直至到达收端局，完成到收端局的接续；然后发端局再发送用户号码，建立发端到收端的接续。这种方式的特点是发码速度快，拨号后等待时间短，全程采用同样的信令系统，发端信令设备占用周期较长。

② 逐段转发方式：对信令逐段进行接收和转发，被叫号码整体进行逐段转发。其特点是对链路质量要求不高，每段链路的信令形式可以不同，信令传输速度慢，连接建立的时间较长。

③ 混合方式：实际中常常根据链路的传输质量将上述两种信令传送方式混合使用。例如，在劣质链路上采用逐段转发方式，在优质链路上采用端到端方式。No.7 信令系统对两种方式都支持。

（3）控制方式。控制方式指控制信令发送过程的方式，可分为非互控方式、半互控方式和全互控方式。

① 非互控方式：发端不需要等待收端确认反馈。控制机制简单，发码快，适用于误码率很低的数字信道。

② 半互控方式：发端必须收到收端的确认反馈后，才能发下一个信令。前向信令的发送受控于后向证实信令。

③ 全互控方式：收发两端都在收到对方的确认反馈后才能发下一个信令消息，是一种不间断的连续互控方式，抗干扰能力强，可靠性好，但设备复杂，发码速度慢，目前在公共信道方式中已不再使用。

No.7 信令系统中主要采用非互控方式，且没有完全取消后向确认反馈，以保证更好的可靠性。

8.1.2　No.7 信令及信令网

No.7 信令的概述在 7.1.4 小节已有介绍，本小节主要介绍 No.7 信令的系统结构及 No.7 信令网相关内容。

1. No.7 信令系统结构和信号单元格式

（1）No.7 信令系统结构

No.7 信令系统的结构如图 8-1 所示，按基本功能可划分为公共消息传递部分和用户部分。

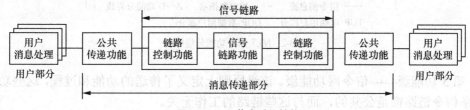

图 8-1　No.7 信令系统结构

① 公共消息传递部分。公共消息传递部分是各种用户的公共处理部分，它作为一个公共传送系统，为正在通信的用户功能位置之间提供可靠的传递信号消息。

② 用户部分。这里所说的用户部分是指使用消息传递部分的各功能部分，如电话用户部分、数据用户部分。每个用户部分都包含它特有的用户功能或与其有关的功能。如电话呼叫处理、数据呼叫处理、网络管理、网络维护及呼叫计费等功能。当需要增加某种功能时，只要增加相应的模块即可，因为系统结构的模块是按功能考虑的。

由于各用户部分的功能都要在信号说明中加以规定，所以各用户部分也是公共信道信令系统的一部分。虽然不同的用户部分具有不同的功能，但也存在一些相同之处。

（2）No.7 信令系统的功能分级

No.7 信令系统按功能来划分的结构如图 8-2 所示，其消息传递部分又进一步分为 3 个功能级，将用户部分设置为第 4 功能级。

① 第 1 功能级——信令数据链路级。该级定义了一条信令数据链路的物理、电气和功能特性以及接入方式。它是一个双向传输的信令通道，包括工作速率相同的两个数据通道，可以有数字和模拟两种信令数据链路。

对于数字的信令数据链路，常采用速率为 64kbit/s 的数字通路，对于模拟的信令数据链路，常采用速率为 4.8bit/s 的调制解调器的模拟通路。

② 第 2 功能级——信令链路功能级。该级定义了在一条信令链路上信令消息的传递和与其传递有关的功能和过程。这一级与第 1 级信令数据链路一起，为在两点间进行信令消息的可靠传递提供信令链路。

由上级传来的信号消息以不同长度的信令单元在信令链路上传送。为使信令链路能正常工作，信令单元除包含信令消息的信息内容以外，还包含一些传递时的控制信息。

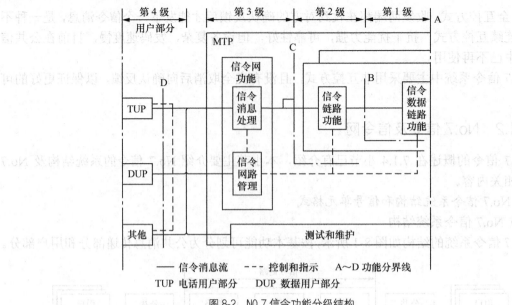

图 8-2 NO.7 信令功能分级结构

③ 第 3 功能级——信令网功能级。该级原则上定义了传送的功能和过程,这些功能和过程对每条信令链路都是公共的,而与这些链路的工作无关。

信令网功能级主要包括信令消息处理功能和信令网管理功能。

④ 第 4 功能级——用户部分。该级由不同的用户部分组成,每一用户部分规定系统内某种用户专用的信令系统的功能和过程。

不同用户的用户部分功能可以大不相同。在整个系统中,典型的"用户部分"有电话用户部分、ISDN 用户部分、数据用户部分、运转和维护用户部分、遥控用户部分、集中计费用户部分、话务员座席用户部分等。随着通信网和信令技术的发展,还会出现新的"用户部分"类型。

(3) No.7 信令的信令单元

在 No.7 信令方式中,信令消息是借助于信令单元在信号链路上传送的。针对不同业务,信令单元的长度不同:电话业务的信令单元长度为 80bit,数据业务的信令单元长度为 120bit,移动电话业务的信令单元长度为 140bit。由此可见,No.7 信令采用可变长信令单元,共有 3 种不同的信令单元格式。

① 消息信令单元。消息信令单元由"用户部分"产生,用于承载用户信息,使信息从源点经过信令链路到达目的地。

② 链路状态信令单元。链路状态信令单元是根据链路状况提供的,用来运载信令链路状态信息。

③ 填充信令单元。当链路上没有消息信令单元或链路状态信令单元传送时,就传送填充信令单元。

2. No.7 信令网

(1) No.7 信令网的组成。No.7 信令网由信令点(Signaling Point,SP)、信令转接点(Signaling Transfer Point,STP)及它们之间的信令链路(SignalingLink,SL)组成。

(2) 信令网的工作方式。信令网的工作方式是指信令消息的传送路径与消息所属的信令关系之间的对应关系。如果两个信令点的用户之间有直接的通信,则称这两个信令点存在信令关系。

No.7 信令网采用直联和准直联两种工作方式。

① 直联工作方式。直联方式如图 8-3（a）所示，即两个信令点之间的信令消息，通过直接连接两个信令点的信令链路来传送。

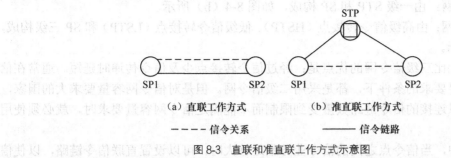

图 8-3　直联和准直联工作方式示意图

② 准直联工作方式。准直联方式如图 8-3（b）所示，即属于某信令关系的信令消息，要经过一个或几个信令转接点来传送，但通过信令网的消息所取的通路在一定时间内是预先确定和固定的。

③ 信令网的结构。信令网的结构有无级信令网和分级信令网两种，分级信令网又分为二级信令网和三级信令网，如图 8-4 所示。

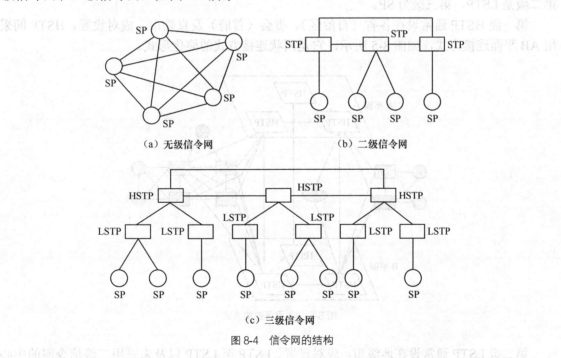

图 8-4　信令网的结构

（a）无级信令网。无级信令网是指未引入信令转接点的信令网，即全部采用直联工作方式的直联信令网，如图 8-4（a）所示。

从对信令网的基本要求来看，信令网中每个信令点或信令转接点的信令路由尽可能多，信令接续中所经过的信令点和信令转接点的数量尽可能少。无级网中的网状网虽可以满足上述要求，但当信令点的数量比较大时，网状网的局间信令链路数量会明显增加。如果有 N 个信令点，采用网状网连接时所需的信令链路数是 $N(N-1)/2$ 条。所以，虽然网状网具有信令路由多、信令消息传递时延短的优点,但限于技术上和经济上的原因,不能适应较大范围的信令网的要求,所以无级信令网没有得到实际的应用。

(b)分级信令网。分级信令网是使用信令转接点的信令网,按等级又可划分为以下两种。
- 二级信令网:由一级 STP 和 SP 构成,如图 8-4(b)所示。
- 三级信令网:由高级信令转接点(HSTP)、低级信令转接点(LSTP)和 SP 三级构成,如图 8-4(c)所示。

二级信令网相比三级信令网的优点是:经过信令转接点少及信令传递时延短。通常在信令网容量可以满足要求的条件下,都是采用二级信令网。但是对信令网容量要求大的国家,当信令转接点可以连接的信令链路数量受到限制而不能满足信令网容量要求时,就必须使用三级信令网。

分级信令网中,当信令点之间的信令业务量足够大时,可以设置直联信令链路,以使信令传递快、可靠性高,并可减少信令转接点的业务负荷。

8.1.3 我国的信令网

1. 我国信令网的结构

我国地域广阔、交换局多,信令网采用三级结构。第一级是信令网的最高级,称为 HSTP,第二级是 LSTP,第三级为 SP。

第一级 HSTP 通常设在各省(自治区)、省会(首府)及直辖市,成对设置。HSTP 间采用 AB 平面连接方式,如图 8-5 所示,它是网状连接方式的简化形式。

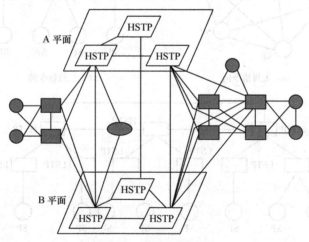

图 8-5 AB 平面连接方式

第二级 LSTP 通常设在地级市,成对设置。LSTP 至 LSTP 以及未采用二级信令网的中心城市本地网中的第三级 SP 至 LSTP 间,采用分区固定连接方式。大、中城市两级本地信令网的 SP 至 LSTP 可采用按信令业务量大小连接的自由连接方式,也可采用分区固定连接方式。

第三级 SP 是信令网传送各种信令消息的源点或目的点,各级交换局、运营维护中心、网管中心和单独设置的数据库均分配一个信令点编码。

2. 信令点编码

信令点编码用以识别信令网中各信令点及信令转接点,供信令消息在信令网中选择路由使用。信令网与话路网在逻辑上相对独立，信令点编码与电话号码没有直接联系。信令点编码依据信令网的结构及应用要求，实行统一编码，同时要考虑信令点编码的唯一性、稳定性和灵活性，要有充分的容量。根据信令消息的始末点相应地称为源信令点编码 OPC 和目的信令点编码 DPC。

（1）国际信令网信令点编码。编码长度为 14 位。编码容量为 2^{14}=16 384 个信令点。采用大区识别、区域网识别和信令点识别的 3 级编号结构。

NML	KJIHGFED	CBA
大区识别	区域网识别	信令点识别

（2）我国的信令网编码。我国 No.7 信令网的信令点采用统一的 24 位编码方案，编码在结构上分为 3 级。

主信令区编码（8bit）	分信令区编码（8bit）	信令点编码（8bit）
主信令区识别	分信令区识别	信令点识别

我国以省、直辖市为单位（个别大城市也列入其中）划分成若干主信令区（对应 HSTP），每个主信令区再划分成若干分信令区（对应 LSTP），每个分信令区含有若干个信令点。必要时一个分信令区编码和信令点的编码可相互调换使用。

国际接口局应分配国际（14bit）及国内（24bit）两个信令点编码。

3. 信令路由及其选择

两个信令点间传送信令消息的路径称为信令路由。信令路由选择由 MTP-3 中的信令消息处理部分完成，通过检查信令单元的路由标记及有关信息字段决定消息的传送方向。

① 信令消息处理功能：完成消息鉴别、消息分配和消息选路。

② 信令路由选择：一般原则如下。

- 首选正常路由，当正常路由出现故障时，再选择迂回路由。
- 具有多个迂回路由时，按优先级高低依次选择。
- 相同优先等级的迂回路由（N）采用负荷分担方式，各承担整个信号负荷的 $1/N$。

8.2 数字同步网

数字同步网的主要功能是为数字通信网提供同步的时钟信号，以保证电信业务网中各个节点同步协调运行。也就是在同一业务网的各级节点之间、不同业务网的相关节点之间能正常、准确地传送与接收数字信息。

8.2.1 数字同步网的基本概念

1. 同步的基本概念

在数字通信网中，传输、复用及交换等过程都要求实现同步，即信号之间在频率或相位上保持某种严格的特定关系。按照同步的功能和作用，数字通信中的同步可以分为位同步、帧同步和网同步。

（1）位同步。数字通信中最基本的同步就是位同步，即收发两端的位定时信号频率相等且满足一定的相位关系。位同步的目的是使接收端接收信号的频率与发送端保持一致，并在正确的时刻对收到的电平进行判决以正确地识别每一位码元。

(2) 帧同步。帧同步是指收发两端的帧定时信号频率相等且满足一定的相位关系。在数字通信中，数字信号是按照一定的格式组成帧进行传输的，帧同步的作用是使接收端能够确定每一帧的起始位置，从而正确地对每一帧消息进行处理。例如，PCM30/32 路系统中，收端正确识别出偶帧 TS0 时隙的帧同步码后，即可正确区分每一路语音信号。

(3) 网同步。网同步是指网中各个节点设备的时钟之间的同步，从而实现各个节点之间的位同步、帧同步。其中，需要同步的节点设备除了数字交换机外，还包括 SDH 传输网、DDN、No.7 信令网和 TMN 等网络中所有需要同步的网元设备。

2. 数字同步网的概念

为了使通信网内的设备协调一致地工作，必须为其提供统一的时钟参考信号。数字同步网即由节点时钟设备和定时传送链路组成的物理网络，它能准确地将定时参考信号从基准时钟源向同步网络的各个节点传送，使得整个网络的时钟稳定在统一的基准频率上，从而满足电信网络对于传输、交换及控制的性能要求。

3. 同步网的技术指标

同步网中（包括节点时钟和帧调整器）的主要技术指标有抖动、漂移、滑码和延时。

(1) 滑码。数字网中交换局在接收数字比特流时，缓冲器进行写入与读出都需要时钟控制。如果控制写入的时钟与控制读出的时钟在频率上有偏差，就会引起码元的漏读或重读，导致码元的丢失或增加。这就是滑码，是一种数字网的同步损伤。

滑码对不同的通信业务会产生不同的效果，信息冗余度越高的系统，滑码的影响就越小。数字网中因滑码产生的传输损伤一般用单位时间内滑码的次数来表示，称为滑码率。滑码率是读写时差超过门限值的速率。

(2) 抖动和漂移。抖动和漂移是同步网定时性能的重要指标，具有同样的性质，分别定义为数字信号的有效瞬间在时间上偏离其理想位置的短期和长期变化，是从频率角度衡量定时信号的变化。通常把往复变化频率超过 10Hz 的状态称为抖动，小于 10Hz 的状态称为漂移。

ITU-T 在建议 G823 中规定了"基于 2 048kbit/s"系列的数字网中抖动和漂移的控制。

(3) 时间间隔误差。时间间隔误差（TIE）是指在特定的时间周期内，给定的定时信号与理想定时信号的相对时延变化，通常用纳秒（ns）、微秒（μs）或单位时间间隔（UI）来表示。

在较长的测量周期内，TIE 主要由定时信号的频率误差引起；在较短的测量周期内，TIE 主要由定时信号的抖动和漂移等因素引起。故 TIE 用频率误差和抖动（或漂移）成分的两项内容之和来描述。

4. 同步网中的几种时钟

(1) 铯原子钟。铯原子钟，即铯束原子频率标准，是根据原子物理学和量子力学的原理制造的高准确度、高稳定度的振荡器，在各种频率系统中作为基准频率源使用。

(2) 铷原子钟。铷原子钟的基本工作原理与铯原子钟类似。其特点是体积小、预热时间短、短期稳定度高、价格便宜，但准确度差、频率漂移比较大，一般用来作为主从同步网中从节点的时钟源。

(3) 全球定位系统（Globe Positioning System，GPS）。GPS 是美国海军天文台设置的一套高精度全球卫星定位系统，提供的时间信号对世界协调时跟踪精度优于 50ns。收到的信号经处理后可作为本地基准频率使用。

GPS 设备体积较小，其天线可装架在楼顶上，通过电缆引至机架上的接收器，可用来提供 2.048Mbit/s 的基准时钟信号。

（4）晶体时钟。晶体时钟在同步网中被大量使用，它利用晶体的谐振特性来产生振荡频率，再通过锁相环路输出所需要的频率。其特点是可靠性高、寿命长、价格低、频率稳定度范围很宽，但长期频率稳定度不好。

8.2.2 网同步的方式

1. 准同步方式

以准同步方式工作时，各局都具有独立的时钟，且互不控制，为了使两个节点之间的滑动率低到可以接受的程度，应要求各节点都采用高精度与高稳定度的原子钟。

准同步方式的优点是简单且容易实现，网络的增设与改动都较灵活，发生故障也不会影响全网。

准同步方式的缺点是：①对时钟源性能要求高、价格昂贵；②以准同步方式工作时，由于没有时钟的相互控制，节点间的时钟总会有差异，所以总会发生滑动。

2. 主从同步方式

主从同步方式是在网内某一主交换局设置高精度和高稳定度的时钟源，并以其作为主基准时钟的频率控制其他各局从时钟的频率，也就是数字网中的同步节点和数字传输设备的时钟都受控于主基准同步信息。

主从同步方式中同步信息可以包含在传送信息业务的数字比特流中，采用时钟提取的方法获取，也可以用指定的链路专门传送主基准时钟源的时钟信号。在从时钟节点及数字传输设备内，通过锁相环电路使其时钟频率锁定在主时钟基准源的时钟频率上，从而使网内各节点时钟都与主节点时钟同步。

主从同步网主要由主时钟节点、从时钟节点及传送基准时钟的链路组成。从连接方式看，主从同步方式可以分为直接主从同步方式和等级主从同步方式两种，如图 8-6 所示。

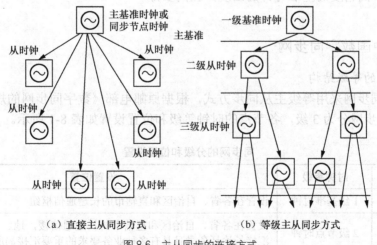

图 8-6 主从同步的连接方式

（1）直接主从同步方式。图 8-6（a）为直接主从同步方式，各从时钟节点的基准时钟信号都由同一个主时钟源节点获取。这种方式一般用于同一通信楼内设备的主从同步方式。

（2）等级主从同步方式。图 8-6（b）是等级主从同步方式，基准时钟是通过树状时钟分配网络逐级向下传送的。在正常运行时，通过各级时钟的逐级控制，可以使网内各节点时钟都锁定于基准时钟，从而达到全网时钟的统一。

等级主从同步方式的优点如下。

① 各同步节点和设备的时钟都直接或间接地受控于主时钟源的基准时钟，在正常情况下，能保持全网的时钟统一，因而可以不发生滑动。

② 除了对基准时钟源的性能要求较高之外，对从时钟源的性能要求较低（相比于准同步方式中的独立时钟源），可以降低网络的建设费用。

等级主从同步方式的缺点如下。

① 在传送基准时钟信号的链路和设备中，如有故障或干扰，将影响同步信号的传送，而且产生的扰动会沿传输途径逐段累积，产生时钟偏差。

② 当等级主从同步方式用于较复杂的数字网络时，必须避免形成时钟传送的环路；尤其是在环形或网形的 SDH 传输网中，由于有保护倒换和主备用定时信号的倒换，同步网的规划和设计变得更为复杂。

3. 互同步方式

采用互同步方式实现网同步时，网内各同步节点无主、从之分。在节点相互连接时，其时钟是相互影响、相互控制的，即在各节点设置多输入端加权控制的锁相环电路，在各节点时钟的相互控制下，如果网络参数选择适当，则全网的时钟频率可以达到一个统一的稳定频率，从而实现网内各节点时钟的同步。

采用互同步方式的网络如图 8-7 所示。

互同步方式的缺点是各个时钟的锁相环连在一起，容易引起自激，而且设备较为复杂。实际应用中，由于高稳定度、高精度的基准时钟的出现，互同步方式很少采用。

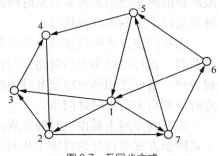

图 8-7 互同步方式

8.2.3 中国数字同步网

1. 同步网的等级结构

我国数字同步网采用等级主从同步方式，根据原邮电部《数字同步网的规划方法与组织原则》，数字同步网分为 3 级，各节点的时钟等级和位置设置如表 8-1 所示。

表 8-1　　　　　　　　　　　同步网的分级和位置设置

同步网分级	时钟等级	设置位置
第 1 级	1 级基准时钟	设置在各省、自治区和直辖市的长途通信枢纽
第 2 级	2 级节点时钟	设置在各省、自治区和直辖市的长途通信楼，地、市长途通信楼和汇接长途话务量且具有多种业务要求的重要汇接局所在的通信楼
第 3 级	3 级节点时钟	设置在本地网内的汇接局和端局所在通信楼

注：①基准时钟有两种，一种是含铯原子钟的全国基准时钟（PRC），另一种是在同步供给单元上配置的全球定位系统 GPS 组成的区域基准（LPR）时钟，它可以接受 PRC 的同步；②除采用 2 级节点时钟的主要汇接局以外，其他汇接局设置 3 级节点时钟，端局根据需要也可以设置 3 级节点时钟。

各级节点的时钟设置方式如下。

（1）第1级节点设置1级基准时钟。同步网内使用的1级基准时钟有以下几种。

① 全国基准时钟（Primary Reference Clock，PRC）：由铯原子钟组或铯原子钟与全球定位系统GPS（或其他卫星定位系统）构成。产生的定时基准信号通过定时基准传输链路送到各省、自治区、直辖市。

② 区域基准时钟（Local Primary Reference，LPR）：由同步供给单元和全球定位系统GPS（或其他卫星定位系统）构成。其同步供给单元既能接受GPS的同步，也能接受PRC的同步。

（2）第2级节点设置2级节点时钟。要求具有保持功能及高稳定度，由受控的铷钟或高稳定度晶体钟实现。在地、市级长途通信楼和汇接长途话务量大、重要的汇接局（如有图像业务、高速数据业务、No.7信令网的STP等）应设置2级节点时钟。

（3）第3级节点设置3级节点时钟。具有保持功能的高稳晶体时钟，其频率稳定度可低于2级时钟，通过同步链路受2级时钟控制并与之同步。在本地网内，除采用2级节点时钟的汇接局以外，其他汇接局应设置3级节点时钟。在端局根据需要（如有高速数据业务、SDH设备等）也应设置3级节点时钟。

同步区是同步网的子网，可以作为一个独立的实体对待。在不同的同步区内，按同步时钟等级也可以设置同步链路传递同步基准信息以作为备用。目前，我国的同步区是以省、自治区和直辖市来划分的，各同步区设区域基准时钟源LPR。

2. 全国同步网的结构

我国数字同步网主要由基准时钟源、通信楼综合定时供给（Building Integrated Timing Supply，BITS）及定时基准信号传送电路构成，如图8-8所示，为分布式多基准主从同步网。

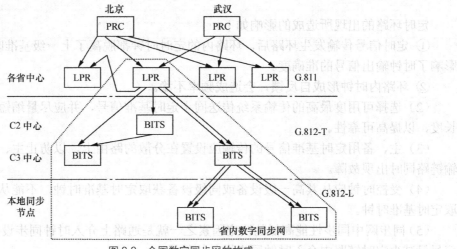

图8-8 全国数字同步网的构成

其主要特点如下。

（1）在北京、武汉各设置了一个铯原子钟组以作为高精度的基准时钟源，即PRC。

（2）各省中心和自治区首府以上城市都设置可以接收GPS信号和PRC信号的地区基准时钟，即LPR。LPR作为省、自治区内的区域基准时钟源。

（3）当GPS信号正常时，各省中心的区域基准时钟以GPS信号为主构成LPR，作为省内同步区的基准时钟源。

（4）当GPS信号故障或降质时，各省的LPR则转为经地面数字电路跟踪北京或武汉的

PRC，实现全网同步。

（5）各省和自治区的区域基准时钟 LPR 均由 BITS 系统构成。

3. 同步网的组网原则

在规划和设计数字同步网时必须考虑到地域和网络业务的情况，一般应遵循下列原则。

（1）在同步网内应避免出现同步定时信号传输的环路。定时信号传输环路示意图如图 8-9 所示。

如图 8-9 所示，在 3 级同步网络中，当 5 局和 8 局或者 5 局和 9 局的主用定时链路发生故障，倒换至备用定时链路时，将在 5、8、9、7 和 10 局之间，或者在 5、9、7 和 10 局之间形成定时信号传输环路。

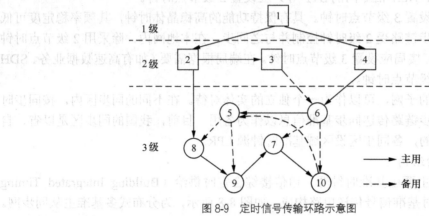

图 8-9　定时信号传输环路示意图

定时环路的出现所造成的影响如下。

① 定时信号传输发生环路后，环路内的定时时钟都脱离了上一级基准时钟的同步控制，影响了时钟输出信号的准确度。

② 环路内时钟形成自反馈，会造成频率不稳。

（2）选择可用度最高的传输系统传送同步定时基准信号，并应尽量缩短同步定时链路的长度，以提高可靠性。

（3）主、备用定时基准信号的传输应设置在分散的路由上，以防止主、备用定时基准传输链路同时出现故障。

（4）受控时钟应从其高一级设备或同级设备获取定时基准时钟，不能从下一级设备中获取定时基准时钟。

（5）同步网中同步性能高低的决定因素之一就是通路上介入时钟同步设备的数量，因此，应尽量减少定时链路中介入时钟同步设备的数量。

8.3　电信管理网

8.3.1　电信网络管理

1. 网络管理的相关概念

（1）网络管理的定义。网络管理是指对网络的运行状态进行监测和控制，用以保证网络能够有效、可靠、安全、经济地提供服务。通过监测可了解当前网络运行状态是否正常、是否存在潜在的危险；通过控制可以对网络状态进行合理调节，提高性能，保证服务质量。

（2）网络管理的目标。网络管理的根本目标是满足运营者及用户对网络的有效性、可靠性、开放性、综合性、安全性和经济性的要求。

（3）网络管理的范围。从狭义上说，网络管理的范围指网络本身的配置管理、故障管理和性能管理。从广义上说，网络管理的范围除了包括网络本身的管理外，还包括客户管理、计费管理、安全管理、业务管理、基础设施管理、运行网络的电信企业的各种事务和商务活动的管理，即与电信运营有关的一切事务。

2. 网络管理的基本功能

（1）网络管理。网络管理主要包括体系结构和管理功能。网络管理系统应具备完善的体系结构，根据系统框架、信息模型和通信协议来完成其构建，通过管理功能实现网络管理。

对于网络管理系统而言，标准化的功能定义是系统定义的基本要求，也是定义管理业务的基础和保证网络管理系统互操作性的基础，但同时管理功能的标准化定义也有很多困难因素，如网络和设备的多样性以及管理功能需求的不确定性等。

网络管理系统的管理功能基本上可分为以下5个部分。

① 确定管理参数。
② 管理参数的管理。
③ 获取网络运行状态。
④ 分析网络运行状态。
⑤ 实施对网络的控制。

ITU-T 和 ISO 提出了一组标准化的各种网络管理系统共同的管理功能：配置管理、性能管理、故障管理、安全管理和账务管理，它们都具有两个基本的特性：完整性和无关性。

（2）配置管理。配置管理的目的在于管理网络的建立、扩充、改造和提供，是一个中长期的活动，主要负责提供资源清单管理功能、资源提供功能、业务提供功能和网络拓扑服务功能。

配置管理是最基本的网络管理功能，负责建立配置管理信息库（Management Information Base，MIB），配置 MIB 不仅为配置管理服务，还要为其他管理功能服务。

（3）性能管理。网络的运行状态存在各种变化，当发生故障时，网管的故障管理功能发挥作用；网络运行正常，或网络质量、服务质量下降但尚无故障时，主要由网络管理的性能管理负责。

性能管理指标可以分为面向服务质量（有效性、响应时间和差错率）和面向网络效率（吞吐量和利用率）两类。

性能管理保证有效运营网络和提供约定的服务质量，在保证各种业务服务质量的同时，要尽量提高网络资源利用率。性能管理包括性能监测功能、性能分析功能和性能管理控制功能。性能管理中获得的性能监测和分析结果反映了当前或即将发生的资源状况，是网络规划和资源提供的重要依据。

（4）故障管理。故障管理是在产生故障时采取的一系列管理活动，包括管理参数的确定、故障指标管理、告警监测和故障定位、电路测试和业务恢复。

（5）安全管理。安全管理的目的是提供信息的保密、认证和完整性保护机制，以使网络中的服务、数据及系统免受侵扰和破坏。目前，网络安全措施主要包括通信伙伴认证、访问控制、数据保密和数据完整性保护等。

安全管理系统的主要作用有：采用多层防卫手段，将受到侵扰和破坏的几率降到最低；提供迅速检测非法使用和非法初始进入点的手段，核查跟踪侵入者的活动；提供恢复被破坏的数据和系统的手段，尽量降低损失；提供查获侵入者的手段等。显然，安全管理系统不能杜绝所有对网络的侵扰和破坏。一般的安全管理系统包含风险分析功能、安全服务功能、告警、日志和报告功能以及网络管理系统保护功能等。

（6）账务管理。账务管理是正确地计算和收取用户使用网络服务的费用，以及进行网络资源利用率的统计和网络的成本效益核算，主要提供费率管理功能和账单管理功能。

8.3.2 电信管理网

1. 电信管理网概要

ITU-T 根据 OSI 系统管理框架提出了具有标准协议、接口和体系结构的管理网络——TMN，为电信网和业务提供管理功能，同时可以提供与电信网和业务进行通信的能力。

TMN 的基本思想是提供一个有组织的体系结构，取得各种类型的操作系统（Operating System，OS）之间、操作系统与电信设备间的互联，利用标准协议和信息的接口所支持的体系结构交换管理信息，为管理部门对电信网和电信业务的规划、配置、安装、操作及组织，以及厂商在开发设备时提供参考。

从理论和技术角度来看，TMN 是一组原则和为实现原则中定义的目标而制定的一系列技术标准和规范；从逻辑和实施方面考虑，TMN 是一个完整、独立的管理网络，是各种不同应用的管理系统按照 TMN 的标准接口互连而成的网络，这个网络在有限的节点上与电信网接口。TMN 与电信网是管与被管的关系，是管理网与被管理网的关系。

TMN 标准的目标是提供一个电信管理框架。在通用网络管理模型的概念下，采用标准信息模型的标准接口管理异构网络、业务和设备，通过丰富的管理功能跨越多厂商和多技术进行操作，能够在多个网络管理系统和运营系统之间互通，并能够在相互独立的被管网络之间实现管理互通，使得互联与跨网业务都可以得到端到端的管理，以期最大限度地利用电信网络资源，提高网络运行质量和效率，向用户提供良好的通信服务。

TMN 基于 CMIP 体系结构建立，给出了网络管理系统（Network Management System，NMS）与网元之间的管理模型、管理信息的定义方法和通信协议，并规范了 TMN 自身的功能体系结构、信息体系结构和物理体系结构。

TMN 的应用可以涉及电信网及电信业务管理的许多方面，从业务预测到网络规划；从电信工程、系统安装到维护、网络组织；从业务控制和质量保证到电信企业的事务管理等，都是它的应用范畴。此外，通过监视、测试或控制设备，管理网还可以管理分散的实体，如电路等。

2. TMN 功能体系结构

TMN 功能体系结构包括运营系统功能（Operations System Function，OSF）、网元功能（Network Element Function，NEF）、中介功能（Mediation Function，MF）、工作站功能（Workstation Function，WSF）、Q 适配器功能（Q Adaptor Function，QAF）和数据通信功能（Data Communication Function，DCF）。功能块之间通过 DCF 进行信息传递，如

图 8-10 所示。

其中，OSF 处理与电信网管理相关的信息，支持和控制电信网管理功能的实现；WSF 提供 TMN 与用户之间的交互能力；MF 在 OSF 和 NEF、QAF 之间进行信息传送，以保证各功能块对信息模式的要求；QAF 实现 TMN 与非 TMN 网元同 OSF 之间的连接；NEF 向 TMN 传送自身的信息并接受 TMN 的管理，这部分功能是属于 TMN 的，而其通信功能本身处于 TMN 之外。

3．TMN 信息体系结构

（1）面向对象的方法。TMN 运用 OSI 系统管理中被管对象的概念表示资源在管理方面的特性抽象视图，被管对象也可以表示资源或资源组合（如网络）之间的关系。

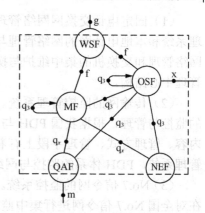

图 8-10　TMN 功能体系结构

M.3100 建议定义了一组被管对象，由这些被管对象构成了通用网络信息模型。这个模型涵盖了整个 TMN，并可在所有网络中通用，当用 TMN 传送网络设备的更详细的数据时，需要对这个模型进行扩充。

（2）管理者和代理者。电信网络环境的分散性决定了电信网络管理是一个分散的信息处理过程，监视和控制各种物理逻辑网络资源的管理进程之间需要交换管理信息。

对于一个特定的管理联系，管理进程将担当管理者的角色或代理者的角色。管理者和代理者之间可以是"多对多"的关系。

管理者和代理者之间所有的管理信息交换都要利用 CMIS 和 CMIP 实现。

（3）共享的管理知识。管理与被管理双方都理解的信息称为共享的管理知识（Shared Management Knowledge，SMK）。当两个功能块交换管理信息时，功能块必须明晰相交换的 SMK。为此，有时可能需要进行某种形式的协商，以便使双方能够相互理解。

4．TMN 物理体系结构

TMN 物理体系结构定义了网络管理所需要的信息传递与处理手段。

TMN 物理体系结构中的元素有 OS、DCN、中介装置（Mediation Device，MD）、WS、NE 和 QA。实际中有时可不含 MD 和 QA。参考点表现为 Q、F、X 接口，如图 8-11 所示。

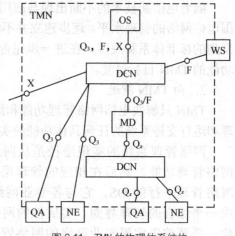

图 8-11　TMN 的物理体系结构

8.3.3　我国电信管理网的演进

我国的电信网络按专业划分可分为传输网、固定电话交换网、移动电话交换网、数字数据网、分组交换网、数字同步网、No.7 信令网及电信管理网等。这些不同的专业网络也都有各自不同的网络管理系统，并对各自专业网的网络运行和业务服务都起一定的管理和监控作用。

1．我国电信管理网的建设过程

我国在发展建设通信网的过程中，逐步建立了多专业网的网管系统。

（1）固定电话交换网网络管理系统。固定电话交换网网络管理系统分为长途电话网络管理系统和本地电话网的网络管理与集中监控系统，分别进行长话的话务管理、本地电话网的网络管理和交换机的集中维护与操作。它们互连后逐级汇接形成全国、省级和本地三级网络管理中心结构。

（2）传输网的监控管理系统。传输网的监控管理系统的目标是对数字传输设备进行集中的监控与管理，根据我国 PDH 与 SDH 两类传输系统并存，且这两类传输系统在技术和管理内容、管理方式、管理手段上有着较大差异的情况，对这两类传输体系分别建立了两类网络管理系统，PDH 体系的监控与网络管理系统和 SDH 体系的监控与网络管理系统。

（3）No.7 信令网的监控系统。No.7 信令网的监控系统由全国中心和省中心两级构成，旨在对全国 No.7 信令网进行集中监测与控制，在网络管理中心系统上实现对 No.7 信令网的故障管理、性能管理、安全管理等。

（4）数字同步网的网络管理系统。该系统由全国、省级和本地三级网络管理中心构成，对数字同步网的正常运行起着重要支撑作用，对同步网中的设备及运行状况进行监控，通过对同步链路和同步时钟的监控与管理，保证同步网的性能和可靠性。

（5）数字数据网（DDN）的网络管理系统。DDN 的管理网分为全国网络管理控制中心和省网络管理控制中心两级，分别负责全国一级干线和本省 DDN 传输网的管理和控制，并经过统一的网络管理，实现对各厂商网络管理系统的接口与兼容。

（6）移动电话的网络管理系统。该网络管理系统分为全国网络管理系统、省级网络管理系统和操作维护中心系统（OMC）三级结构，分别完成对全国移动网运行状态的监控，对最高层网络的协调，监控全省移动网的运行状态并完成对话务数据的收集处理，对辖区内移动交换设备和机站设备进行集中监控测试，修改局数据并完成故障的修复等。

随着电信新技术的不断出现与应用，新的业务网与网络管理系统也相应建立。为提高我国电信网络的管理水平，逐步建立并不断完善 TMN，我国通信主管部门和标准机构制定了一系列的标准体系和规范，在进一步完善专业管理网络的过程中，积极稳妥地向具有综合管理功能的 TMN 目标过渡。

2. 向 TMN 演进

TMN 只解决电信网络管理功能和结构划分的原则、接口的标准与规范，并不涉及网络管理和运行支持系统的任何具体功能的实施。

网络管理系统的实现途径是从网元管理到网络管理。综合的方式是先发展专业网的网络管理功能，然后在相应的管理层次上实现综合。综合网络管理的 OS 是一个与专业网络管理平行的 OS，它与各专业网络管理系统按标准的规范与接口交换管理信息，形成一个综合的管理界面，实质性的网络管理功能仍然在各专业网络管理系统上实现。因此，需要首先实现专业网络的网络管理功能，再利用 TMN 的原则实现各专业网络的网络管理综合。

TMN 的核心目标是实现管理系统间以及管理系统与电信设备网元之间互连和相互控制操作，利用开放式分布处理技术对电信设备实行集中管理。各种电信设备网元以上的网络管理系统，只要是符合 TMN 的基本原则、遵守公认的标准协议和接口标准、能相互交换管理信息，都可以认为是 TMN 目标网的一部分。在各种专业网络管理系统之上的综合平台，也只能认为是 TMN 架构中的一个 OS，管理功能的实施仍然依赖于各专业网络管理的 OS。在这样的基础上，综合网络管理的 OS 的实现就较为简单，只解决那些需要综合处理的管理功能和综合的图形用户接口界面。尽管 TMN 及相关标准对管理系统的结构及功能要求日渐明确，但是，从传统的管理应用向 TMN 标准应用的过渡不是短期的，而是一个逐步演进的过程。当各类电信设备及电信、业务的管理系统都按照 TMN 的标准去发展时，最终将演变为一个完整的符合国际标准的电信管理网——TMN。

第 9 章 通信动力与环境

动力与环境是为通信局站的各类网络通信设备及业务设备提供稳定的能源和空间条件，保障其可靠、经济、优质运行的一类设备、设施和技术的统称。其主要功能是将来自电力公网上的电能变换成各类专业设备所需的电源种类和保障等级；同时通过空调、通风等技术手段为专业设备的正常运行提供适合的温度、湿度和洁净度；通过接地、防雷等措施，预防和消除各种外界及内部异常因素的影响，提高设备运行的安全性。

9.1 通信动力与环境概述

9.1.1 动力与环境的组成

从功能上看，通信局站的动力与环境主要由通信电源系统和机房空调系统组成；另外，为了能提供安全、稳定、优质、高效的动力与环境保障，动力环境集中监控管理系统与能耗监测管理系统、接地与防雷系统也是不可或缺的部分。

1. 通信电源系统

负责电力能源转换、输送和分配的设备和设施，包括高低压配电设备、变压器、后备发电机组、不间断电源（Uninterruptible Power System，UPS）、开关电源设备、蓄电池组、终端配电等设备以及电缆、母线等材料，形成相对完整的运行机制和保障体系，统称为通信电源系统，其中的设备可统称为电源设备。

2. 机房空调系统

负责为网络通信设备运行提供适合的温度、湿度和洁净度的设备和设施，包括中央空调设备、各类机房精密空调设备、水路、冷热风（气流）输配设施等，同样也形成了较为完整的运行机制和保障体系，可以统称为机房空调系统，其中的设备也可统称为空调设备。

3. 动力环境集中监控管理系统与能耗监测管理系统

动力环境集中监控管理系统对各种电源设备、空调设备及温、湿度等机房环境参数进行实时监控和记录，分析设备的运行状况，及时侦测故障并通知处理。能耗监测管理系统是通过对各类机房、设备的运行能耗进行监测和记录，统计能源的消耗情况，分析能源的利用效率。

4. 接地系统与防雷系统

接地系统是为了工作和安全的需要，通过接地体、接地线等将通信电源系统内各设备、设施，以及各类用电设备的部分外壳、导体、导线、部件等与大地做良好的电气连接，形成的电气互联系统。防雷系统是为了消除或抑制雷击对设备、线路、建筑造成的影响和破坏，通过避雷针、避雷器、接地网等设备和设施的协同配合，所形成的多级防控系统。接地系统和防雷系统不论是组成还是功能上都有很大的交叠，难以割裂，因此也通常被合称为"接地与防雷系统"。

9.1.2 动力与环境的特点

1. 多样性

一方面，设备种类繁多，从高低压配电到不间断电源，从机电安装到自动控制，可谓琳琅满目，应有尽有；另一方面，其制式也复杂多样，如供配电电压有低压、中压、高压，直流供电系统有-48V直流系统，也有240V、336V等高压直流系统。

2. 空间性

一方面，各类动力与环境设备都具有一定的空间界限，不会对界限外的其他设备造成影响；另一方面，不论是电源设备，还是空调设备，都具有一定的空间体型，需要占据一定的机房或机柜空间来进行安装。

3. 现场性

虽然具备了远程集中监控的能力，但大多数电源设备和空调设备仍离不开现场化的例行维护和巡检。

4. 联动性

联动性又可称为系统性。虽然大多数设备都有一定的物理空间界限，但在其界限内，却是与其他设备共同形成一个紧密的系统，其作用相互关联，牵一发而动全身。

5. 风险性

动力与环境设备是网络通信设备的最基础的保障，一旦发生故障，往往直接导致主设备宕机，继而可能造成通信事故。另外，由于动力与环境专业面对的往往是强电力、重型设备，故障风险又高，因此对安全运行和安全操作的要求极高。稍不留神，除了可能造成通信事故外，还可能直接造成设备资产的损坏。

9.1.3 动力与环境的地位与作用

1. 动力与环境是通信网络最基础的资源

人们常常把电源比喻为通信网络的"心脏"，将为通信网络提供的动力和能量输送给各类网络通信设备。同样，空调系统也可以比作通信网络的"呼吸系统"，为网络通信设备提供良好的工作环境，排出积聚的废热，维持适宜的"体温"。虽然它们没有参与通信网络的信息处理和码流传递，但它们却是让整个通信网络得以运作的最基础的保障资源，在相当程度上影响着通信网络的规模和品质。

2. 动力与环境是通信网络安全保障的"工兵团"

通信网络的安全是通过网络设备的各种防护、备份、容错、调度等安全保障机制来实现的，但所有这些机制的实现必须基于相关设备还"活着"，也就是还有动力，还能工作。正是由于动力与环境的基础保障地位，以及对其故障影响的风险评估，使其成为通信网络安全保障的最基础也是最后一道防线。如果把通信网络的安全保障比作一场战役，则动力与环境在其中发挥着不可忽视的"工兵团"的作用。

3. 动力与环境是通信网络服务的"总后勤部"

动力与环境是为通信网络提供服务、配合通信网络开展业务的,是"后端的后端",将其称之为通信网络服务的"总后勤部"毫不为过。动力与环境专业常常被归入"配套专业",因此,要提升动力与环境专业的综合实力和技术内涵,就一定要牢牢把握住通信网络这个服务对象的需求,紧跟网络形态、设备工艺的演进步伐,提供高品质的综合服务能力。

4. 动力与环境是通信网络节能降耗的"先锋队"

据统计,2016年我国通信行业消耗电能超过 500 亿千瓦时,如果算上各类数据中心,则已达到 1 600 亿千瓦时,超过了全社会耗电量的 1.5%,实施节能降耗、提升能源效益刻不容缓。由于动力与环境设备、设施几乎承担了所有的通信网络能源供应任务,因此也就理所当然地扛起了通信网络节能降耗的第一面"大旗"。

9.1.4 动力与环境的基本要求

1. 基本要求

网络通信设备对动力与环境的基本要求,也是最根本的要求,是能够提供充足的、适合类型的电力和适宜的环境空间,也可称为"能力要求"。

对电源来说,首先要类型匹配,是直流的不能用交流来供,是-48V 的不能用 240V 来供;其次是容量充裕,能够提供与负载功率(电流)相适应的供电容量,不至于过载。

对空调与环境来说,是要能够提供设备运行所需的环境温度、湿度和洁净度,满足设备内部各器件、板卡的工作要求。

2. 质量要求

质量要求是网络通信设备对动力与环境的高级要求,可以归纳为持续、稳定、安全、高效 4 个方面,逐次递进。

(1)持续。对于一个持续运行的通信网络来说,持续的动力与环境保障是必不可少的。具体来说,就是电源供应不能间断,空调供应不能长时间中断。

(2)稳定。对电源系统来说,稳定就是要求供电电压、电流平稳,不能出现较大的波动,不能有尖峰和毛刺现象;同时,要求在外部环境或负载特性发生偏差(如输入电压波动、输出三相不平衡、负载突增或突减)时,仍然能够保证正常工作和供电。

对空调环境来说,稳定就是要求设备工作环境温度、湿度的相对平稳,不能有较大起伏,忽冷忽热。

(3)安全。动力与环境作为通信网络的基础保障,其自身的安全必然是十分重要的,具体来说,可以包括系统安全、设备安全和人身安全 3 个层面。

(4)高效。高效的电源系统要求设备转换效率高、配电与线缆压降损失小、系统无功电流和谐波电流小。高效的空调系统要求设备制冷能效比高、冷风(水)输配送能耗小、主设备热交换效率高。

需要说明的是,以上关于动力与环境持续、稳定、安全、高效 4 项质量要求,既是对设备工艺质量、系统设计的要求,也是对维护管理人员的要求。

3. 分类要求

不同的网络通信设备对动力与环境的要求存在显著的差异。通常依据场景不同,对动力环境保障提出分级指标要求。表 9-1 和表 9-2 分别列举了国标、行标中的有关要求,以供参考。

表 9-1　《数据中心设计规范》（GB 50174-2017）对环境的要求

项目（工作时）	A～C 级
冷通道或机柜进风区域的温度	18～27℃
冷通道或机柜进风区域的相对湿度和露点温度	≤60%，且 DP 5.5～15℃
主机房和辅助区温度变化率	使用磁带驱动时<5℃/h，使用磁盘驱动时<20℃/h
辅助区温度和相对湿度	18～28℃，35%～75%
不间断电源系统电池室温度	20～30℃

表 9-2　《互联网数据中心技术及分级分类标准》（YD/T 2441-2013）对环境的要求

项目	R3 级	R2 级	R1 级	备注
主机房温度（工作时）	20～27℃		20～30℃	
主机房相对湿度（开机时）	40%～55%		35%～75%	不得结露
辅助区温度/相对湿度（开机时）	18～28℃，35%～75%			
主机房和辅助区温度变化率	<5℃/h		<10℃/h	
不间断电源系统电池室温度	15～25℃			

9.2　通信电源系统

9.2.1　通信电源的组成和结构

通信电源系统是基于通信局站设置的电源供配系统，是网络通信设备的动力来源，它负责从市电电网上接取能量，通过适当的转换、输送和分配，最终为网络通信设备提供可靠、稳定的电力供应。

通信电源系统的主要功能可以归纳为"供""配""储""发""变"5 个方面。其中，"供"是指从市电电网配接引入，作为通信局站主要电力供应来源；"配"是指将电能按需分配和输送到各个机房乃至各台主设备，并实现一定的调度功能；"储"是指通过蓄电池等设备的储能来保证主设备的不间断供电；"发"是指通过备用发电机组等自发电设备来保证市电故障中断时的电力供应；"变"是指通过对电压等级、电流形式的变换，为主设备提供相应规格和质量要求的电力。

要实现上述功能要求，通信电源系统需配置必要的电源设备和设施，通常有高低压配电设备、变压器、后备发电机组、交流 UPS、开关电源（整流设备）、蓄电池组、终端配电等设备，以及电缆、母线等设施；有的通信局站还包含有逆变器（DC-AC）、直流变换器（DC-DC）等变流设备，以及太阳能发电、风能发电等新能源设备。

常规的综合性通信局站电源系统的组成结构如图 9-1 所示。

在图 9-1 中，我们根据功能特点、保障级别及安装地点等的不同，将通信电源系统分为三级：交流供电子系统、不间断电源子系统及终端配电子系统，其中主要是前两级。

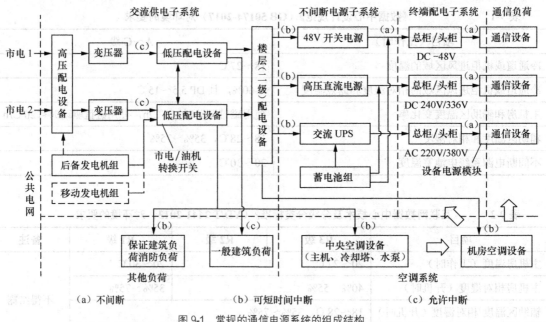

图 9-1 常规的通信电源系统的组成结构

9.2.2 交流供电系统

1. 交流供电系统的组成

交流供电系统是由市电交流供电系统、备用发电机组（油机或燃气轮机）交流供电系统、电力机房交流供电系统（通信交流配电及 UPS 供电系统）及变、配电设备的工作及保护接地系统组成。交流供电系统的组成结构如图 9-2 所示，其中市电作为主用电源，发电机组作为备用电源。

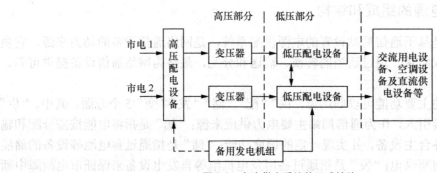

图 9-2 交流供电系统的组成结构

2. 市电交流供电的质量指标

（1）供电电压及频率。通信局（站）市电的供电电压有高、低压两种。

① 低压供电：380V。

② 高压供电：10kV、20kV、35kV、110kV、220kV、500kV、1 000kV。

③ 供电频率：50Hz。

（2）供电电压及频率允许偏差。

① 35kV 及以上供电及对电压质量有特殊要求的用户为额定电压的 ±5%。

② 10kV 及以下高压供电和低压电力用户为额定电压的 ±7%。

③ 低压照明供电电压为额定电压的-10%～+5%。
④ 电网容量在 300 万千瓦及以上者，频率允许偏差为±0.2Hz。
⑤ 电网容量在 300 万千瓦及以下者，频率允许偏差为±0.5Hz。

3. 常用高压电电器

(1) 高压断路器。高压断路器在高压供电系统中是一种最简单的保护电器，当配电网络中发生过载或短路故障时，可以用熔断器自动地切断电路，从而达到保护电器设备的目的。它是一种兼有控制和保护双重作用的电器，有完善的灭弧装置，但没有明显的断开点。

(2) 高压隔离开关。高压隔离开关是高压开关设备中一种较为简单的电器。它没有专门的灭弧装置，因此它的接通或切断不允许在有负荷电流的情况下进行，否则断开隔离开关的电弧会烧毁设备，甚至造成短路故障。

(3) 高压负荷开关。高压负荷开关是一种介于高压断路器和高压隔离开关之间的电器。在性能上，与高压断路器相近。它有灭弧装置，但不完善，它的灭弧装置是按额定电流来设计的。所以，在规定的使用条件下，它可以接通或断开各种负载电路（包括空载及过载电路），但不能切断短路电流。在结构上，与高压隔离开关相似，它可以隔离电源，有明显的断开点。

(4) 互感器。互感器是一种特种变压器，是一次系统和二次系统间的联络元件，用以分别向测量仪表、继电器的电压和电流线圈供电，正确反映电气设备的正常运行和故障情况。

4. 电力变压器

(1) 电力变压器的结构。变压器是用来变换交流电压、电流并传输交流电能的一种静止电器设备。它是根据电磁感应的原理实现电能传递的。

变压器就其用途分为电力变压器、试验变压器、仪用变压器及特殊用途的变压器。其中，电力变压器是电力输配电、电力用户配电的必要设备。

变压器的主体部件由铁芯、线圈、绝缘套管、分接开关 4 个部分组成。对于油浸变压器还有油箱、油枕，对于干式变压器还带有温控器及冷却风机，如图 9-3 所示是油浸式电力变压器结构示意图，其中高压套管和低压套管为变压器的绝缘套管。

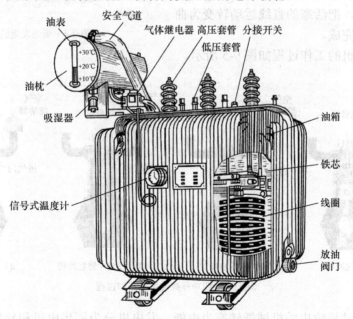

图 9-3　油浸式电力变压器结构示意图

（2）运行方式。变压器的运行方式有允许运行方式、过载（在允许条件下）运行方式和并联运行方式3种。

变压器的允许运行方式即额定运行方式，是指变压器在额定条件下连续输出铭牌容量的运行方式。变压器的过载运行方式是指在满足要求的情况下，变压器也允许在数值不大或时间不长的情况下做过载运行。变压器的并联运行方式是指将两台或多台变压器的一次绕组并列到同一电网母线上，二次绕组也都并接到公共的二次母线上的运行方式。

5. 常用低压电器

（1）空气断路器。空气断路器用于低压配电电路中不频繁的通断控制。在电路发生短路、过载或欠电压等故障时能自动分断故障电路，是一种控制兼保护电器。

（2）接触器。接触器是一种接通或切断电动机或其他负载主电路的自动切换电器。

（3）继电器。继电器是一种利用电流、电压、时间、温度等信号的变化来接通或断开所控制的电路，以实现自动控制或完成保护任务的自动电器。

（4）刀开关。刀开关是一种手动电器，用来接通和分断容量不太大的低压供电线路以及作为低压电源隔离开关使用。

（5）熔断器。熔断器是串接在低压电路中的一种保护电器。当线路过载或短路时，熔断器以其自身产生的热量使熔体熔断切断而切断电路，实现短路保护及过载保护。

6. 油机发电机组

（1）柴油发电机组的组成。柴油发电机组主要由柴油机、发电机、控制屏、输出装置及各种辅助部件组成，如图9-4所示。

柴油机将燃料的热能转化为机械能，通过在气缸内连续进行进气冲程、压缩冲程、燃烧-膨胀冲程、排气冲程4个冲程来完成能量的转换。热能转化为机械能是由活塞的上下运动通过曲轴连杆机构，把活塞的直线运动转变为曲轴的圆周运动来完成。

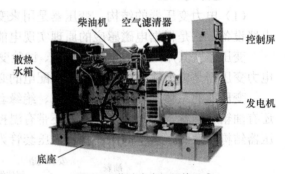

图9-4 柴油发电机组的组成

四冲程柴油机的工作过程如图9-5所示。

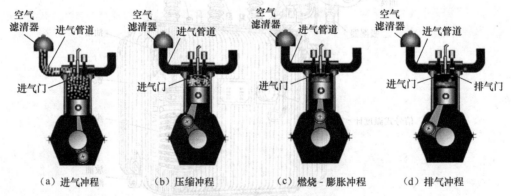

图9-5 四冲程柴油机的工作过程

发电机将柴油机输出的机械能转换为电能。发电机分为同步电机和异步电机。柴油发电机组中的发电机大多采用无刷交流同步发电机。无刷交流同步发电机主要由定子（定子绕组+铁芯）、转子（转子绕组+铁芯）、交流励磁机（励磁机励磁绕组+励磁机电枢）、旋转整流器、自动电压调节器组成，如图9-6所示。

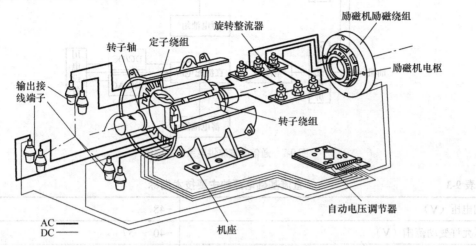

图 9-6　无刷交流同步发电机的组成

（2）柴油发电机组的运行和停机。柴油发电机组启动成功后，应先低速运转一段时间，然后再逐步调整到额定转速。决不允许刚启动后就猛加油门，使转速突然升高。一般要求柴油机水温在 50℃以上，机油温度在 45℃以上，机油压力在（1.5~4.0）kg/cm^2，待一切正常后，才接上负载。在带负载时，也要逐步、均匀地增加，除特殊情况外，应尽量避免突然增加负载或突然卸去负载。

柴油机在运行中，应密切注意各仪表的指示数值；供电后系统是否有低频振荡现象；注意油机各个气缸是否正常工作；注意倾听机器在运行时内部有无不正常的敲击声，以及油机机组或相关部件有无剧烈的振动。

当油机出现油压低、水温高、转速高、电压异常等故障时，应能立即停机。

当油机发生机油压力表指针突然下降或无压力时；当冷却水中断或出水温度超过 100℃时；当机组内部出现异常敲击声、飞轮有松动现象或传动机构出现异常等重大、不正常情况时；当有零件损坏或活塞、调速器等运动部件卡住时；当有飞车现象（转速自动升高）或有其他人身事故或设备危险情况时，必须紧急停机。

9.2.3　不间断电源系统

1. 直流供电系统

（1）供电方式。通信局（站）的直流供电系统的运行方式采用-48V 全浮充供电方式。即在市电正常时，交流市电先经过高频开关电源整流，然后向蓄电池组浮充并向通信设备供电，当市电（故障）停电而油机未启动供电前，由蓄电池组放电向通信设备提供直流不间断供电，当油机或市电恢复供电时，直流供电系统先经低压限流充电而后转入浮充方式供电，如图 9-7 所示。

（2）直流基础电源的主要技术指标。-48V 直流电源的主要技术指标有直流输出电压变动范围、杂音电压和直流回路全程最大允许压降，如表 9-3 所示。

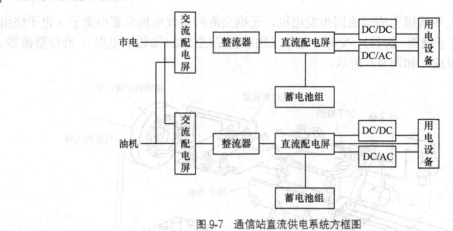

图 9-7 通信站直流供电系统方框图

表 9-3 直流基础电源的主要技术指标

基础电压（V）		−48
电压允许变动范围（V）		−40～−57
杂音电压（mV）	电话衡重	≤2
	峰—峰值	≤400（0～300Hz）
	宽频 （有效值）	≤100（3.4kHz～150kHz） ≤30（150kHz～30MHz）
	离散频率 （有效值）	≤5（3.4kHz～150kHz） ≤3（150kHz～200kHz） ≤2（200kHz～500kHz） ≤1（500kHz～30MHz）
供电回路全程最大允许压降（V）		3.2

2. 高频开关整流器

（1）高频开关整流器的作用。整流器是直流供电系统的核心设备。其在直流供电回路中的作用是将引入的交流电整流为通信设备所需的直流电给负载供电，同时给蓄电池充电。

（2）高频开关整流器的特点

① 重量轻、体积小。

② 功率因数高。

③ 噪声小。

④ 效率高。

⑤ 模块式结构。

⑥ 智能化程度高。

（3）高频开关电源的电路组成。如图 9-8 所示，高频开关整流器的电路包括两部分：主电路和控制与辅助电路。其中，主电路主要完成从交流电源输入转换到低压直流电源输出的全过程，包括输入滤波电路、整流滤波电路、功率因数校正电路、逆变电路、输出整流滤波电路。控制与辅助电路起到控制和保护的作用，保证主电路的输出稳定，包括辅助电源、控制电路、保护动作电路、检测电路。

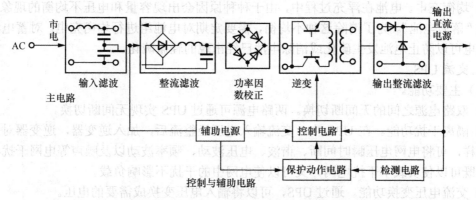

图 9-8 高频开关整流器的电路组成

3. 蓄电池组

（1）蓄电池在通信电源系统中的应用。蓄电池是把化学能转变为电能的设备，也是保障通信电源系统不间断供电的核心设备。蓄电池在通信电源系统中的应用主要有以下 3 种。

① 应用在直流供电系统中。一方面，蓄电池作为后备电源，当交流市电停电时，给负载供电；另一方面，蓄电池还起到平滑滤波、抑制噪声的作用。

② 应用在不间断电源系统中。在不间断电源系统中，蓄电池也是不可缺少的后备电源，同时还可以提高不间断电源系统交流输出的稳定性和供电质量。

③ 应用在柴油发电机等系统中。蓄电池应用在柴油发电机、交流配电控制等系统中，可用来作为相应系统的启动电源或驱动电源。

（2）阀控式铅酸蓄电池的结构。阀控式密封铅酸蓄电池（Valve Regulated Lead Acid，VRLA）是通信电源系统中常用的蓄电池，主要部件有正极板、负极板、隔板、安全阀等，如图 9-9 所示。

① 极板：由板栅与活性物质构成，分正极板与负极板两种。

② 隔板与电解液：隔板通常由超细玻璃纤维制成；电解液为一定比重的稀硫酸溶液。

③ 外壳：包括电池槽、盖板等塑料件。

④ 汇流排与端极柱：电池内部极板与电池外部之间的导流体。

⑤ 安全阀：一般由阀体、橡胶件与防爆片组成。

（3）使用过程中的充电方式。

① 新电池的初充电。阀控式铅酸蓄电池是荷电出厂，在使用前无需进行初充电，但应进行补充充电，补充其由于自放电所损失的电量。补充充电方式及充电电压应按产品技术说明书的规定进行。一般情况下应采取恒压限流充电方式。

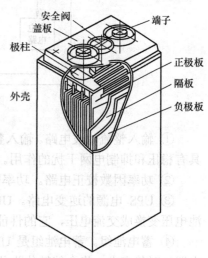

图 9-9 阀控式密封铅酸蓄电池结构图

② 浮充充电。蓄电池在直流供电系统中和不间断电源系统中，当市电正常时，市电给负载供电的同时，还给蓄电池进行浮充充电。

③ 均衡充电。电池在浮充过程中，由于种种原因会出现容量和电压不均衡的现象，形成所谓的"落后电池"。为了消除这种不均衡，需要定期对电池组进行均衡充电。对蓄电池进行均衡充电可以防止电池发生硫化或消除电池已经出现的轻微硫化。

4. 交流 UPS

（1）主要功能。

① 双路电源之间的无间断切换。两路电源可通过 UPS 实现无间断切换。

② 隔离干扰功能。在 UPS 中，交流输入电压经整流后，加入逆变器，逆变器对负载供电。这样，可将电网电压瞬时间断、谐波、电压波动、频率波动以及噪声等电网干扰与负载隔离，既可以使负载不干扰电网，又可以使电网中的干扰不影响负载。

③ 交流电压变换功能。通过 UPS，可以将输入电压变换成需要的电压。

④ 交流频率变换功能。通过 UPS，可将输入电压的频率变换成需要的频率。

⑤ 交流电源后备功能。

（2）UPS 的分类。UPS 的分类方法有很多，按输出容量可将 UPS 分为微型 UPS、小型 UPS、中型 UPS 及大型 UPS；按输入、输出电压相数可将 UPS 分为单进单出 UPS、三进单出 UPS 和三进三出 UPS 等；根据电路结构的不同，可将 UPS 分为后备式 UPS、双变换在线式 UPS 和在线互动式 UPS。

（3）主要电路。通信局站常用的在线式 UPS 的电路原理图如图 9-10 所示，主要电路包括滤波电路、逆变电路、静态开关、蓄电池组、充电电路等。

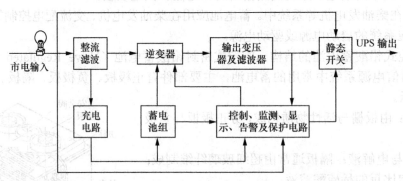

图 9-10　在线式 UPS 的电路原理图

① 输入整流滤波电路。输入整流滤波电路的主要功能是将交流电变换为直流电，另外还具有稳压和抑制电网干扰的作用。

② 功率因数校正电路。功率因数校正电路的作用是提高电路功率因数，降低谐波干扰。

③ UPS 电源的逆变电路。UPS 电源的逆变电路是将由市电整流所得的直流电压或蓄电池电压变换成交流电压，它的性能直接影响到 UPS 整机的可靠性和输出电器指标的优劣。

④ 蓄电池组。蓄电池组是 UPS 的后备电源。当市电正常时，蓄电池由整流器（独立充电器）对其充电，将电能转化为化学能而储存起来；当市电供应中断时，UPS 电源由蓄电池向逆变器供电，此时蓄电池通过放电将化学能转化为电能，保证 UPS 电源输出的不中断。

⑤ 充电电路。UPS 中的充电电路将蓄电池放电后损失的能量重新补充。

⑥ 静态开关电路。静态开关是 UPS 的保护设备和供电转换器件，它一方面保护 UPS 和负载，另一方面作为市电旁路供电和逆变器供电的转换器件。

9.3 通信环境与安全

9.3.1 机房空调系统

1. 机房环境的需求

数据机房的制冷需求与一般空调房间相比,在温度、湿度、洁净度及开机运转要求等方面有所不同,要求恒温恒湿,大风量小焓差、具备空气除尘功能,在性能方面要求 7×24 小时 365 天连续运行。

2017 年颁布的国标《GB50174-2017 数据中心设计规范》对原标准的温度标准进行了调整,与国际机房的同步,具体如表 9-4 所示。

表 9-4　GB50174-2017 对数据机房的环境标准

项目	技术要求			备注
	A 级	B 级	C 级	
冷通道或机柜进风区域的温度	18~27℃			
冷通道或机柜进风区域的相对湿度和露点温度	露点温度 5.5~15℃,同时相对湿度不大于 60%			
主机房环境温度和相对湿度(停机时)	5~45℃,8%~80%,同时露点温度不大于 27℃			
主机房和辅助区温度变化率	使用磁带驱动时<5℃/h,使用磁盘驱动时<20℃/h,			不得结露
辅助区温度、相对湿度(开机时)	18~28℃,35%~75%			
辅助区温度、相对湿度(停机时)	5~35℃,20%~80%			
不间断电源系统电池室温度	20~30℃			
主机房空气粒子浓度	应少于 17 600 000 粒			每立方米空气中大于或等于 0.5μm 的悬浮粒子数

2. 机房专用空调的特点

(1) 满足机房调节热量大的需求。电信机房均属高发热机房,几乎无潜热源,所以,产湿量很小,而热湿比相当高。所以,机房专用空调的主要能量被用来制冷,排除显热,而不是去湿。

(2) 满足机房送风次数高的需求。电信机房的单位容积发热量很大,随着科学技术的不断进步,各种精密电子设备愈来愈趋于小型化,各类电子元器件的紧密排布,对散热效果提出了越来越高的要求。为了保证电子元件及时排除显热,就对机房专用空调的风量及换气循环次数提出了严格的要求。

(3) 满足空调设备连续运行的要求。通信设备全年不停地运作,由于考虑隔热、隔湿及洁净度的要求,机房不开外窗,机房建筑围护结构的保温性能也很好,即使是在冬季,无采暖设备的情况下也需要供冷,因此要求机房专用空调设备能够保证全年连续、可靠地运行。

(4) 满足机房对湿度调节的需求。相对湿度对机房的影响是一个不容忽视的问题。湿度过高或过低都会影响电器元件的绝缘性能以及设备的正常使用。机房专用空调的加湿系统、去湿系统均由分辨率极高的微处理控制器来控制，为精密控制机房的湿度提供了可靠的保证。

（5）满足机房高洁净度调节的要求。电信机房及高精密电子设备对空气的洁净度有着特殊的要求，机房内灰尘影响机器的正常工作，灰尘沉积在磁带和电子元件上会使磨损加速，而且也容易引起金属材料的化学腐蚀、电子元件性能参数的改变和绝缘性能的下降等。为保证空气的洁净度，空调系统进入机房内的空气必须全部过滤。

3. 风冷式机房专用空调系统

风冷式机房专用空调一般采用压缩式制冷系统，该制冷系统是一个完整的密封循环系统，组成这个系统的主要部件包括压缩机、冷凝器、节流装置（膨胀阀或毛细管）和蒸发器，俗称"四大部件"。在各个部件之间用管道连接起来，形成一个封闭的循环系统，在系统中加入一定量的制冷剂来实现制冷降温的目的，如图9-11所示。

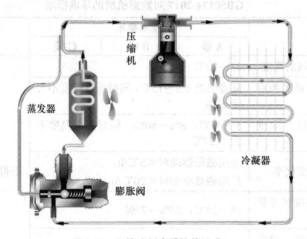

图9-11 压缩式制冷系统的组成

（1）压缩机。压缩机在制冷系统中主要用来压缩和输送制冷剂蒸汽。由于它在制冷系统中占有重要的地位，而且结构比较复杂，因此通常称为制冷系统的主机。

（2）制冷换热器。在制冷系统中，制冷换热器是使制冷剂在其中吸收热量或放出热量的设备，也是制冷剂与其他介质交换热量的设备。制冷换热器主要是指冷凝器和蒸发器。

① 冷凝器。冷凝器又称散热器，它的作用是将压缩机排出的高压过热蒸汽，经散热面冷却、凝结为液体，所放出的热量被冷却介质（水或空气）吸收后排至周围环境中。

② 蒸发器。蒸发器的任务是将节流后制冷剂湿蒸汽在其中蒸发吸热，将被冷却物的热量带走，从而使室（机房）温下降，达到制冷的目的。

（3）节流装置——膨胀阀。膨胀阀也是制冷系统四大部件之一，它安装于储液器（或冷凝器）和蒸发器之间，作用是将高压制冷剂液节流降压，使制冷剂液一出阀孔就沸腾膨胀为湿蒸汽，同时还用它调节制冷剂液的循环量，以适应系统制冷量变化的需要。简单的民用空调可以使用毛细管实现节流，而机房专用空调往往使用控制精度更高的膨胀阀。

4. 水冷机房专用空调系统

水冷机房专用空调系统的构成如图9-12所示，主要有空调末端、冷冻水管道、冷冻水1次泵、冷冻水2次泵、冷水机组、冷却水泵、冷却塔和配套的蓄冷罐、蓄水池等。

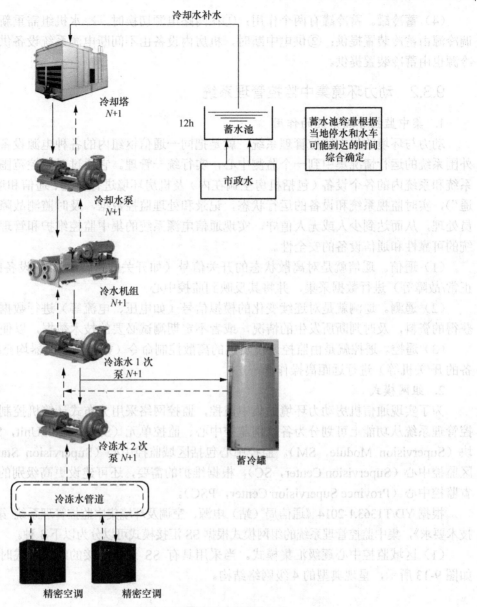

图 9-12 水冷机房专用空调系统的构成

（1）冷水机组。冷水机组是一种制造低温水（又称冷水、冷冻水或冷媒水）的制冷装置，其任务是为空调设备提供冷源。冷水可以通过冷水泵、管道及阀门送至中央空调系统的喷水室、表面式空冷器或风机盘管系统中，冷水吸收空气的热量后使空气得到降温降湿处理。冷水机组制冷量大，容易使用自然冷源，随着数据中心的业务发展，大量被采用。

冷水机组是把制冷机、冷凝器、蒸发器、膨胀阀、控制系统及开关箱等组装在一个公共机座或框架上的制冷装置，是制冷系统的核心。

（2）水泵。水泵是促进冷冻水和冷却水循环的装置。

（3）冷却塔。冷却塔是冷却冷却水的装置。冷却水经过冷水机组的冷凝器，带走其释放的热量，升温后的冷却水被冷却水泵送入冷却塔进行冷却，然后再进入循环。

（4）蓄冷罐。蓄冷罐有两个作用：①在两路电源切换时，冷水机组需重新启动，此时空调冷源由蓄冷装置提供；②供电中断时，机房内设备由不间断电源系统设备供电，此时空调冷源也由蓄冷装置提供。

9.3.2 动力环境集中监控管理系统

1. 集中监控管理系统的作用

动力与环境的集中监控管理系统，就是把同一通信枢纽内的各种电源设备、空调系统和外围系统的运行情况集中到一个监测中心，实行统一管理。它通过对监控范围内的通信电源系统和系统内的各个设备（包括机房空调在内）及机房环境进行遥测、遥信和遥控（合称"三遥"），实时监视系统和设备的运行状态，记录和处理监控数据，及时监测故障并通知维护人员处理，从而达到少人或无人值守，实现通信电源系统的集中监控维护和管理，提高供电系统的可靠性和通信设备的安全性。

（1）遥信。遥信就是对离散状态的开关信号（如开关的接通/断开、设备的运行/停机、正常/故障等）进行数据采集，并将其反映到监控中心。

（2）遥测。遥测就是对连续变化的模拟信号（如电压、电流等）进行数据采集，根据所获得的资料，及时判断所发生的情况，或者不定期测试必要的技术数据，以便分析故障。

（3）遥控。遥控就是由监控系统发出的离散控制命令（如控制整流器均充/浮充、控制设备的开/关机等）进行远距离操作。

2. 组网模式

为了实现通信机房动力环境的集中监控，监控网络采用分布式计算机控制系统。集中监控管理系统从功能上可划分为各级别监控中心、监控单元（Supervision Unit，SU）和监控模块（Supervision Module，SM）。监控中心包括区域监控中心（Supervision Station，SS）、地区监控中心（Supervision Center，SC），根据维护的需要，还可建设更高级别的监控中心，如省监控中心（Province Supervision Center，PSC）。

根据YD/T1363.1-2014《通信局（站）电源、空调及环境集中监控管理系统 第1部分：系统技术要求》，集中监控管理系统的组网模式根据SS汇接模式可以分为以下3种。

（1）区域监控中心逐级汇集模式。当采用具有SS逐级汇接的组网模式时，系统的结构如图9-13所示，呈现典型的4级网络结构。

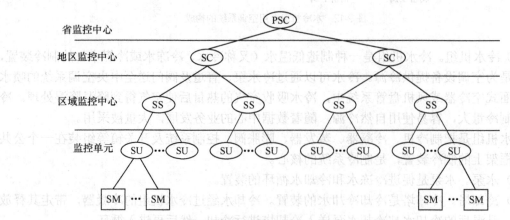

图9-13 集中监控管理系统结构图1（SS逐级汇接模式）

（2）SS 反牵汇接模式。当集中监控管理系统采用 SS 反牵的建设模式时，系统结构图如图 9-14 所示。在这种结构中，SS 的功能不断地弱化。

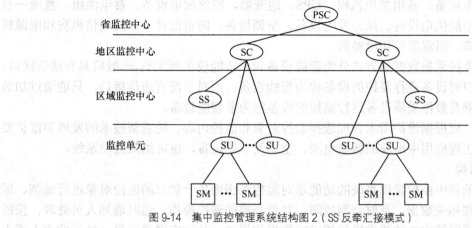

图 9-14　集中监控管理系统结构图 2（SS 反牵汇接模式）

（3）取消 SS 的模式。当集中监控管理系统采用取消 SS 的建设模式时，系统结构图如图 9-15 所示。监控中心采用的是 3 级网络结构模式。

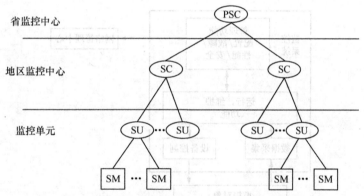

图 9-15　集中监控管理系统结构图 3（取消 SS 逐级汇接模式）

3. 各监控中心的定义

（1）PSC 为满足省级管理而设立，通过开放的互联协议接入全省的地区监控中心，实时监视各通信局（站）电源、空调及环境的工作状态和运行参数，接收故障告警信息。

（2）SC 为适应本地区集中监控、集中维护和集中管理的要求而设置。通信局（站）集中监控管理系统的建设应相对独立，归属本地网络管理的一个组成部分。

（3）SS 为满足本地县、区级的管理要求而设置，负责辖区内各 SU 的管理。

（4）SU 是集中监控管理系统的最小子系统，由若干 SM 和其他辅助设备组成，一般完成一个物理位置相对独立的通信局（站）内所有 SM 的管理工作，个别情况可兼管其他小局（站）的设备。

（5）SM 面向具体的监控对象，完成数据采集和必要的控制功能。实时采集监控对象的运行参数和工作状态，收集故障告警信息，并将其送往监控单元；根据实际情况对监控对象进行合理控制；实时接收和执行来自监控单元的监测和控制命令。一般按照监控对象的类型划分有不同的监控模块，在一个集中监控管理系统中一般有多个监控模块。

4. 监控对象

通信局（站）通信电源、空调及环境集中监控管理系统的监控对象为高压配电设备、变压器、低压配电设备、备用发电机组、UPS、逆变器、整流配电设备、蓄电池组、直流—直流转换器、太阳能供电设备、风力发电设备、空调设备、防雷器件，以及电信机房和电源机房的防火、防盗、温湿度等环境参数。

被监控对象按采集数据的方式分为智能设备和非智能设备两大类。一般将具有通信接口、可以通过该接口对设备进行监控的设备称为智能设备；而对于没有通信接口，只能通过加装变送器或传感器及数据采集设备进行监控的设备称为非智能设备。

在工程中，应根据维护需求合理选择监控对象和监控内容。随着新技术的发展和维护要求的提高，在工程应用中出现的新型电源、空调及节能设备，也可纳入监控系统。

5. 功能结构

动力环境的集中监控管理系统的功能是对监控范围内各个独立的监控对象进行遥测、遥信，记录和处理相关数据，及时侦测故障，并做必要的遥控操作，适时通知人员处理；按照上级监控系统或网管中心的要求提供相应的数据和报表，从而实现通信局（站）的少人或无人值守，以及电源、空调的集中监控、维护管理，提高供电系统的可靠性和通信设备的安全性。集中监控管理系统的功能结构如图 9-16 所示。

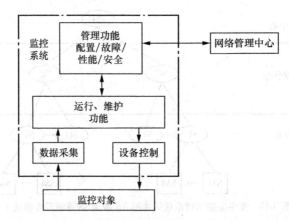

图 9-16 集中监控管理系统的功能结构

数据采集是集中监控管理系统最基本的功能要求，应及时、准确，对设备的控制是为实现维护要求而改变系统运行状态的有效手段，应安全、可靠。

（1）数据的采集。集中监控管理系统能够对设备的实时运行状况和影响设备运行的环境条件进行不间断的监测，获取设备运行的原始数据和各种状态，以供系统分析处理。这个过程就是遥测和遥信。同时，集中监控管理系统还能够通过安装在机房里的摄像机，以图像的方式对设备、环境进行直接监视，并能通过现场的扩音器将声音传到监控中心，以帮助维护人员更加直观、准确地掌握设备运行状况，查找告警原因，及时处理故障。这个过程也常被称为遥像。监视功能要求系统具有较好的实时性和精确性。

（2）控制功能。集中监控管理系统能够把控制中心发出的控制命令转换成设备能够识别的指令，使设备执行预期的动作，或进行参数调整。这个过程也就是遥控和遥调。集中监控管理系统遥控的对象包括各种被监控设备，也包括集中监控管理系统本身的设备。控制功能也同样要求系统具有较好的实时性和准确性。

9.3.3 通信电源的接地与防雷

1. 通信电源的接地系统

(1) 接地系统的概念。

① 接地。为了工作和安全的需要,将通信电源系统及其电源设备的某些部分和大地进行良好的电气连接,称为接地。

接地中所指的"地",和一般所指的大地的"地"是同一个概念,即一般的土壤,它有导电的特性,并具有"无限大"的电容量,无论输入多少电荷量,都难以改变它的电位,可以作为良好的参考零电位。

② 接地系统。接地系统是指通信电源系统及其设备的接地所包含的所有电气连接和器件。

(2) 接地系统的组成。通信电源的接地系统一般由接地线、接地排、接地引入线和接地体等组成,如图 9-17 所示。

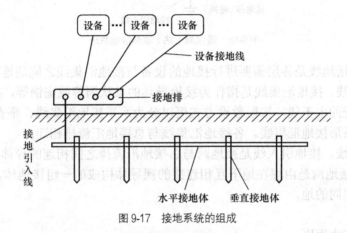

图 9-17 接地系统的组成

① 接地线。接地线是等电位连接中使用的线缆,指通信电源系统及其电源设备就近可靠地连接到接地排上之间的线缆。

② 接地排。接地排是汇集各类接地线的导体。

③ 接地引入线。接地引入线是接地体与接地排之间相连的导体。

④ 接地体。接地体是为达到与地连接的目的,一根或一组与土壤(大地)密切接触并提供与土壤(大地)之间的电气连接的导体。接地体有水平接地体和垂直接地体。

接地引入线和接地体的总和称为接地装置。

(3) 联合接地系统。根据 GB 50689-2011《通信局(站)防雷与接地工程设计规范》,通信局(站)的接地系统必须采用联合接地的方式。

将通信局(站)各类通信设备不同的接地方式,包括通信设备的工作接地、保护接地、屏蔽体接地、防静电接地、信息设备逻辑接地等和建筑物金属构件及各部分防雷装置、防雷器的保护接地连接在一起,并与建筑物防雷接地共同合用建筑物的基础接地体及外设接地系统的接地方式,称为联合接地系统。

联合接地系统由接地线、接地汇集线、接地引入线、接地体(地网)组成,如图 9-18 所示。

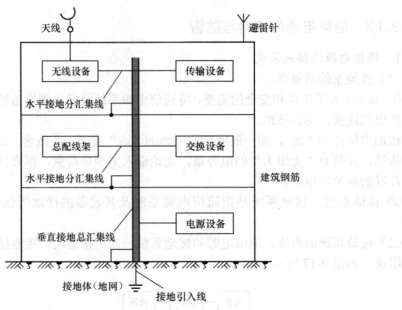

图 9-18 通信局（站）联合接地系统

① 接地线。接地线是各层需要进行接地的设备与接地汇集线之间的连接线缆。

② 接地汇集线。接地汇集线是指作为接地导体的条状铜牌或扁钢等，在通信局（站）内通常作为接地系统的主干线，按照敷设方式可以分为水平接地汇集线、垂直接地汇集线、环形接地汇集线或条形接地汇集线。各接地汇集线与总接地汇流排相连。

③ 接地引入线。接地引入线是接地网与总接地汇流排之间相连的导体。

④ 接地网。接地网是由埋在地下互相连接的裸导体构成的一组接地体，用以为电气设备或金属结构提供共同的地。

2. 防雷保护

（1）防雷的基本原则。

① 整体保护原则。通信局（站）的防雷保护措施，首先要做好全局接地系统的工事，防雷接地是全局接地的一部分，做好整个接地系统才能让雷电流尽快入地，避免危及人身和设备安全。

② 分区保护原则。按照 IEC1312-1《雷电电磁脉冲的防护》第一部分，一般原则（通则）中指出，应将需要保护的空间划分为不同的防雷区（Lightning Protection Zone，LPZ），由外而内依次为 LPZ0、LPZ1、LPZ2 等。以确定各部分空间不同的雷电电磁脉冲的严重程度和相应的防护对策。

各区域雷电电磁脉冲的严重程度不同，相应的防护对策也不一样。防雷保护区的划分如图 9-19 所示。

各区以其交界处的电磁环境有明显改变作为划分不同防雷区的特征。

第一级防雷区：指直击雷区 $LPZ0_A$，本区内的各物体都可遭到直接雷击，同时在本区内雷电产生的电磁场能自由传播，本区内的电磁场没有衰减。

第二级防雷区：指间接感应雷区 $LPZ0_B$，本区内的各物体都在接闪器的保护范围内，不可能遭到直接雷击，流经各导体的雷电流比 $LPZ0_A$ 减少，但本区内电磁场没有衰减。

第三级防雷区：指防雷电电磁脉冲冲击区 LPZ1，本区内的各物体在建筑物内，不可能遭到直接雷击，流经各导体的电流比 LPZ0$_B$ 区进一步减小，本区内的电磁场已经衰减，衰减程度取决于屏蔽措施。

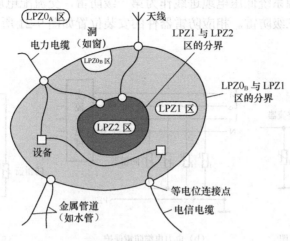

图 9-19　防雷保护区的划分

第四级防雷区：指后续防雷区 LPZ2。当需进一步减小雷电流和电磁场时，应引入后续防雷区，并按照保护对象的重要性及其承受浪涌的能力作为选择后续防雷区的条件。

③ 多级保护原则。除分区原则外，防雷保护也要考虑多级保护的措施，因为雷击设备时，设备第一级保护元件动作之后，进入设备内部的过电压幅值仍相当高。只有采用多级保护才足以把外来的过电压抑制到电压很低的水平，以保护设备内部集成电路等元件的安全。

（2）防雷保护的措施。

① 直击雷的防护。接闪器一般用于建筑防雷。接闪的金属杆称为避雷针，接闪的金属线称为避雷线，接闪的金属带或金属网称为避雷带或避雷网。所有接闪器必须接有接地引下线与接地装置。

② 电源设备的防雷措施。通信局（站）有市电高压引入线路时，如采用架空线路，其进站端上方宜装设架空避雷线；条件许可时，市电高压引入线路宜采用地埋电力电缆进入。

电力变压器高低压侧都应装设防雷器件，高压侧一般采用阀式避雷器，而在低压侧通常采用压敏电阻型避雷器，两者均做 Y 形连接，并要求避雷器应尽量靠近变压器安装，它们的汇集点与变压器外壳接地点一起共同就近接地，如图 9-20 所示。

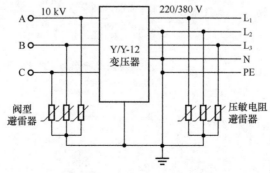

图 9-20　电力变压器的接地系统

为了消除直接雷浪涌电流与电网电压波动对交流配电系统的影响，应依据负荷的性质采用分级衰减雷击残压或能量的方法来抑制雷害。

可将通信交流电源系统低压电缆进线作为第一级防雷，交流配电屏作为第二级防雷，整流器输入端口作为第三级防雷。相应防雷器件的安装位置如图 9-21 所示。

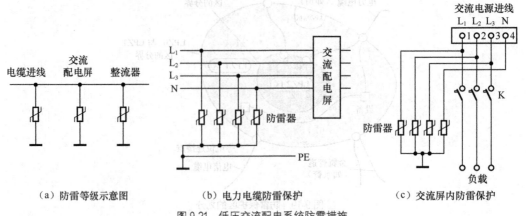

图 9-21　低压交流配电系统防雷措施

③ 电气布线的防雷措施。埋地引入通信局（站）的电力电缆应选用金属铠装层电力电缆或穿钢管的护套电缆。埋地电力电缆的金属护套两端应就近接地。在架空电力线路与埋地电力电缆连接处应装设避雷器。避雷器、电力电缆金属护层、绝缘子、铁脚、金具等应连在一起就近接地。自通信机房引出的电力线应采用有金属护套的电力电缆或将其穿钢管，在屋外埋入地中的长度应在 10m 以上。

通信局（站）建筑物上的航空障碍信号灯、彩灯及其他用电设备的电源线，应采用具有金属护套的电力电缆，或将电源线穿入金属管内布放，其电缆金属护套或金属管道应每隔 10m 就近接地一次，电源芯线在机房入口处应就近对地加装避雷器。

第10章 通信业务

通信在人类实践过程中，随着社会生产力的发展对传递消息的要求不断提升，也构成了人类文明进步的一个重要部分。在古代，人类通过身体语言、眼神、触碰、符号、击鼓、旗语、烽火台等多种方式进行信息传递；也有以驿站快马接力、飞鸽传书等多种传递方式进行的实物信息传递。在近现代，随着科学水平的飞速发展，利用"电"来传递消息的通信方法称为电信，这种通信具有迅速、准确、可靠等特点，且几乎不受时间、地点、空间、距离的限制，因而得到了飞速发展和广泛应用，相继出现了无线电、固定电话、移动电话、互联网等各种通信方式。至此，因电波的快捷性使得从远古人类物质交换过程中就结合文化交流与实体经济不断积累进步的实物性通信（邮政通信）不断被替代；当然，随着时代的发展与进步，实物性通信本身也在发展和进步。现代通信技术拉近了人与人之间的距离，提高了经济的效率，深刻地改变了人类的生活方式和社会面貌。

10.1 通信行业及企业认知

10.1.1 通信行业

1. 通信行业的界定

对于通信行业的界定，一般来说就是涵盖通信生产和消费全过程的所有参与者的集合。但是，参与者的参与程度如何，特别是对于间接参与者可以界定到哪个层次，并无统一的规定。例如，在国家行业分类中，设备商属于制造业，但是研究通信行业就不得不提及设备商，它们是通信行业的直接参与者。

一般来说，完整地分析研究一个特定的行业，应该从全生态产业链的角度去考察、理解，即从产业链和生态圈两个维度来思考和分析。

（1）通信产业链。产业链是从经济布局的角度来考察一个行业。产业链本质上描述的是一个具有某种内在联系的社会分工不同的企业群落。考察实施通信服务的全流程，通信产业链最基本的元素是通信设备制造商、通信运营商。在最初的通信应用中，设备商生产通信设备，运营商在通信设备上配置业务提供给消费者，消费者通过运营商提供的终端设备完成点对点的信息发送与接收。所以，在最初的通信行业特征的描述中，都认为通信的生产和消费同时进行。

随着通信行业的发展，通信产品逐渐多元化了。例如，声讯台的服务就是参与了信息的生产，消费者仅仅是信息的接收者；又如，叠加在基础网络上的各类ICT应用平台，对于基础通信运营商来说它们是消费者，而对于最末端的使用者来说它们是产品运营商。

现在，再来考察通信产业链。完整的通信产业链不仅包括通信设备制造商、通信运营商，还应包括通信设施工程建造商、通信信息服务及应用服务提供商、通信分销商等行业的深度参与者。

在通信产业链中，通信运营商是指提供固定电话、移动电话和互联网接入的通信服务公司。其中，特别是基础通信运营商，居于产业链的核心地位，是连接产业链上下游的纽带。中国4大通信运营商分别是中国电信、中国移动、中国联通、中国广电。

（2）通信生态圈。如果说产业链是基于供给侧的视角来考察行业，那么生态圈就是基于消费侧的视角来考察行业。生态是生物在一定环境下的生存发展状态，生物与其生存环境及生物与生物之间的相互作用，通过物质循环、能量流动和信息交换形成一个不可分割的自然群体。通信生态圈就是指遵循开放、有序、合作、共赢的原则，为信息社会及数字世界的发展创造更好的生态环境，让身处其中的各个成员共存共荣，最终实现整个通信行业和谐发展。

通信生态圈的核心是通信消费者。通信生态圈是由通信消费者的需求所驱动的，在行业监管机构协调下有序运营的通信产业链。纵观通信产业链的发展，正是通信消费者的需求催生了通信信息服务提供商和通信应用服务提供商；正是由于消费者需求的扩张性，才使得通信产业链以泛在网的形式向原本领域外的行业不断渗透、整合；正是实现消费者各种需求的信息服务提供商和应用服务提供商的源源不断的大量加入，使得原本简单的产业链变得复杂多元，打破了原来的封闭发展格局，形成了开放式的产业链；正是由于开放式产业链的复杂多元，才使得行业监管机构的地位显得尤为重要。

2. 通信行业的特点

通信行业的特点包括通信生产的网络性、通信产品的服务性、通信产业的基础性、通信市场的规模经济性和范围经济性、通信市场的可竞争性。

（1）通信生产的网络性。通信网络是通信生产存在的基础。通信活动必须依赖于有效的信息传输网络才能实现有效的信息沟通。随着技术的发展，通信网络不断拓展、延伸，覆盖范围越来越广，网络的结构也越来越复杂。同一运营商全程全网和其他运营商在网络上互联互通、技术兼容、标准统一，有效协作运营，共同为全社会提供通信服务。

在网用户因为网络容量的扩充、通信环境的改善而增加，所以通信网络价值的实现要求网络规模不断扩大和不同运营商网络之间的互联互通。

（2）通信产品的服务性。从原理上说，通信的生产过程与消费过程统一，通信产品具有不可存储性、不可分割性和通信服务交易的不可逆转性。不可存储性造成通信企业不可能像有形产品那样做到均衡生产，就如同铁路部门无法从容应对春运的瞬间潮汐式的大流量一样，理解这一点，也就能解释月租费存在的合理性，通信企业必须预置合理的容量来保障刹那间集中喷发的话务量；如果取消月租费，必然摊薄到单次使用费上。不可分割性主要体现为通信服务的完整性，要求实现端到端的服务。

（3）通信产业的基础性。

① 通信产业是社会的基础设施。工业经济时代，通信产业称为社会化大生产的基础条件。信息价值在于人们对信息的获取、传播，在于对信息控制能力的增强，而不仅仅是信息总量的增加，通信产业则能增强人们的这种能力。

信息经济时代，通信产业已经成为整个社会再生产和整个社会生活共同的外部条件，即社会神经网络。所以说，通信产业已经成为社会的基础设施。

② 通信产业具有外部经济性。社会经济效益是直接经济效益、间接经济效益的总和，也是生产者经济效益和消费者经济效益的总和。所以，通信产业的经济效益不仅仅是生产者的经济效益，还包括给消费者带来的经济效益，即其他产业由于使用通信服务而带来的巨大效益。通信产业的外部经济性主要表现为时间的节约和效率的提高，以及由此带来的对其他行业及整个社会的积极的推动。

③ 通信产业的普遍服务原则。普遍服务是通信产业政策的重要组成部分。经济合作与发展组织（简称经合组织）关于普遍服务的定义是任何人在任何地点都能以承担得起的价格享受电信服务，而且业务质量和资费标准一视同仁。这项定义的核心含义为可获得性、可购买性、非歧视性。

我国在《电信条例》中明确了普遍服务的原则：电信业务经营者必须按照国家有关的规定履行相应的电信普遍服务义务。行业监管部门对当前普遍服务的内容、成本、补偿机制、运营模式等都有详细的规定。

（4）通信市场的规模经济性和范围经济性。规模经济性是指在一定的市场需求范围内，企业单位成本随着生产规模的扩大而减少，因而其收益随着生产规模的扩大而递增。通信行业规模经济存在的原因是由于通信产业的特殊成本结构及大量的固定成本、较少的变动支出而形成的。这种规模经济性的存在使得更大规模的企业在成本上优于小规模企业，从而将小企业排斥在市场之外，因而该行业具有天然的垄断性。

范围经济性是指当企业的生产经营范围扩大，从生产一种产品转而生产多种产品的时候，其平均成本下降的这一经济现象。范围经济产生的原因在于企业剩余资源的充分利用，有形资源的充分利用、管理能力等无形资源的充分利用等。在通信行业中无论是设备制造商或是基础运营商都实践着这一理论。例如，华为利用其资源优势、技术优势、品牌优势等，由单一生产局端设备转而同时生产通信终端；又如，中国电信、中国移动纷纷全力争取全业务经营牌照，并且不甘于只运营"管道"而要做综合信息服务提供商。

（5）通信市场的可竞争性。由于通信行业的规模经济性、通信生产的全程全网性以及通信市场的进入和退出壁垒，通信行业曾经被认为是具有天然垄断性的行业。但通信市场并非没有竞争的可能。

在基础通信运营市场，可以通过构建寡头市场结构开展有限的竞争，这既在很大程度上解决了垄断的弊病，又避免了过度竞争造成资源浪费。因此，寡头竞争市场结构将是基础通信运营市场实现有效竞争的理想选择。目前，中国电信、中国移动、中国联通3家基础通信运营商正是构建了这样一个竞争的格局。遗憾的是，中国广电还未有效参与竞争。

通信设备制造市场、通信终端制造市场、通信信息服务市场、通信应用服务市场等均呈全面放开的竞争格局，国有企业、民营企业、外资企业等均在行业监管下有序地展开竞争。

10.1.2 通信企业

在通信领域内，无论是基础通信运营商，还是通信设备制造商、通信信息服务提供商、通信应用服务提供商、通信产品分销商等；无论出资方是国有资本，还是民营资本，或是外国资本，均是企业属性。

通信企业按其在产业链中的角色，一般可细分为系统设备制造商、系统软件开发商、测试设备制造商、芯片制造商、终端设备制造商、信息服务提供商、应用服务提供商、系统集成商、通信设施工程建造商、基础通信运营商、虚拟通信运营商、产品分销商、装维服务提供商等。

系统设备制造商是通信产业链的基础，设计制造包括有线传输、无线传输、数据、交换等构建通信系统的各相关专业局端设备，是通信科技进步的源动力。著名的系统设备制造商有贝尔、西门子、思科、华为、中兴等。

系统软件开发商为通信系统提供软件支持，开发网管、网优等局端。

测试设备制造商为通信系统的制造和运营提供专用的仪器、仪表。

芯片制造商为通信设备、终端设备提供核心芯片。著名的芯片厂商有高通、苹果、三星、德州仪器等。

终端设备制造商生产终端设备，主要是以移动通信终端为主。通信终端是通信产业链连接用户的最直接的介质，决定着整个通信生态圈的服务能力。著名的终端设备制造商有苹果、三星、华为、中兴、欧珀等。

信息服务提供商又称内容提供商，向用户提供有价值的专业化的信息服务，是通信增值服务的组成部分。

应用服务提供商又称应用开发商，向用户提供各类通信应用服务，包括浏览器、网络游戏、基于位置类应用、移动商务应用、软件商店应用等。它们是数量最多、最为活跃的通信企业。

系统集成商通常为政府、企事业单位等机构，用户以个性化定制服务的方式提供通信软、硬件解决方案。

通信设施工程建造商提供构成通信系统的线路、设备等建设，包括光缆电缆的铺设、无线基站的建设、局端机房设备的建设等。

基础通信运营商是整合通信产业链资源，向用户提供固定电话、移动电话和互联网接入等基础通信服务，同时也提供信息服务、应用服务、系统集成等增值通信服务。基础通信运营商在产业链中处于核心地位，是连接产业链资源与用户资源的纽带。著名的基础通信运营商有 AT&T、Verizon、Sprint、T-Mobile、Vodafone、Orange、O2、NTT DoCoMo、KDDI、中国电信、中国移动、中国联通等。

虚拟通信运营商是指本身没有通信网络资源，通过租用基础通信运营商的通信基础设施，对通信服务进行深度加工，以自己的品牌提供通信服务的通信运营商。在2013年年底和2014年年初工业和信息化部先后两批向19家民营企业颁发了虚拟运营商牌照。虚拟运营商对于客户来说是通信服务提供商，对于基础通信运营商来说是一类特殊的组织类消费者。

产品分销商是指销售通信业务产品、通信终端的社会渠道，它们和基础通信运营商、通信终端制造商的自有销售渠道一起，向用户提供服务。

装维服务提供商向用户购买通信产品后提供入户安装、调测、维修服务，属于基础通信服务的延伸服务。

10.1.3 通信终端

1. 通信终端的分类

通信终端是指在通信系统中完成对信息的调制和解调、兼具信息收发功能的设备，是通信使用者与通信网络的交互工具，承担着为使用者提供良好的用户界面、接入通信网络并完成所需业务功能等多方面的任务。

随着所传递信息本身形态的多样化、传输方式的多样化，以及与通信本身无关的功能整合的多样化，通信终端产品也不断丰富，在实践中很难以一个维度来区分各种通信终端。例如根据所传递信息的形态，可以将通信终端分为文本通信终端、音频通信终端、图形图像通信终端、视频通信终端、数据通信终端等；根据传输接入方式，可以将通信终端分为固定通信终端、移动通信终端；根据应用场景，可以将通信终端分为人际通信终端、物联网通信终端等，如表10-1所示。

表10-1　　　　　　　　　　　　　通信终端的分类

分类依据	通信终端类型	涵盖范围
传递信息的形态	文本及图形图像	电报机、寻呼机、传真机等
	音频	固定电话机、无绳电话机、无线市话电话机、移动电话机
	视频	摄像机、多媒体摄像头、显示器等
	数据	调制解调器、光调制解调器、交换机、路由器、无线AP、无线路由器、网卡、无线网卡、MiFi、家庭网关等
传输接入方式	固定通信终端	普通电话机、IP电话终端、传真机、无绳电话机、联网计算机等
	移动通信终端	手机、平板电脑、笔记本等
应用场景	人际通信终端	普通电话机、手机、PC等
	物联网通信终端	单一功能终端、通用智能终端

若论及发展趋势，有近期趋势和远景趋势之分，近期趋势往往是基于理性的、现实的、可行的分析，远景趋势则往往是基于感性的、理想主义的美好愿望。

2. 终端发展趋势

从总体上看，通信使用者的任何期望或任何不满都是这个行业前进的动力，在逐一解决消费者问题的过程中，推动着理念的变革、材料的进步、工艺的改善等一系列的发展。分析用户的期望因素，离不开"多、快、好、省"4个字。

多，就是功能更多、应用更多，功能和应用的增加首先需要相应的传感器等硬件的支持，也要软件的开发。硬件涉及增加新的硬件、增强硬件的性能、改善硬件间的协同等。软件数量的增加、功能的增强，又带来了终端存储空间容量的增加，使得终端能容纳更多的程序和数据。鉴于手机自身体积的局限，又要求更高效、可靠的存储芯片。

快，提升速度，主要包括执行速度和响应速度。执行速度除了提高CPU等核心处理芯片的时钟频率外，还可以多核运行，增加内存也能有效提升执行速度，此外还涉及软件优化以更充分地发挥各终端器件的性能。响应速度的提升，除了优化终端执行策略外，还可以涉及程序的预感知、预判别、预处理，这显然又涉及了人工智能等。

好，涉及多个方面，如信号收发更敏感、工业设计更科学、操作体验更顺畅等。信号问题既涉及终端本身，也涉及运营商的区域网络配置优化。工业设计问题首先要去除一切反人类的设计，有些习以为常的不便貌似无解，其实正在逐步解决，如数据线不分正反任意插、无线充电等。操作体验问题，有屏幕、按键等硬件操控，有操作系统平台的支持度，也有APP界面的友好性。

省,第一是省心,终端可以提供便捷的服务和安全的环境;第二是省电,整机功耗的降低和电池容量的增加;第三是省钱,采用更质优价廉的元器件。

10.2 通信业务概述

10.2.1 通信业务的定义及分类

通信业务也称电信业务,分为基础电信业务和增值电信业务。基础电信业务是指提供公共网络基础设施、公共数据传送和基本语音通信服务的业务。增值电信业务是指利用公共网络基础设施提供的电信与信息服务的业务。

《电信业务分类目录(2015年版)》将电信业务分为基础电信业务和增值电信业务两大类,其中基础电信业务又分为第一类基础电信业务和第二类基础电信业务,增值业务又分为第一类增值电信业务和第二类增值电信业务,如表10-2所示。

表10-2　　　　　　　　　　　通信业务的分类

电信业务	基础电信业务	第一类基础电信业务	A11 固定通信业务	A11-1 固定网本地通信业务
				A11-2 固定网国内长途通信业务
				A11-3 固定网国际长途通信业务
				A11-4 国际通信设施服务业务
			A12 蜂窝移动通信业务	A12-1 第二代数字蜂窝移动通信业务
				A12-2 第三代数字蜂窝移动通信业务
				A12-3 LTE/第四代数字蜂窝移动通信业务
			A13 第一类卫星通信业务	A13-1 卫星移动通信业务
				A13-2 卫星固定通信业务
			A14 第一类数据通信业务	A14-1 互联网国际数据传送业务
				A14-2 互联网国内数据传送业务
				A14-3 互联网本地数据传送业务
				A14-4 国际数据通信业务
			A15 IP电话业务	A15-1 国内IP电话业务
				A15-2 国际IP电话业务
		第二类基础电信业务	A21 集群通信业务	A21-1 数字集群通信业务
			A22 无线寻呼业务	
			A23 第二类卫星通信业务	A23-1 卫星转发器出租、出售业务
				A23-2 国内甚小口径终端地球站通信业务
			A24 第二类数据通信业务	A24-1 固定网国内数据传送业务
			A25 网络接入设施服务业务	A25-1 无线接入设施服务业务
				A25-2 有线接入设施服务业务
				A25-3 用户驻地网业务
			A26 国内通信设施服务业务	
			A27 网络托管业务	

续表

电信业务	增值电信业务	第一类增值电信业务	B11 互联网数据中心业务	
			B12 内容分发网络业务	
			B13 国内互联网虚拟专用网业务	
			B14 互联网接入服务业务	
		第二类增值电信业务	B21 在线数据处理与交易处理业务	
			B22 国内多方通信服务业务	
			B23 存储转发类业务	
			B24 呼叫中心业务	B24-1 国内呼叫中心业务 B24-2 离岸呼叫中心业务
			B25 信息服务业务	
			B26 编码和规程转换业务	B26-1 域名解析服务业务

10.2.2 基础电信业务

1. 基础电信业务（A11）

（1）固定通信业务。固定通信是指通信终端设备与网络设备之间主要通过有线或无线方式固定连接起来，向用户提供语音、数据、多媒体通信等服务，进而实现用户间的相互通信，其主要特征是终端的不可移动性或有限移动性。固定通信业务在此特指固定通信网通信业务和国际通信设施服务业务。

根据我国现行的电话网编号标准，全国固定通信网分成若干个长途编号区，每个长途编号区为一个本地通信网（又称本地网）。

固定通信业务包括固定网本地通信业务、固定网国内长途通信业务、固定网国际长途通信业务、国际通信设施服务业务。

① 固定网本地通信业务（A11-1）。固定网本地通信业务是指通过本地网在同一个长途编号区范围内提供的通信业务。

固定网本地通信业务包括以下主要业务类型。

- 端到端的双向语音业务。
- 端到端的传真业务和中、低速数据业务（如固定网短消息业务）。
- 呼叫前转、三方通话、主叫号码显示等利用交换机的功能和信令消息提供的补充业务。
- 经过本地网与智能网共同提供的本地智能网业务。
- 基于综合业务数字网（ISDN）的承载业务。
- 多媒体通信等业务。

固定网本地通信业务经营者应组建本地通信网设施（包括有线接入设施、用户驻地网），所提供的本地通信业务类型可以是一部分或全部。提供一次本地通信业务经过的网络，可以是同一个运营者的网络，也可以是不同运营者的网络。

② 固定网国内长途通信业务（A11-2）。固定网国内长途通信业务是指通过长途网在不同长途编号区即不同的本地网之间提供的通信业务。某一本地网用户可以通过加拨国内长途

字冠和长途区号,呼叫另一个长途编号区本地网的用户。

固定网国内长途通信业务包括以下主要业务类型。
- 跨长途编号区的端到端的双向语音业务。
- 跨长途编号区的端到端的传真业务和中、低速数据业务。
- 跨长途编号区的呼叫前转、三方通话、主叫号码显示等利用交换机的功能和信令消息提供的各种补充业务。
- 经过本地网、长途网与智能网共同提供的跨长途编号区的智能网业务。
- 跨长途编号区的基于 ISDN 的承载业务。
- 跨长途编号区的消息类业务。
- 跨长途编号区的多媒体通信等业务。

固定网国内长途通信业务的经营者应组建国内长途通信网设施,所提供的国内长途通信业务类型可以是一部分或全部。提供一次国内长途通信业务经过的本地网和长途网,可以是同一个运营者的网络,也可以由不同运营者的网络共同完成。

③ 固定网国际长途通信业务(A11-3)。固定网国际长途通信业务是指国家之间或国家与地区之间,通过国际通信网提供的国际通信业务。某一国内通信网用户可以通过加拨国际长途字冠和国家(地区)码,呼叫另一个国家或地区的通信网用户。

固定网国际长途通信业务包括以下主要业务类型。
- 跨国家或地区的端到端的双向语音业务。
- 跨国家或地区的端到端的传真业务和中、低速数据业务。
- 经过本地网、长途网、国际网与智能网共同提供的跨国家或地区的智能网业务,如国际闭合用户群语音业务等。
- 跨国家或地区的消息类业务。
- 跨国家或地区的多媒体通信等业务。
- 跨国家或地区的基于 ISDN 的承载业务。

利用国际专线提供的国际闭合用户群语音服务属固定网国际长途通信业务。

固定网国际长途通信业务的经营者应组建国际长途通信业务网络,无国际通信设施服务业务经营权的运营者不得建设国际传输设施,应租用有相应经营权运营者的国际传输设施。所提供的国际长途通信业务类型可以是一部分或全部。提供固定网国际长途通信业务,应经过国家批准设立的国际通信出入口。提供一次国际长途通信业务经过的本地网、国内长途网和国际网络,可以是同一个运营者的网络,也可以由不同运营者的网络共同完成。

④ 国际通信设施服务业务(A11-4)。国际通信设施是指用于实现国际通信业务所需的传输网络和网络元素。国际通信设施服务业务是指建设并出租、出售国际通信设施的业务。

国际通信设施主要包括国际陆缆、国际海缆、陆地入境站、海缆登陆站、国际地面传输通道、国际卫星地球站、卫星空间段资源、国际传输通道的国内延伸段,以及国际通信网带宽、光通信波长、电缆、光纤、光缆等国际通信传输设施。国际通信设施服务业务经营者应根据国家有关规定建设上述国际通信设施的部分或全部资源,并可以开展相应的出租、出售经营活动。

(2)蜂窝移动通信业务(A12)。蜂窝移动通信是采用蜂窝无线组网方式,在终端和网络设备之间通过无线通道连接起来,进而实现用户在活动中可相互通信。其主要特征是终端的移动性,并具有越区切换和跨本地网自动漫游功能。蜂窝移动通信业务是指经过由基站子系统和移动交换子系统等设备组成蜂窝移动通信网提供的语音、数据、多媒体通信等业务。蜂窝移动通信业务的经营者应组建移动通信网，所提供的移动通信业务类型可以是一部分或全部。提供一次移动通信业务经过的网络，可以是同一个运营者的网络设施，也可以由不同运营者的网络设施共同完成。提供移动网国际通信业务，应经过国家批准设立的国际通信出入口。蜂窝移动通信业务包括第二代数字蜂窝移动通信业务、第三代数字蜂窝移动通信业务、LTE/第四代数字蜂窝移动通信业务。

① 第二代数字蜂窝移动通信业务（A12-1）。第二代数字蜂窝移动通信业务是指利用第二代移动通信网（包括 GSM、CDMA）提供的语音和数据业务。第二代数字蜂窝移动通信业务包括以下主要业务类型。

- 端到端的双向语音业务。
- 移动消息业务，利用第二代移动通信网（包括 GSM、CDMA）和消息平台提供的移动台发起、移动台接收的消息业务。
- 移动承载业务以及其上的移动数据业务。
- 利用交换机的功能和信令消息提供的移动补充业务，如主叫号码显示、呼叫前转业务等。
- 利用第二代移动通信网与智能网共同提供的移动智能网业务，如预付费业务等。
- 国内漫游和国际漫游业务。

② 第三代数字蜂窝移动通信业务（A12-2）。第三代数字蜂窝移动通信业务是利用第三代移动通信网（包括 TD-SCDMA、WCDMA、cdma2000）提供的语音、数据、多媒体通信等业务。

③ LTE/第四代数字蜂窝移动通信业务（A12-3）。LTE/第四代数字蜂窝移动通信业务是指利用 LTE/第四代数字蜂窝移动通信网（包括 TD-LTE、LTE FDD）提供的语音、数据、多媒体通信等业务。

（3）第一类卫星通信业务（A13）。卫星通信业务是指经通信卫星和地球站组成的卫星通信网提供的语音、数据、多媒体通信等业务。第一类卫星通信业务包括卫星移动通信业务和卫星固定通信业务。

① 卫星移动通信业务（A13-1）。卫星移动通信业务是指地球表面上的移动地球站或移动用户使用手持终端、便携终端、车（船、飞机）载终端，通过由通信卫星、关口地球站、系统控制中心组成的卫星移动通信系统实现用户或移动体在陆地、海上、空中的语音、数据、多媒体通信等业务。

卫星移动通信业务的经营者应组建卫星移动通信网设施，所提供的业务类型可以是一部分或全部。提供跨境卫星移动通信业务（通信的一端在境外）时，应经过国家批准设立的国际通信出入口转接。提供卫星移动通信业务经过的网络，可以是同一个运营者的网络，也可以由不同运营者的网络共同完成。

② 卫星固定通信业务（A13-2）。卫星固定通信业务是指通过由卫星、关口地球站、系统控制中心组成的卫星固定通信系统实现固定体（包括可搬运体）在陆地、海上、空中的语音、数据、多媒体通信等业务。

卫星固定通信业务的经营者应组建卫星固定通信网设施，所提供的业务类型可以是一部分或全部。提供跨境卫星固定通信业务（通信的一端在境外）时，应经过国家批准设立的国际通信出入口转接。提供卫星固定通信业务经过的网络，可以是同一个运营者的网络，也可以由不同运营者的网络共同完成。

卫星国际专线业务属于卫星固定通信业务。卫星国际专线业务是指利用由固定卫星地球站和静止或非静止卫星组成的卫星固定通信系统向用户提供的点对点国际传输通道、通信专线出租业务。卫星国际专线业务有永久连接和半永久连接两种类型。

提供卫星国际专线业务应用的地球站设备分别设在境内和境外，并且可以由最终用户租用或购买。卫星国际专线业务的经营者应组建卫星通信网设施。

（4）第一类数据通信业务（A14）。数据通信业务是通过互联网、帧中继、ATM 网、X.25 分组交换网、DDN 等网络提供的各类数据传送业务。

根据管理需要，数据通信业务分为两类。第一类数据通信业务包括互联网数据传送业务、国际数据通信业务。互联网数据传送业务是指利用 IP（互联网协议）技术，将用户产生的 IP 数据包从源网络或主机向目标网络或主机传送的业务。提供互联网数据传送业务经过的网络可以是同一个运营者的网络，也可以利用不同运营者的网络共同完成。根据组建网络的范围，互联网数据传送业务分为互联网国际数据传送业务、互联网国内数据传送业务、互联网本地数据传送业务。

（5）IP 电话业务（A15）。IP 电话业务在此特指由固定网或移动网和互联网共同提供的电话业务，包括国内 IP 电话业务和国际 IP 电话业务。

IP 电话业务包括以下主要业务类型。

① 端到端的双向语音业务。

② 端到端的传真业务和中、低速数据业务。

2. 第二类基础电信业务

（1）集群通信业务（A21）。集群通信业务是指利用具有信道共用和动态分配等技术特点的集群通信系统组成的集群通信共网，为多个部门、单位等集团用户提供的专用指挥调度等通信业务。

集群通信系统是按照动态信道指配的方式、以单工通话为主实现多用户共享多信道的无线电移动通信系统。该系统一般由终端设备、基站和中心控制站等组成，具有调度、群呼、优先呼、虚拟专用网、漫游等功能。

（2）无线寻呼业务（A22）。无线寻呼业务是指利用大区制无线寻呼系统，在无线寻呼频点上，系统中心（包括寻呼中心和基站）以广播方式向终端单向传递信息的业务。无线寻呼业务可采用人工或自动接续方式。在漫游服务范围内，寻呼系统应能够为用户提供不受地域限制的寻呼漫游服务。

（3）第二类卫星通信业务（A23）。第二类卫星通信业务包括卫星转发器出租、出售业务，国内甚小口径终端地球站通信业务。

（4）第二类数据通信业务（A24）。第二类数据通信业务包括固定网国内数据传送业务（A24-1）。

固定网国内数据传送业务是指互联网数据传送业务以外的，在固定网中以有线方式提供的国内端到端数据传送业务，主要包括基于 IP 承载网、ATM 网、X.25 分组交换网、DDN 网、帧中继网络的数据传送业务等。

固定网国内数据传送业务的业务类型包括虚拟 IP 专线数据传送业务、PVC 数据传送业务、交换虚电路数据传送业务、虚拟专用网（不含 IP-VPN）业务等。

（5）网络接入业务（A25）。网络接入设施服务业务是指以有线或无线方式提供的、与网络业务节点接口或用户网络接口相连接的接入设施服务业务。网络接入设施服务业务包括无线接入设施服务业务、有线接入设施服务业务、用户驻地网业务。

(6) 国内通信设施服务业务（A26）。国内通信设施是指用于实现国内通信业务所需的地面传输网络和网络元素。国内通信设施服务业务是指建设并出租、出售国内通信设施的业务。

国内通信设施主要包括光缆、电缆、光纤、金属线、节点设备、线路设备、微波站、国内卫星地球站等物理资源和带宽（包括通道、电路）、波长等功能资源组成的国内通信传输设施。国内专线电路租用服务业务属国内通信设施服务业务。

(7) 网络托管业务（A27）。网络托管业务是指受用户委托，代管用户自有或租用的国内网络、网络元素或设备，包括为用户提供设备放置、网络管理、运行和维护服务，以及为用户提供互联互通和其他网络应用的管理和维护服务。

10.2.3 增值电信业务

1. 第一类增值电信业务

(1) 互联网数据中心业务（B11）。互联网数据中心业务是指利用相应的机房设施，以外包出租的方式为用户的服务器等互联网或其他网络相关设备提供放置、代理维护、系统配置及管理服务，以及提供数据库系统或服务器等设备的出租及其存储空间的出租、通信线路和出口带宽的代理租用和其他应用服务。互联网数据中心业务经营者应提供机房和相应的配套设施，并提供安全保障措施。

互联网数据中心业务也包括互联网资源协作服务业务。互联网资源协作服务业务是指利用架设在数据中心之上的设备和资源，通过互联网或其他网络以随时获取、按需使用、随时扩展、协作共享等方式，为用户提供的数据存储、互联网应用开发环境、互联网应用部署和运行管理等服务。

(2) 内容分发网络业务（B12）。内容分发网络业务是指利用分布在不同区域的节点服务器群组成流量分配管理网络平台，为用户提供内容的分散存储和高速缓存，并根据网络动态流量和负载状况，将内容分发到快速、稳定的缓存服务器上，提高用户内容的访问响应速度和服务的可用性。

(3) 国内互联网虚拟专用网业务（B13）。国内互联网虚拟专用网业务（IP-VPN）是指经营者利用自有或租用的互联网网络资源，采用 TCP/IP 协议，为国内用户定制互联网闭合用户群网络的服务。互联网虚拟专用网主要采用 IP 隧道等基于 TCP/IP 的技术组建，并提供一定的安全性和保密性，专网内可实现加密的透明分组传送。

(4) 互联网接入服务业务（B14）。互联网接入服务业务是指利用接入服务器和相应的软、硬件资源建立业务节点，并利用公用通信基础设施将业务节点与互联网骨干网相连接，为各类用户提供接入互联网的服务。用户可以利用公用通信网或其他接入手段连接到其业务节点，并通过该节点接入互联网。

2. 第二类增值电信业务

(1) 在线数据处理与交易处理业务（B21）。在线数据处理与交易处理业务是指利用各种与公用通信网或互联网相连的数据与交易/事务处理应用平台，通过公用通信网或互联网为用户提供在线数据处理和交易/事务处理的业务。在线数据处理与交易处理业务包括交易处理业务、电子数据交换业务和网络/电子设备数据处理业务。

（2）国内多方通信服务业务（B22）。国内多方通信服务业务是指通过多方通信平台和公用通信网或互联网实现国内两点或多点之间实时交互式或点播式的语音、图像通信服务。

国内多方通信服务业务包括国内多方电话会议服务业务、国内可视电话会议服务业务和国内互联网会议电视及图像服务业务等。

国内多方电话会议服务业务是指通过多方通信平台和公用通信网把我国境内两点以上的多点电话终端连接起来，实现多点间实时双向语音通信的会议平台服务。

国内可视电话会议服务业务是通过多方通信平台和公用通信网把我国境内两地或多个地点的可视电话会议终端连接起来，以可视方式召开会议，能够实时进行语音、图像和数据的双向通信会议平台服务。

国内互联网会议电视及图像服务业务是为国内用户在互联网上两点或多点之间提供的交互式的多媒体综合应用，如远程诊断、远程教学、协同工作等。

（3）存储转发类业务（B23）。存储转发类业务是指利用存储转发机制为用户提供信息发送的业务。存储转发类业务包括语音信箱、电子邮件、传真存储转发等业务。

语音信箱业务是指利用与公用通信网、公用数据传送网、互联网相连接的语音信箱系统向用户提供存储、提取、调用语音留言及其辅助功能的一种业务。每个语音信箱有一个专用信箱号码，用户可以通过电话或计算机等终端设备进行操作，完成信息投递、接收、存储、删除、转发、通知等功能。

电子邮件业务是指通过互联网采用各种电子邮件传输协议为用户提供一对一或一对多点的电子邮件编辑、发送、传输、存储、转发、接收的电子信箱业务。它通过智能终端、计算机等与公用通信网结合，利用存储转发方式为用户提供多种类型的信息交换。

传真存储转发业务是指在用户的传真机与传真机、传真机与计算机之间设立存储转发系统，用户间的传真经存储转发系统的控制，非实时地传送到对端的业务。

传真存储转发系统主要由传真工作站和传真存储转发信箱组成，两者之间通过分组网、数字专线、互联网连接。传真存储转发业务主要有多址投送、定时投送、传真信箱、指定接收人通信、报文存档及其他辅助功能等。

（4）呼叫中心业务（B24）。呼叫中心业务是指受企事业等相关单位委托，利用与公用通信网或互联网连接的呼叫中心系统和数据库技术，经过信息采集、加工、存储等建立信息库，通过公用通信网向用户提供有关该单位的业务咨询、信息咨询和数据查询等服务。呼叫中心业务还包括呼叫中心系统和话务员座席的出租服务。

用户可以通过固定电话、传真、移动通信终端和计算机终端等多种方式进入系统，访问系统的数据库，以语音、传真、电子邮件、短消息等方式获取有关该单位的信息咨询服务。呼叫中心业务包括国内呼叫中心业务和离岸呼叫中心业务。

（5）信息服务业务（B25）。信息服务业务是指通过信息采集、开发、处理和信息平台的建设，通过公用通信网或互联网向用户提供信息服务的业务。信息服务的类型按照信息组织、传递等技术服务方式，主要包括信息发布平台和递送服务、信息搜索查询服务、信息社区平台服务、信息即时交互服务、信息保护和处理服务等。

信息发布平台和递送服务是指建立信息平台，为其他单位或个人用户发布文本、图片、音视频、应用软件等信息提供平台的服务。平台提供者可根据单位或个人用户需要向用户指定的终端、电子邮箱等递送、分发文本、图片、音视频、应用软件等信息。

信息搜索查询服务是指通过公用通信网或互联网，采取信息收集与检索、数据组织与存储、分类索引、整理排序等方式，为用户提供网页信息、文本、图片、音视频等信息检索查询服务。

信息社区平台服务是指在公用通信网或互联网上建立具有社会化特征的网络活动平台，可供注册或群聚用户同步或异步进行在线文本、图片、音视频交流的信息交互平台。

信息即时交互服务是指利用公用通信网或互联网，并通过运行在计算机、智能终端等的客户端软件、浏览器等，为用户提供即时发送和接收消息（包括文本、图片、音视频）、文件等信息的服务。信息即时交互服务包括即时通信、交互式语音服务，以及基于互联网的端到端双向实时语音业务（含视频语音业务）。

信息保护和处理服务是指利用公用通信网或互联网，通过建设公共服务平台以及运行在计算机、智能终端等的客户端软件，面向用户提供终端病毒查询、删除，终端信息内容保护、加工处理及垃圾信息拦截、免打扰等服务。

（6）编码和规程转换业务（B26）。编码和规程转换业务是指为用户提供公用通信网与互联网之间或在互联网上的电话号码、互联网域名资源、互联网业务标识（ID）号之间的用户身份转换服务。编码和规程转换业务在此特指互联网域名解析服务业务。

互联网域名解析是实现互联网域名和 IP 地址相互对应关系的过程。

互联网域名解析服务业务是指在互联网上通过架设域名解析服务器和相应软件，实现互联网域名和 IP 地址的对应关系转换的服务。域名解析服务包括权威解析服务和递归解析服务两类。权威解析是指为根域名、顶级域名和其他各级域名提供域名解析的服务。递归解析是指通过查询本地缓存或权威解析服务系统实现域名和 IP 地址对应关系的服务。

互联网域名解析服务在此特指递归解析服务。

在使用本分类目录时需要注意的是，当本分类目录中的业务名称与我国承诺的 WTO 减让表中所列出的服务项目的业务名称不一致时，其对应关系如下。

① 基础电信服务中，移动语音和数据业务属蜂窝移动通信业务。

② 国内业务中，语音服务、传真服务、电路交换数据传送业务含在固定网本地通信业务和固定网国内长途通信业务中；分组交换数据传输业务属第二类数据通信业务；国内专线电路租用服务属国内通信设施服务业务。

③ 国际业务中，语音服务、传真服务、电路交换数据传输业务、国际闭合用户群语音服务属固定网国际长途通信业务；分组交换数据传输业务含在互联网国际数据传送业务和国际数据通信业务中；基于互联网的国际闭合用户群数据业务属互联网国际数据传送业务，利用国际专线的国际闭合用户群数据服务属国际数据通信业务。

④ 增值电信服务中，在线信息和/或数据处理（包括交易处理）和电子数据交换属在线数据处理与交易处理业务；电子邮件、语音邮件、增值传真服务（包括存储与传送、存储与调用）属存储转发类业务；在线信息和数据检索属信息服务业务；编码和规程转换属编码和规程转换业务。

10.2.4 通信业务的发展趋势

20 世纪 80 年代以前，电信业务的分类十分简单，分为语音业务和非语音业务，其中语音业务是主体，约占整个市场的九成以上，非语音业务只有电报、传真等少量的品种。20 世纪 80 年代以后，在市场和技术进步的推动下，特别是我国通信体制改革引入了市场竞争机制，电信新业务层出不穷，信息产业部对所有的电信业务进行了归类，将其分为基础电信业务和增值电信业务。21世纪以来，电信技术突飞猛进、业务更新换代，尤其是互联网技术的发展，使得电信业务已不仅仅是完成电话和数据的传送，电信技术与计算机技术的深度融合让电信业务进入了更广阔的通信业务时代。

通信技术与计算机技术、控制技术和数字信号处理技术等相结合是现代通信技术的典型标志，目前，通信技术的发展趋势可概括为"六化"，即数字化、综合化、融合化、宽带化、智能化和个人化。

1. 通信技术数字化

通信技术数字化是实现其他"五化"的基础。数字通信具有抗干扰能力强、失真不积累、便于纠错、易于加密、适于集成化、利于传输和交换的综合，以及可兼容数字电话、电报、图像等多种信息的传输等优点。与传统的模拟通信相比，数字通信更加通用和灵活，也为实现通信网的计算机管理创造了条件。数字化是信息化的基础，诸如数字图书馆、数字城市、数字国家等都是建立在数字化基础上的信息系统。因此，数字化是现代通信技术的基本特性和最突出的发展趋势。

2. 通信业务综合化

现代通信的另一个显著特点就是通信业务的综合化。随着社会的发展，人们对通信业务种类的需求不断增加，早期的电报、电话业务已远远不能满足这种需求。就目前而言，传真、电子邮件、交互式可视图文，以及数据通信的其他各种增值业务等都在迅速发展。若每出现一种业务就建立一个专用的通信网，必然是投资大、效益低，并且各个独立网的资源不能共享。另外，多个网络并存也不便于统一管理。如果把各种通信业务，包括电话业务和非电话业务等以数字方式统一并综合到一个网络中进行传输、交换和处理，就可以克服上述弊端，达到一网多用的目的。

3. 网络互通融合化

以电话网络为代表的电信网络和以 Internet 为代表的数据网络的互通与融合进程将加快。在数据业务成为主导的情况下，现有电信网的业务将融合到下一代数据网中。IP 数据网与光网络的融合、无线通信与互联网的融合也是未来通信技术的发展趋势和方向。

有以下3个方面的问题值得注意。

（1）网络和业务的分离化。技术是革命的，而网络是演进的。网络的发展不符合摩尔定律，而业务的发展却超过了摩尔定律。网络和业务的分离将提供良好的开放性，促进业务的竞争和发展。

（2）网络结构的简捷化。新一代信息网络基础设施功能结构的发展趋势是日益扁平化。简捷化的网络可以减少网络层次，提高网络效能，增强网络的适应力。

（3）电信网、计算机网和广播电视网之间的三网融合已日益引起人们的广泛关注。

4. 通信网络宽带化

通信网络的宽带化是电信网络发展的基本特征、现实要求和必然趋势。为用户提供高速、全方位的信息服务是网络发展的重要目标。近年来，几乎在网络的所有层面（如接入层、边缘层、核心交换层）都在开发高速技术，高速选路与交换、高速光传输、宽带接入技术都取得了重大进展。超高速路由交换、高速互连网关、超高速光传输和高速无线数据通信等新技术已成为新一代信息网络的关键技术。

5. 网络管理智能化

在传统电话网中，交换接续（呼叫处理）与业务提供（业务处理）都是由交换机完成的，凡提供新的业务都需借助于交换系统,但每开辟一种新业务或对某种业务有所修改,都需要对大量的交换机软件进行相应的增加或改动,有时甚至要增加或改动硬件,以致消耗许多人力、物力和时间。网络管理智能化的设计思想,便是将传统电话网中交换机的功能予以分解,让交换机只完成基本的呼叫处理,而把各类业务处理,包括各种新业务的提供、修改以及管理等,交给具有业务控制功能的计算机系统来完成。

6. 通信服务个人化

个人通信是指可以实现任何人在任何地点、任何时间与任何其他地点的人进行任何业务的通信。个人通信概念的核心,是使通信最终适应个人(而不一定是终端)的移动性。或者说,通信是在人与人之间,而不是终端与终端之间进行的。通信方式的个人化,可以使用户不论何时、何地,不论室内、室外,不论高速移动还是停止,也不论是否使用同一终端或使用怎样的终端,都可以通过一个唯一的个人通信号码,发出或接收呼叫,进行所需的通信。

随着网络体系结构的演变和宽带技术的发展,传统网络将向下一代网络(NGN)演进,并突出显示了以下两个典型特征:一是多业务(语音与数据、固定与移动、点到点与广播会聚等)、宽带化(端到端透明性)、分组化和开放性(控制功能与承载能力分离);二是用户接入与业务提供分离,具有移动性、兼容性(与现有网的互通)、安全性和可管理性(包括 QoS 保证)等。

参 考 文 献

[1] 全国通信专业技术人员职业水平考试办公室．通信专业实务（初级）[M]．北京：人民邮电出版社，2008．

[2] 全国通信专业技术人员职业水平考试办公室．通信专业实务——传输与接入[M]．北京：人民邮电出版社，2008．

[3] 全国通信专业技术人员职业水平考试办公室．通信专业实务——交换技术[M]．北京：人民邮电出版社，2008．

[4] 全国通信专业技术人员职业水平考试办公室．通信专业实务——终端与业务[M]．北京：人民邮电出版社，2008．

[5] 全国通信专业技术人员职业水平考试办公室．通信专业实务——设备环境[M]．北京：人民邮电出版社，2008．

[6] 工业和信息化部教育与考试中心．通信专业综合能力与实务（初级）[M]．北京：人民邮电出版社，2014．

[7] 工业和信息化部教育与考试中心．通信专业综合能力与实物——传输与接入[M]．北京：人民邮电出版社，2014．

[8] 工业和信息化部教育考试中心．通信专业综合能力与实务——交换技术[M]．北京：人民邮电出版社，2014．

[9] 通信行业职业技能鉴定指导中心．电信业务师/高级电信业务师——国家二级/一级[M]．北京：北京邮电大学出版社，2008．

[10] 孙玉．电信网络总体概念讨论[M]．北京：人民邮电出版社，2017．

[11] 孙玉．电信网络安全总体防卫讨论[M]．北京：人民邮电出版社，2017．

[12] 毛京丽，董跃武．现代通信网（第3版）[M]．北京：北京邮电大学出版社，2013．

[13] 刘焕淋，陈勇．通信网图论及应用[M]．北京：人民邮电出版社，2010．

[14] 王健，魏贤虎，淮易，等．光传送网（OTN）技术、设备及工程应用[M]．北京：人民邮电出版社，2016．

[15] 张杰，徐云斌，宋鸿升，等．自动交换光网络ASON[M]．北京：人民邮电出版社，2004．

[16] 纪越峰，李慧，陆月明，等．自动交换光网络原理与应用[M]．北京：北京邮电大学出版社，2005．

[17] 孙学康，张金菊．光纤通信技术（第4版）[M]．北京：人民邮电出版社，2016．

[18] 孙学康，毛京丽．SDH技术（第3版）[M]．北京：人民邮电出版社，2015．

[19] 何一心，文杰斌，王韵，等．光传输网络技术——SDH与DWDM（第2版）[M]．北京：人民邮电出版社，2013．

[20] 张中荃．接入网技术（第2版）[M]．北京：人民邮电出版社，2009．

[21] 毛京丽．宽带IP网络（第2版）[M]．北京：人民邮电出版社，2015．

[22] 毛京丽，胡怡红，张勖．宽带接入技术[M]．北京：人民邮电出版社，2012．

[23] 张海懿，赵文玉，李芳，等．宽带光传输技术［M］．北京：电子工业出版社，2014．
[24] 陶智勇．综合宽带接入技术（第 2 版）［M］．北京：北京邮电大学出版社，2011．
[25] 佟桌，谢宇晶，尹斯星．宽带城域网与 MSTP 技术［M］．北京：机械工业出版社，2007．
[26] 谢希仁．计算机网络（第 7 版）［M］．北京：电子工业出版社，2017．
[27] 陈志泊．数据库原理及应用教程（第 3 版）［M］．北京：人民邮电出版社，2014．
[28] GLENN BROOKSHEAR J, BRYLOW D. 计算机科学概论（第 12 版）［M］．刘艺，吴英，毛倩倩，译．北京：人民邮电出版社，2017．
[29] 邵宏，房磊，张云帆，等．云计算在电信运营商中的应用［M］．北京：人民邮电出版社，2015．
[30] 顾炯炯．云计算架构技术与实践［M］．北京：清华大学出版社，2017．
[31] 林子雨．大数据技术原理与应用（第 2 版）［M］．北京：人民邮电出版社，2017．
[32] 刘云浩．物联网导论［M］．北京：科学出版社，2017．
[33] 毛京丽，董跃武．数据通信原理（第 4 版）［M］．北京：北京邮电大学出版社，2015．
[34] 张玉艳，于翠波．数字移动通信系统［M］．北京：人民邮电出版社，2009．
[35] 朱晨鸣，王强，李新，等．5G：2020 后的移动通信［M］．北京：人民邮电出版社，2016．
[36] OSSEIRAN A, MONSERRAT J F, MARSCH P. 5G 移动无线通信技术［M］．陈明，缪庆育，刘愔，译．北京：人民邮电出版社，2017．
[37] 杨峰义，谢伟良，张建敏，等．5G 无线网络及关键技术［M］．北京：人民邮电出版社，2017．
[38] 叶银法，陆健贤，罗丽，等．WCDMA 系统工程手册［M］．北京：机械工业出版社，2006．
[39] HOLMA H, TOSKALA A. WCDMA 技术与系统设计：第三代移动通信系统的无线接入（第 3 版）［M］．陈泽强，周华，付景兴，等译．北京：机械工业出版社，2005．
[40] 苏信丰．UMTS 空中接口与无线工程概论［M］．北京：人民邮电出版社，2006．
[41] 姜波．WCDMA 关键技术详解［M］．北京：人民邮电出版社，2008．
[42] 廖晓滨，赵熙．第三代移动通信网络系统技术、应用及演进［M］．北京：人民邮电出版社，2008．
[43] 张玉艳，方莉．第三代移动通信［M］．北京：人民邮电出版社，2009．
[44] 张玉艳，于翠波．移动通信技术［M］．北京：人民邮电出版社，2015．
[45] 李世鹤．TD-SCDMA 第三代移动通信系统标准［M］．北京：人民邮电出版社，2003．
[46] 彭木根，王文博．TD-SCDMA 移动通信系统（第 2 版）［M］．北京：机械工业出版社，2007．
[47] 常永宇，桑林，张欣，等．CDMA2000 1x 网络技术［M］．北京：电子工业出版社，2005．
[48] 康桂霞，田辉，朱禹涛，等．CDMA2000 1x 无线网络技术［M］．北京：人民邮电出版社，2007．
[49] SESIA S, TOUFIK J, BAKER M. LTE/LTE-Advanced 长期演进理论与实践［M］．马霓，夏斌，译．北京：人民邮电出版社，2012．
[50] 达尔曼，巴克浮，斯科德．4G 移动通信技术权威指南［M］．朱敏，堵久辉，缪庆育，等译．北京：人民邮电出版社，2012．
[51] 孙宇彤．LTE 教程：结构与实现［M］．北京：电子工业出版社，2014．

[52] 孙宇彤. LTE 教程：原理与实现 [M]. 北京：电子工业出版社，2014.

[53] 陈宇恒，肖竹，王洪. LTE 协议栈与信令分析 [M]. 北京：人民邮电出版社，2013.

[54] 沈嘉，索士强，全海洋，等. 3GPP 长期演进（LTE）技术原理与系统设计 [M]. 北京：人民邮电出版社，2009.

[55] 张克平. LTE-B3G/4G 移动通信系统无线技术 [M]. 北京：电子工业出版社，2008.

[56] 张玉艳. 现代移动通信技术与系统（第 2 版）[M]. 北京：人民邮电出版社，2016.

[57] 郭军. 网络管理与控制技术 [M]. 北京：人民邮电出版社，1999.

[58] 解相吾，解文博. 通信动力设备与维护 [M]. 北京：电子工业出版社，2012.

[59] 朱永平. 通信电源设备与维护 [M]. 北京：人民邮电出版社，2013.

[60] 强生泽，杨贵恒，李龙，等. 现代通信电源系统原理与设计 [M]. 北京：中国电力出版社，2009.

[61] 张雷霆. 通信电源（第 2 版）[M]. 北京：人民邮电出版社，2009.

[62] 陈永彬，闫海煜. 现代通信电源 [M]. 北京：科学出版社，2011.

[63] 杨贵恒，卢明伦，李龙，等. 通信电源设备使用与维护 [M]. 北京：中国电力出版社，2016.

[64] 高振楠，李安庆，黄振陵. 通信电源设备与维护 [M]. 北京：北京邮电大学出版社，2016.

[65] 漆逢吉. 通信电源（第 4 版）[M]. 北京：北京邮电大学出版社，2015.

[66] 郭秀才，杨世兴. 监测监控系统原理与设计 [M]. 北京：中国电力出版社，2010.

[67] 考克斯. LTE 完全指南 LTE、LTE-Advanced、SAE、VoLTE 和 4G 移动通信（原书第 2 版）[M]. 严炜烨，田军，译. 北京：机械工业出版社，2017.

[68] 钟景华. 《数据中心设计规范》GB50174—2017 解读——数据中心分级与选址 [J]. 工程建设标准化，2017（12）.

[69] 中华人民共和国工业和信息化部. 通信局（站）电源、空调及环境集中监控管理系统 第 1 部分：系统技术要求 YD/T1363.1-2014 [S]. 北京：人民邮电出版社，2014.

[70] 广州杰赛通信规划设计院. WCDMA 规划设计手册 [M]. 北京：人民邮电出版社，2010.